工业和信息化普通高等教育"十二五"规划教材立项项目
21 世纪高等学校计算机规划教材
21st Century University Planned Textbooks of Computer Science

计算思维与计算机基础实验教程

A Laboratory for Computational Thinking and Fundamentals of Computer

吴昊 张恒 主编
周美玲 熊李艳 雷莉霞 副主编

U0305340

高校系列

人 民 邮 电 出 版 社
北 京

图书在版编目（CIP）数据

计算思维与计算机基础实验教程 / 吴昊，张恒主编
. -- 北京 : 人民邮电出版社，2015.8（2017.1 重印）
21世纪高等学校计算机规划教材．高校系列
ISBN 978-7-115-39688-4

Ⅰ．①计… Ⅱ．①吴… ②张… Ⅲ．①电子计算机－高等学校－教材 Ⅳ．①TP3

中国版本图书馆CIP数据核字(2015)第177098号

内容提要

本书作为《计算思维与计算机基础》的配套实验教材，提供了大量实验示例、实验题目和习题供读者使用。本书每章分两部分，有实验的章节分实验和习题两部分，无实验的章节分知识要点和习题两部分。习题部分以选择题和填空题为主，题量丰富，供读者在学完相应章节后进行自我测试，以巩固所学知识点，并提供参考答案。

本书可与主教材《计算思维与计算机基础》配套使用，也可单独使用。

本书适合作为高等院校计算机基础课程的实验指导书，也适合参加计算机等级考试的学生、计算机培训者及计算机爱好者使用。

◆ 主　　编　吴 昊 张 恒
　副 主 编　周美玲　熊李艳　雷莉霞
　责任编辑　刘　博
　责任印制　沈　蓉　彭志环
◆ 人民邮电出版社出版发行　　北京市丰台区成寿寺路 11 号
　邮编　100164　　电子邮件　315@ptpress.com.cn
　网址　http://www.ptpress.com.cn
　北京隆昌伟业印刷有限公司印刷
◆ 开本：787×1092　1/16
　印张：13.25　　　2015 年 8 月第 1 版
　字数：344 千字　　2017 年 1 月北京第 4 次印刷

定价：29.80 元

读者服务热线：(010) 81055256　印装质量热线：(010) 81055316
反盗版热线：(010) 81055315
广告经营许可证：京东工商广字第 8052 号

前言

计算机应用能力已经成为社会各行各业的从业人员必备基本技能之一，计算机基础也成为高校非计算机专业学生的必修课。自从教育部颁发“加强非计算机专业计算机基础教学工作的几点意见”以来，全国高校的计算机基础教育逐步走上规范化的道路。进入21世纪以来，大学新生的计算机知识起点逐年提高，计算机实用能力已成为衡量大学生基本素质的突出标志之一。在此形势下，教育部大学计算机课程教学指导委员会发布了“关于进一步加强高等学校计算机基础教学的意见”（简称白皮书）。据此我们修订了计算机基础课程的教学大纲，并编写了本套教材，以满足计算机基础教学的需要。

本套教材在内容的选取上，依照着重培养学生的计算机知识、能力、素质和计算思维的指导思想，选择最基本的内容加以讲解，让计算机基础教学起到基础性和先导性的作用。

本套教材使读者在了解计算思维基本内涵的前提下，全面、系统地了解计算机基础知识，具备计算机实际操作能力，并能够将计算机应用到各个专业领域的学习与研究中。教材以计算思维统领全书，兼顾不同专业、不同层次学生对计算机基础知识的需要，内容较全面。本套教材的主教材和实验教材相互配合，在主教材中注重理论知识的讲授，在实验教材中突出应用，强调实践动手能力的训练和培养。实验教材提供了大量的演示示例和上机实验，同时还提供了大量的习题，方便学生考前训练和复习。本套教材既方便老师课堂讲授，也注重学生在无辅导环境下自学。

本书是《计算思维与计算机基础》配套的实验教材，由长期在教学一线从事计算机基础教学、具有丰富教学经验和较高教学水平的多位老师参与编写。本书由吴昊、张恒担任主编，由周美玲、熊李艳、雷莉霞担任副主编。全书共分12章，其中第1章、第2章、第9章由熊李艳编写，第3章、第8章由周美玲编写，第4章、第7章由吴昊编写，第5章、第6章由雷莉霞编写，第10章、第11章、第12章由张恒编写。本书由吴昊负责统稿。

在编写过程中，还得到很多同仁的帮助和支持，在此一并对他们表示由衷的感谢！

由于编者水平有限，书中疏漏和不足之处在所难免，敬请读者批评指正。

编　者

2015年8月

目 录

第1章 计算机与计算思维

第一部分 知识要点

一、基本要求

1. 了解计算机发展史。
2. 了解计算思维在各领域的应用。

二、考核内容

1. 计算机发展史

1623 年，德国科学家契克卡德制造了人类有史以来第一台机械计算机（见图 1.1），这台机器能够进行 6 位数的加减乘除运算，并能通过铃声输出答案，通过转动齿轮来进行操作。

1642 年，法国科学家帕斯卡发明了著名的帕斯卡机械计算机（见图 1.2），首次确立了计算机器的概念。他制造出的机械式加法机是一种由一系列齿轮组成的装置，外形像一个长方盒子，用钥匙旋紧发条后才能转动，利用齿轮传动原理，通过手工操作，来实现加、减运算。

图 1.1　机械计算机

图 1.2　帕斯卡机械计算机

1674 年莱布尼茨改进了帕斯卡的计算机，发明了“乘法器”（见图 1.3），“乘法器”约 1 米长，内部安装了一系列齿轮机构，除了体积较大之外，基本原理继承于帕斯卡计算机的原理。莱布尼茨为计算机增添了步进轮的装置。除了能够连续重复地做加减法，还可以通过手工操作，实现乘除运算。莱布尼茨还提出了“二进制”数的概念。

图 1.3　具有乘法功能的计算机

1725 年，法国纺织机械师布乔发明了“穿孔纸带”的构想。布乔首先设法用一排编织针控制所有的经线运动，然后取来一卷纸带，根据图案打出一排排小孔，并把它压在编织针上。启动机器后，正对着小孔的编织针能穿过去钩起经线，其他则被纸带挡住不动。于是，编织针自动按照预先设计的图案去挑选经线，布乔的“思想”“传递”给了编织机，编织图案的“程序”也就“储存”在穿孔纸带的小孔中。穿孔纸带编织机如图 1.4 所示。

1822 年英国科学家巴贝奇制造出了第一台差分机（见图 1.5）,它可以处理 3 个不同的 5 位数，计算精度达到 6 位小数。所谓“差分”的含义，是把函数表的复杂算式转化为差分运算，用简单的加法代替平方运算，快速编制不同函数的数学用表。

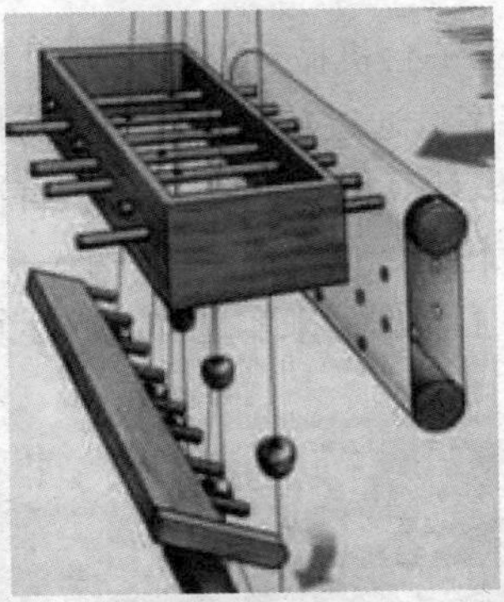

图 1.4　穿孔纸带编织机

图 1.5　差分机

1834 年巴贝奇提出了分析机的概念（见图 1.6），他设计的分析机共分为三个部分：堆栈，运算器，控制器。堆栈是保存数据的齿轮式寄存器；运算器是对数据进行各种运算的装置；控制器是对操作顺序进行控制，并对所要处理的数据及输出结果加以选择的装置。阿达·奥古斯塔为这台分析机的计算拟定了“算法”，编写了一份“程序设计流程图”。

1868 年美国新闻工作者克里斯托夫·肖尔斯发明了 QWERTY 键盘（见图 1.7）的布局，他将最常用的几个字母安置在相反方向，以此放慢打字时敲键速度，从而避免卡键。QWERTY 键盘一直沿用至今。

图 1.6　分析机

图 1.7　QWERTY 键盘

1873 年美国人鲍德温利用自己过去发明的齿数可变齿轮，设法制造出一种小型计算机样机，并立即申报了专利。两年后专利获得批准，鲍德温开始大量制造这种供个人使用的小机器。由于它工作时需要摇动手柄，被人称为“手摇式计算机”（见图 1.8）。

1886 年美国人杜尔制造了第一台用按键操作的计算器（见图 1.9）。

图 1.8　手摇式计算机

图 1.9　按键操作的计算器

1890 年美国在第 12 次人口普查中使用了由统计学家霍列瑞斯博士发明的制表机（见图 1.10），机器上装备着一个计算器，当纸带被牵引移动时，一旦有孔的地方通过鼓形转轮表面，计数器电路就被接通，完成一次累加统计，从而完成了人类历史上第一次大规模数据处理。此后霍列瑞斯根据自己的发明成立了自己的制表机公司，并最终演变成为 IBM 公司。

图 1.10　制表机

图 1.11　大富豪计算机

1893 年，工程师施泰格尔研制出一种叫作“大富豪”的计算机（见图 1.11）。这种计算机是在法国人伯列制作的计算机基础上发展而来的。施泰格尔在瑞士的苏黎世制造了“大富豪”计算机，由于它的速度快及性能可靠，整个欧洲和美国的科学机构都竞相购买，直到 1914 年第一次世界大战爆发，这种“大富豪”计算机一直畅销不衰。

1895 年英国青年工程师弗莱明通过“爱迪生效应”发明了人类第一只电子管（见图 1.12），弗莱明偶然发现，在一个真空管中放进两块金属板，当加热负极时，就有电子流入正极；当正极加上无线电信号时，通过的电流也随之发生起伏。

1935 年 IBM 推出了 IBM601 机（见图 1.13），该机是一秒钟内能算出乘法的穿孔卡片计算机。该机在科学研究和商业应用上都有重要地位。

图 1.12　第一只电子管

图 1.13　IBM601 机

1938 年 20 多岁的德国工程师楚泽研制出了机械可编程计算机 Z1（见图 1.14），并采用了二进制形式，其理论基础即来源于布尔代数。他认为，计算机最重要的部分不一定是计算本身，而是过程和计算结果的传送和储存。因此，他把研究的重点放在存储器上，设计了一种可以存储 64 位数的机械装置——数千片薄钢板用螺栓拧在一起的笨重部件，体积约 1 立方米，然后与机械运算机构连接起来。

1941 年楚泽完成了 Z3 计算机的研制工作，这是第一台可编程的电子计算机（见图 1.15），可处理 7 位指数、14 位小数，使用了大量的真空管，每秒钟能作 3 到 4 次加法运算，一次乘法需要 3 到 5 秒。

图 1.14　机械可编程计算机 Z1

图 1.15　可编程的电子计算机

1942 年时任美国依阿华州立大学数学物理教授的阿塔纳索夫与研究生贝瑞组装了著名的 ABC（Atanasoff-BerryComputer）计算机（见图 1.16），用电容作存储器，用穿孔卡片作辅助存储器。时钟频率是 60Hz，完成一次加法运算用时一秒。

1943 年英国科学家研制成功第一台“巨人”计算机（见图 1.17），专门用于破译德军密码，“巨人”算不上真正的数字电子计算机，但在继电器计算机与现代电子计算机之间起到了桥梁作用。第一台“巨人”有 1500 个电子管，5 个处理器并行工作，每个处理器每秒处理 5000 个字母。

图 1.16　ABC

图 1.17　计算机第一台“巨人”计算机

1944 年美国哈佛大学艾肯博士经过 4 年的努力，成功研制 Mark1 计算机（见图 1.18）。它的外壳用钢和玻璃制成，长约 15 米，高约 2.4 米，自重达 31.5 吨。它装备了 3000 多个继电器，共有 15 万个元件和长达 800 公里的电线，用穿孔纸带输入。这台机器每秒能进行 3 次运算，23 位数加 23 位数的加法，仅需要 0.3 秒；而进行同样位数的乘法，则需要 6 秒多时间。

1946 年，美国宾夕法尼亚大学摩尔学院教授莫契利和埃克特共同研制成功了 ENIAC（Electronic Numerical Integrator And Computer）计算机（见图 1.19）。这台计算机总共安装了 17468 只电子管，7200 个二极管，70000 多电阻器，10000 多只电容器和 6000 只继电器，电路的焊接点多达 50 万个，机器被安装在一排 2.75 米高的金属柜里，占地面积为 170 平方米左右，总重量达到 30 吨。

图 1.18　Mark1 计算机

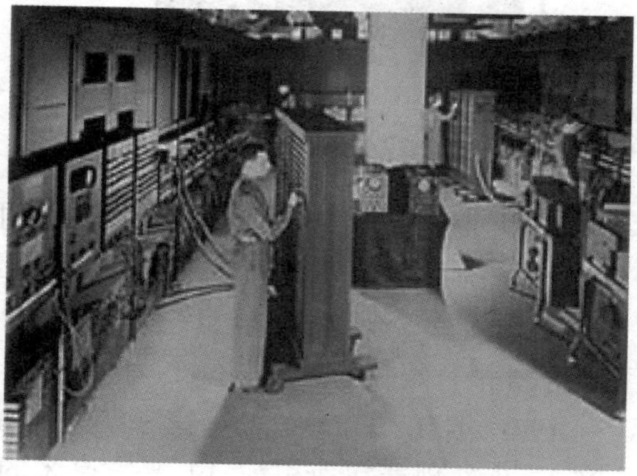

图 1.19　ENIAC

1952 年 1 月由计算机之父，冯·诺伊曼设计的 EDVAC 计算机（见图 1.20）问世。由于“存储程序”的威力，它不仅可应用于科学计算，而且可用于信息检索等领域。EDVAC 总共采用了 2300 个电子管，运算速度却比拥有 18000 个电子管的“埃尼阿克”提高了 10 倍，冯·诺伊曼的设想在这台计算机上得到了圆满的体现。

1950 年东京帝国大学的 Yoshiro Nakamats 发明了软磁盘，其销售权由 IBM 公司获得，开创了存储时代新纪元（见图 1.21）。

图 1.20　EDVAC 计算机

图 1.21　软磁盘

1954 年贝尔实验室使用 800 只晶体管组装了世界上第一台晶体管计算机 TRADIC（见图 1.22）。

1965 年 DEC 公司推出了 PDP8 型计算机（见图 1.23），标志着小型机时代的到来。PDP8 型计算机，具有速度快、占地面积小（相当于一台小冰箱大小）的特点，使 DECPDP-8 成为第一台获得成功的微型计算机。

图 1.22　TRADIC

图 1.23　PDP8 小型计算机

1969 年，贝尔实验室的汤普森开始利用一台闲置的 PDP-7 计算机开发了一种多用户，多任务操作系统。很快，里奇加入了这个项目，在他们共同努力下诞生了最早的 UNIX（见图 1.24）。里奇受一个更早的项目——MULTICS 的启发，将此操作系统命名为 UNIX。早期 UNIX 是用汇编语言编写的。

1971 年 1 月 Intel 的特德·霍夫成功研制了第一枚能够实际工作的微处理器 4004（见图 1.25），该处理器在面积约 12 平方毫米的芯片上集成了 2250 个晶体管，运算能力足以超过 ENICA。4004 尺寸规格为 3mm × 4mm，最初售价为 200 美元。

图 1.24　拥有 UNIX 系统的 PDP-7

图 1.25　微处理器 4004

1973 年 8 月，Intel 霍夫与费金等人研制出英特尔 8080 型微处理器（见图 1.26），它的运算速度比 4004 型要快 20 倍。霍夫和费金把新型 MOS 金属氧化物半导体电路应用到 8080 型芯片上，一举成功，成为第二代微处理器。它是有史以来最为成功的微处理器之一。1974 年 4 月 1 日，Intel 正式推出了自己的第一款 8 位微处理器 8080。

1974 年 12 月电脑爱好者爱德华・罗伯茨发布了自己制作的装配有 8080 处理器的计算机“牛郎星”（见图 1.27），这也是世界上第一台装配有微处理器的计算机，从此掀开了个人电脑的序幕。在金属制成的小盒内，罗伯茨装进两块集成电路，一块即 8080 微处理芯片，另一块是存储器芯片。既没有可输入数据的键盘，也没有显示计算结果的“面孔”。插上电源后，使用者需要用手按下面板上的 8 个开关，把二进制数“0”或“1”输进机器。计算完成后，面板上的几排小灯泡忽明忽灭，就像军舰上用灯光发信号那样表示输出的结果。

图 1.26　8080 型微处理器

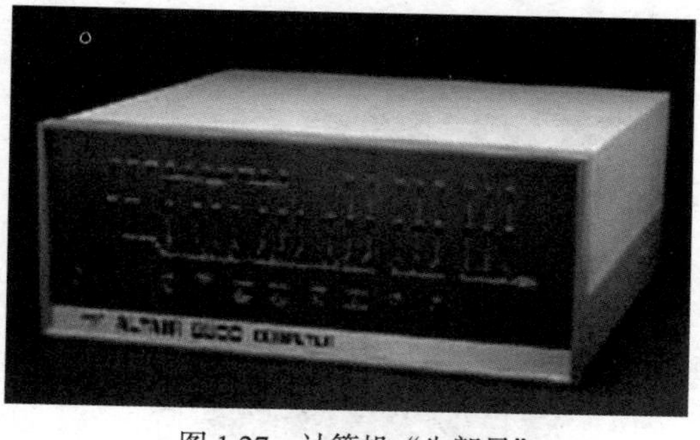

图 1.27　计算机“牛郎星”

1976 年 4 月 1 日斯蒂夫・沃兹尼亚克和斯蒂夫・乔布斯共同创立了苹果公司，并推出了自己的第一款计算机：AppleI（见图 1.28）。AppleI 的电脑有几个显著的特点。当时大多数的电脑没有显示器，AppleI 却以电视作为显示器。对比起后来的显示器，AppleI 的显示功能只能缓慢地每秒显示 60 字。此外，主机的 ROM 包括了引导代码，这使它更容易启动。沃兹尼亚克也设计了一个用于装载和储存程序的卡式磁带介质，以 1200 位/秒的高速运行。尽管 AppleI 的设计相当简单，但它仍然是一件杰作，而且比其他同级的主机需用的零件少，使沃兹赢得了设计大师的名誉。最终 AppleI 一共生产了 200 部。

1981 年 8 月 12 日经过了一年的艰苦开发，由后来被 IBM 内部尊称为 PC 之父的唐・埃斯特奇（D.Estridge）领导的开发团队完成了 IBM 个人电脑的研发（见图 1.29），IBM 宣布了 IBMPC 的诞生，由此掀开了改变世界历史的一页。IBM 最早推出的 PC，基本价格是 1565 美元。PC 的系统主板上配有 64KB 内存,可扩展至 640KB。该 PC 采用的处理器是 Intel8088，运行速度为

4.77MHz。它采用开放式结构，因此第二年就出现了兼容机。

图 1.28　AppleI

图 1.29　IBMPC

1982 年，英特尔发布了 80286 处理器（见图 1.30），也就是俗称的 286。这是英特尔第一个可以运行所有为其开发的应用程序的处理器。80286 芯片集成了 14.3 万只晶体管、16 位字长，时钟频率由最初的 6MHz 逐步提高到 20MHz。其内部和外部数据总线皆为 16 位，地址总线为 24 位。与 8086 相比，80286 寻址能力达到了 16MB，可以使用外存储设备模拟大量存储空间，从而大大扩展了 80286 的工作范围，还能通过多任务硬件机构使处理器在各种任务间来回快速切换，以同时运行多个任务，其速度比 8086 提高了 5 倍以上。

1983 年 1 月苹果公司推出了研制费用高达 5000 万美元的丽萨（Lisa）电脑（见图 1.31），这也是世界上第一台商品化的图形用户界面的个人计算机，同时这款电脑也第一次配备了鼠标。当时它的售价为 9995 美元，主要面向企业市场。由于价格过于昂贵，很多用户转而购买 IBMPC。

图 1.30　80286 处理器

图 1.31　丽萨（Lisa）电脑

2. 计算思维兴起的缘由

从 20 世纪 70 年代中期开始，在诺贝尔物理学奖得主 Ken Wilson 等人的积极倡导下，基于大规模并行数值计算与模拟的“计算科学”（Computing Science）开创了科学研究的第三种范例（理论、实验、计算机模拟）。计算科学协同其他科学领域（如基因组工程、天体物理等）取得了一系列重要的突破性进展，受到传统科学界的重视和接纳。

1991 年，美国联邦政府立法将建立联网的大规模超级计算中心（资源）作为保持美国科学技术领先地位的一项重要措施。今天我们所熟悉的大数据、可视化及云计算等均源自于这场运动。

国内很多大学数学学院中的“信息与计算”专业也是在这个时期出现的。

这场运动对于“计算机科学”的普及和得到政府决策部门的重视起到了一定的推进作用（像

之前的“人工智能”一样！)。

由于相对片面地理解和宣扬所谓的“计算科学”，也带来很多副作用，至今学术界仍有相当多的人混淆“计算科学”与“计算机科学”（或“信息科学”）。

更传统意义上、更广义的计算机科学（Computer Science，指围绕计算现象和计算对象的研究）受到冷落甚至质疑。

进入 21 世纪后，美国报考各大学计算机科学相关专业的优秀学生数量开始呈明显下降趋势，高规格科研资助的力度和水平降低，这标志学科的影响力和社会认知度出现了危机。

计算机科学界开始再次反思并宣扬自身学科的核心价值，有关计算思维的探讨和研究就是在这样的背景下产生的。

“计算思维”旨在倡导一种所谓的“计算机科学家的思维方式”，以区别“逻辑（抽象）思维”、“数学思维”和“工程化思维”等这些已为学术界普遍认同的思维方式，从而提高社会、学生及家长对学科的认同。

早在 20 世纪五六十年代，就提出了算法思维的说法，是当时的“算法学家”们为争取将计算机科学从数学中独立出来所进行的努力。

著名计算机科学家 D.Knuth（高德纳）1985 年在《美国数学月刊》（为美国影响最大、读者群最广的数学杂志）上发表了“数学思维与算法思维”的文章。

“算法思维”着重强调在（数学）问题求解过程中算法（构造！）的核心作用。现代“计算思维”的含义比“算法思维”要广泛得多，包含了多种抽象层次、发展算法的数学以及跨越不同尺度问题的算法效率问题的分析等方面。

数学模型是利用计算机解决实际问题的前提和基础，建立数学模型的过程，则处处体现计算思维，处处利用计算思维。

3. 计算思维的理解

2006 年卡内基梅隆大学周以真教授发表了一篇影响深远的题为《computational thinking》的论文，将“计算思维”这一由来已久但很陌生的词语展现给世人。文中，她使用了”硬科学”的术语对计算思维进行了描述。计算思维是一种基于数学与工程、以抽象和自动化为核心的、用于解决问题、设计程序、理解人类行为的概念。这里请注意，计算思维是一种思维，它以程序为载体，但不仅仅是编程。它着重于解决人类与机器各自计算的优势以及问题的可计算性。人类的解决思维是用有限的步骤去解决问题，讲究优化与简洁；而计算机可以从事大量的重复的精确的运算，并乐此不疲。（假如运算的循环没有造成它的机器故障的话）那么，这个问题是否不一定需要最精确的计算而只要求满足一定的精度？如果是，就可以用计算机来计算。那么哪些是可计算的？可计算性有七大原则：程序运行、传递、协调、记忆、自动化、评估与设计。

（1）四色问题的解决

计算思维的优势最典型的体现莫过于“四色问题”的解决。

四色问题是公认的数学难题，经历几个世纪，经历数百位数学家的努力，它仍巍然不动。后来有数学家提出四色问题可以进行分类讨论。只不过，虽然这位数学家明确指出，分类的状况是有限的，仍然数字巨大，非人力所能及。而后来美国伊利诺伊大学哈肯与阿佩尔利用计算机程序对这有限而众多的情况进行了计算分析，凭借计算机“不畏重复不惧枯燥”、快速高效的优势证明了四色定理。

（2）计算思维的人机分工

在计算思维的概念中，我们可以通过消减、嵌入、转换与模拟对问题进行处理，化难为易。

将复杂的问题分解成简单的问题，把复杂而枯燥需要精确计算的任务交给计算机，人去解决那些被化为可以解决的问题。同时，我们可以将简单的程序、系统进行组合，得到复杂的系统发挥更大的作用。而为了达到这一目的，我们需要与计算机交流，我们需要将现象转化为符号，以便于计算机理解，同时我们将其抽象赋予不同的含义，之后通过编程赋予计算机以“思维”，让它自动地进行运行，得到新的东西，这个过程称为创造。编程只是读写水平，理解系统是流畅水平而知道如何应用，如何将计算机技术用于自己从事的领域，这就是计算思维。

（3）重要性

计算思维由来已久，最早可以追溯到利用计算机技术计算火炮杀伤范围来支援炮兵，之后随着硬件技术按照摩尔定律不停地发展，计算机语言越来越高级，计算机的功能越来越强大。计算机技术走进各个领域，计算机科学家与其他领域科学家一起合作，解决了许多其他领域的难题。生物领域中，科学家利用计算机模拟细胞间蛋白质的交换，基因研究者利用计算机技术发现了控制西红柿大小的基因与人体癌症的控制基因拥有相似性。生态学家利用计算机技术构建模型以研究全球气候变暖问题。

在生活上，与此同时，随着计算机微型化、智能化的发展，计算机已经与人们的日常生活息息相关，通信技术的发展迅速，物联网的出现，RFID 技术设想的提出与应用……我们的生活已离不开计算机，难道我们不应该了解它吗?

在科研上，对于各个想要在自己领域有一定成就的人来说，计算思维必不可少。一支笔、一张纸的时代已经结束，现在的研究不再仅仅是通过现象或需求而研究其本质；通过抽象，我们建立模型；通过自动化，我们模拟随机性。科学研究已经不再是简单的对规律进行概括，在限定范围内进行推演。我们可以创造，“无中生有”。我们可以凭借计算机的可大量重复的高效优势预测所有结果。例如，我们可以将基因编码，对其进行组合，从而创造新的基因，对其进行挑选以达成人类的要求。

所以我们要重视计算思维的培养与推广，使得计算思维真正成为人类的一项基本的思维能力，从而促进人类智力的提升。

4. 生活中应用实例

“专家”大众化。在日常生活中，我们频繁地使用家用电器。以微波炉为例，使用微波炉的家庭主妇恐怕没有几个能深入了解微波的加热原理、电路通断的控制、计时器的使用等，但这不意味着她们不能加热食品。那些复杂难懂的理论以及操作系统由专家和技术人员进行处理。他们将电器元件封装起来，复杂的理论被简化成说明书上通俗易懂的操作步骤。是的，使用微波、控制电路，这些是一般人无法解决的。然而当那些电路的通断、产生的现象被抽象以后，我们就可以仅凭那些按钮去操作，并且可以预见它产生的结果。通过抽象，复杂的问题被转化为可解决的问题。所有可能用到的程序都被提前储存起来，主妇的指令通过按钮转化为信号从而调用程序进行执行，自动地控制电路的开合、微波的发射，最后将信号转化为热量。

“大师”普遍化。音乐的欣赏也是人们娱乐的一个重要组成部分。《命运交响曲》《蓝色多瑙河》《安魂曲》……大师的作品令人陶醉。许多人苦于不识音律，无法谱出自己的乐曲（噪音偏多）。而现在随着计算机技术的发展，不识音律者也可以圆谱曲之梦。简单地以诺基亚手机上的自谱铃声来说，计算机事先将音乐转化为符号，并将其运行程序储存起来，用户键入音符时，会在提示下键入符合声乐规律的符号（一个避免噪声的很有效的措施），用户将符号进行组合，然后计算机将之转化为声音输出出来。声音被抽象为符号，避免了不会操纵乐器的尴尬，而正常情况下，每个人都可以操作按键。在用户输入后，计算机自动地提示并执行。这一过程中，声乐

（数据）被转化为符号，符号又被转化为声乐（数据）。这一技术把演奏乐器与识别音律这一难题分解为用户可以解决的问题，即键入符号。用户发挥了作为人类的创造性，而计算机提供了音乐法则并担当了乐器的角色。计算思维让每个人都成为音乐家。

5. 数学模型与计算思维

数学模型是对现实世界的一个特定对象，为了一个特定目的，根据特有的内在规律，做出一些必要的简化和假设，用适当的数学工具，得到的一个数学结构。数学建模，是指建立数学模型的全过程。

一般来说，当实际问题需要对所研究实际对象提供分析、预报、决策、控制等方面的定量结果时，往往离不开数学的应用，而数学建模则是其中最关键的一步。一个实际问题的数学模型建立后必须以一定的技术手段，如推理证明、计算、模拟等进行检验，这是必不可少的。如果所建数学模型不符合实际情况，就必须修改数学模型。

从前面数学建模的过程可以看出，数学建模最重要的步骤是建立数学模型和求解数学模型，如果说建立数学模型的过程更多地依赖数学基础，求解数学模型则更多地依靠计算机知识。

在求解数学模型这一环节中必须完成确定算法、编程、求出数值解、确定参数等任务。

（1）确定算法；根据数学模型，确定适当的计算策略，选取合适的算法。这时必须考虑模型的可计算性，算法的复杂性和稳定性。不同的算法对结果的影响可能很大。

（2）编程；选择熟悉的软件，编写计算机程序。这时要考虑数据结构。同一个问题，使用不同的数据结构，编写出的程序可能差别极大。

（3）求出数值解；这时程序正确与否？程序的设计是否简单？结构是否清晰？是否易于维护和修改？执行速度如何至关重要。

（4）确定参数；要确定数值解，必须先确定有的参数。

【例 1.1】猜数游戏。

给出一个 1000 以内的数，我们只需要最多回答十个问题就能猜出你想的那个数。

具体思路如下：

首先问的第一个问题是这个数大于 500 吗？如果是，第二问题是这个数大于 750？否则；第二问题是这个数大于 250 吗？

为什么是 500 呢？其实就是取 1000 的中间值，如果大于 500，我们又从【500，1000】取它们的中间值，如果小于 500，我们又从【0，500】取它们的中间值，依次下去，就能快速找到你所想的数字。

我们知道 2 的十次方是 1024，1024>1000，所以说我们最多只要猜十次。其实这就是采用了计算机中的二分查找法。

二分查找又称折半查找，优点是比较次数少，查找速度快，平均性能好；其缺点是要求待查表为有序表，且插入删除困难。因此，折半查找方法适用于不经常变动而查找频繁的有序列表。首先，假设表中元素是按升序排列，将表中间位置记录的关键字与查找关键字比较，如果两者相等，则查找成功；否则利用中间位置记录将表分成前、后两个子表，如果中间位置记录的关键字大于查找关键字，则进一步查找前一子表，否则进一步查找后一子表。重复以上过程，直到找到满足条件记录，使查找成功，或直到子表不存在为止，此时查找不成功。

【例 1.2】线路规划问题。

乘汽车旅行的人总希望找出到目的地的尽可能的短的行程。

假设海上有三个岛屿，我们希望把这三个岛屿用石砖架桥连起来，如图 1.32 所示，希望每个岛屿通过桥梁到过其他所有岛屿，而且用的石砖最少。

问题分析：三个岛屿三座桥，我们要找的是哪座桥是必须铺的。

我们枚举出所有路径，并计算出每条路径的长度，然后选择最短的一条。从图 1.33 中我们可以看到，三个岛屿，我们只要铺设二座桥，就可以了。

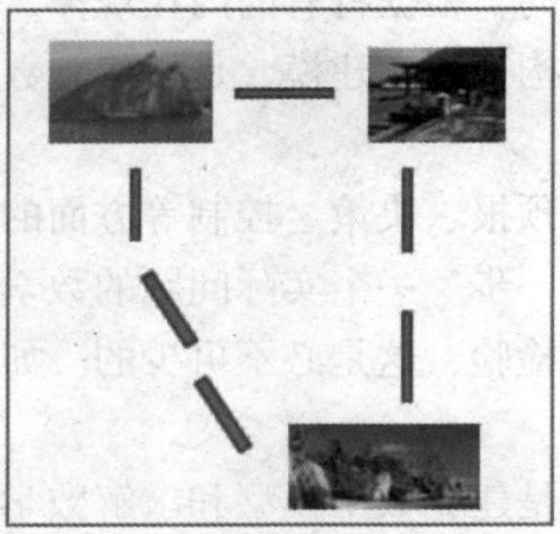

图 1.32 架桥问题

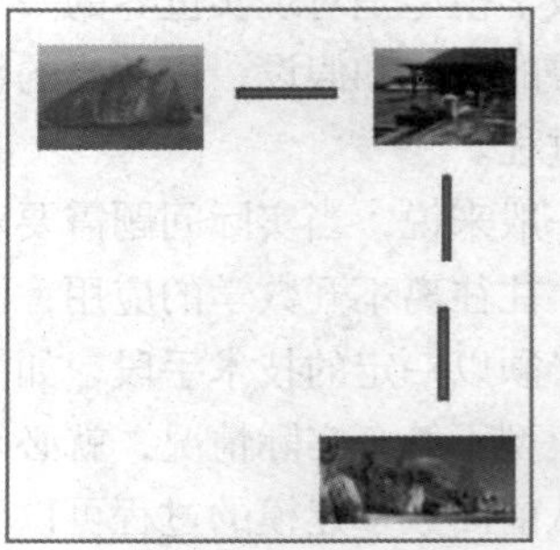

图 1.33 架桥方案

把问题放大，如果有五个岛屿（见图 1.34），哪座桥是必建的，最少需要多少砖。

同样的问题，要枚举出所有路径，并计算出每条路径的长度，然后选择最短的一条，我们就不容易计算了。这时候我们发现要找最短线路时还是需要一定时间的。我们把数学问题进行数学建模，把每个岛屿设计成一个个的节点，岛屿间的距离设计成节点间的连线，这样就变成一个计算机的图论问题，如图 1.35 所示，我们找到了二种方案可以实施（见图 1.36）。

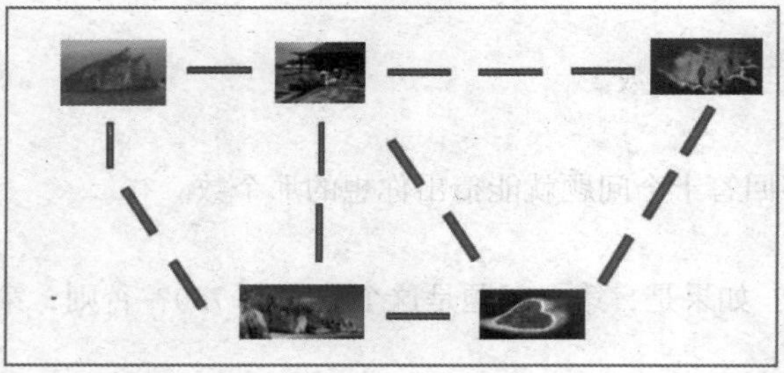

图 1.34 五个岛屿

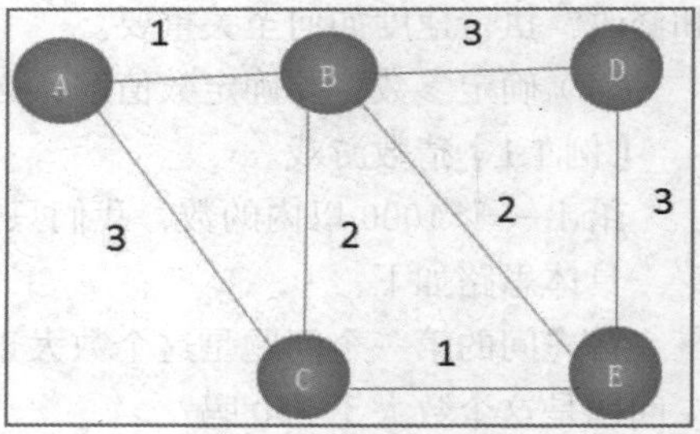

图 1.35 架桥方案

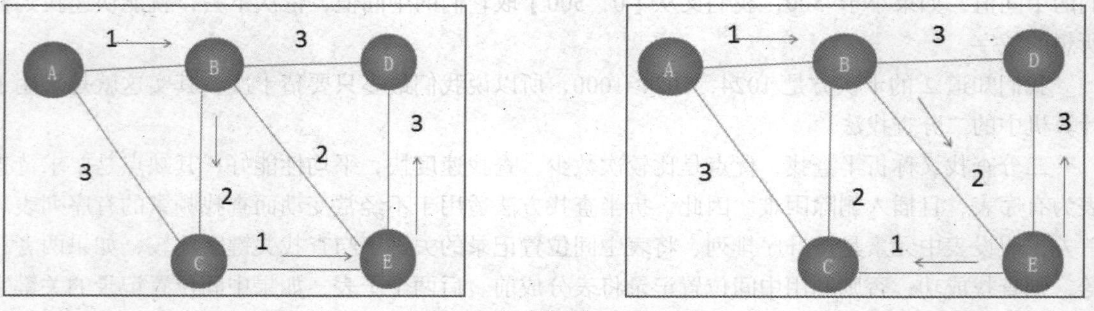

图 1.36 架桥问题二种方案

从这个例题可以发现，节点多了，用人工计算的话，是相当耗时的，而在计算机方面，我们把它转换成图的最短路径问题之后，就容易解决了。

这个例题其实就是货郎担问题，也叫旅行商问题，即 TSP 问题（Traveling Salesman

Problem)，是数学领域中著名问题之一。其一般提法为：有 n 个城市，用 1，2，…，n 表示，城 i,j 之间的距离为 d_{ij}，有一个货郎从城 1 出发到其他城市一次且仅一次，最后回到城市 1，怎样选择行走路线使总路程最短？

货郎担问题（traveling sales person problem）是求取具有最小成本的周游路线问题。在现实生活中有很多实际问题可归结为货郎担问题。

例如邮路问题就是一个货郎担问题。假定有一辆邮车要到 n 个不同的地点收集邮件，这种情况可以用 n+1 个结点的图来表示。一个结点表示此邮车出发并要返回的那个邮局，其余的 n 个结点表示要收集邮件的 n 个地点。由地点 i 到地点 j 的距离则由边 $<i, j>$；上所赋予的成本来表示。邮车所行经的路线是一条周游路线，希望求出具有最小长度的周游路线。

第二个例子是在一条装配线上用一个机械手去紧固待装配部件上的螺帽问题。机械手由其初始位置（该位置在第一个要紧固的螺帽的上方）开始，依次移动到其余的每一个螺帽，最后返回到初始位置。机械手移动的路线就是以螺帽为结点的一个图中的一条周游路线。一条最小成本周游路线将使这机械手完成其工作所用的时间取最小值。

第三个例子是产品的生产安排问题。假设要在同一组机器上制造 n 种不同的产品，生产是周期性进行的，即在每一个生产周期这 n 种产品都要被制造。要生产这些产品有两种开销，一种是制造第 i 种产品时所耗费的资金（$1 \leqslant i \leqslant n$），称为生产成本，另一种是这些机器由制造第 i 种产品变到制造第 j 种产品时所耗费的开支 c_{ij} 称为转换成本。显然，生产成本与生产顺序无关。于是，我们希望找到一种制造这些产品的顺序，使得制造这 n 种产品的转换成本和为最小。由于生产是周期进行的，因此在开始下一周期生产时也要开支转换成本，它等于由最后一种产品变到制造第一种产品的转换成本。于是，可以把这个问题看成是一个具有 n 个结点，边成本为 c_{ij} 图的货郎担问题。

那么这个问题的延伸，还可以应用到城市各市政管网的规划，公共交通网络的规划，物流的最小成本分析，汽车导航系统以及各种 110、119 等应急系统等。

6. 计算模型与计算思维

我们看看图灵测试的一个现代简单直接应用吧。

图灵测试的目的是给机器“智能”下一个定义，这个小小的应用与图灵提出“测试”的本意相差甚远。

CAPTCHA 这个词最早是在 2002 年由卡内基梅隆大学的路易斯·冯·安、Manuel Blum、Nicholas J.Hopper 以及 IBM 的 John Langford 所提出。卡内基梅隆大学曾试图申请此词使其成为注册商标，但该申请于 2008 年 4 月 21 日被拒绝。CAPTCHA 项目是 Completely Automated Public Turing Test to Tell Computers and Humans Apart（全自动区分计算机和人类的图灵测试）的简称，目的是区分计算机和人类的一种程序算法，是一种区分用户是计算机还是人的计算程序，这种程序必须能生成并评价人类能很容易通过但计算机却通不过的测试。

一种常用 CAPTCHA 测试（见图 1.37）是让用户输入一个扭曲变形的图片上所显示的文字或数字，扭曲变形是为了避免被光学字元识别（OCR,Optical Character Recognition）之类的计算机程序自动辨识出图片上的文数字而失去效果。由于这个测试是由计算机来考人类，而不是标准图灵测试中那样由人类来考计算机，人们有时称 CAPTCHA 是一种反向图灵测试。

根据 CAPTCHA 测试的定义，产生验证码图片的算法必须公开，即使该算法可能有专利保护。这样做是证明想破解就需要解决一个不同的人工智能难题，而非仅靠发现原来的（秘密）算法，而后者可以用逆向工程等途径得到。

CAPTCHA 目前广泛用于网站的留言板，许多留言板为防止有人利用计算机程序大量在留言板上张贴广告或其他垃圾消息，因此会放置 CAPTCHA 要求留言者必需输入图片上所显示的文数字或是算术题才可完成留言。而一些网络上的交易系统（如订票系统、网络银行）也为避免被计算机程序以暴力法大量尝试交易也会有 CAPTCHA 的机制。

早期的Captcha验证码"smwm"，由EZ-Gimpy程序产生，使用扭曲的字母和背景颜色梯度
一种更现代的CAPTCHA，其不使用扭曲的背景及字母，而是增加一条曲线来使得图像分区（segmentation）更困难。

图 1.37 常用的 CAPTCHA 测试

一些曾经或者正在使用中的验证码系统已被破解。这包括 Yahoo 验证码的一个早期版本 EZ-Gimpy，PayPal 使用的验证码，LiveJournal、phpBB 使用的验证码，很多金融机构（主要是银行）使用的网银验证码以及很多其他网站使用的验证码。

肯定没有 100% 安全的验证字，除非根本不想让人看明白，在用户可识别性与机器识别之间的平衡是最大的问题，"挑战—响应"，两个环节之间的问题其实也挺微妙。在注册微软的一些服务的时候，验证字很难让人看明白，要多刷新几次才能有个好认的；而一些电子商务的网站，如 Paypal，验证字被 PWNtcha 破解的概率是 88%，这么做应该也是有苦衷的，毕竟要考虑用户体验。

中文网站所使用的验证字机制，个人觉得还没有引起足够的重视。唯一值得一提的是腾讯的"中文"验证字算是一个创新，估计能够抵挡住国外 SPAM 的攻击（谁让老外不认识中文呢）。通过机器人发送 SPAM 的大部分来自国外，国内目前处于"手工" Spam 方式比较多，当然，也更为精准。

7. 大问题中的计算思维——稀疏矩阵计算与 PageRank 值（网页排名）

PageRank 对网页排名的算法，曾是 Google 发家致富的法宝。PageRank 的 Page 可认为是网页，表示网页排名，也可以认为是 Larry Page（Google 产品经理），因为他是这个算法的发明者之一，还是 Google CEO。PageRank 算法计算每一个网页的 PageRank 值，然后根据这个值的大小对网页的重要性进行排序。它的思想是模拟一个悠闲的上网者，上网者首先随机选择一个网页打开，然后在这个网页上呆了几分钟后，跳转到该网页所指向的链接，这样无所事事、漫无目的地在网页上跳来跳去，PageRank 就是估计这个悠闲的上网者分布在各个网页上的概率。

在 Google 中搜索"体育新闻"，如图 1.38 所示，搜索引擎工作的简要过程如下。

图 1.38 Google 搜索

首先针对查询词“体育新闻”进行分词——“体育”“新闻”；然后根据建立的倒排索引，将同时包含“体育”和“新闻”的文档返回，并根据相关性进行排序，这里的相关性主要是基于内容的相关性，但是会有一些垃圾网页，虽然也包含大量的查询词，但却并非满足用户需要的文档，一个网页中虽然出现了四次“体育新闻”但却不是用户所需要的，因此，页面本身的重要性在网页排序中也起着很重要的作用。

如何度量网页本身的重要性呢?

互联网上的每一篇 HTML 文档除了包含文本、图片、视频等信息外，还包含了大量的链接关系，利用这些链接关系，能够发现某些重要的网页，如图 1.39 所示。

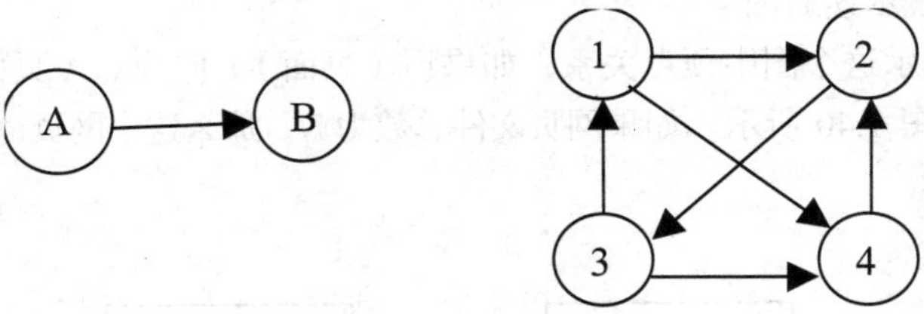

图 1.39　网页链接

某网页被指向的次数越多，则它的重要性越高；越是重要的网页，所链接的网页的重要性也越高。如何度量网页本身的重要性呢?

比如，新华网体育在其首页中对新浪体育做了链接，人民网体育同样在其首页中对新浪体育做了链接，如图 1.40 所示。

图 1.40　网页链接

可见，新浪体育被链接的次数较多；同时，人民网体育和新华网体育也都是比较“重要”的网页，因此新浪体育也应该是比较“重要”的网页。

我们来认识 Pagerank 算法几个相关概念。

PR 值：用来评价网页的重要性，*PR* 值越大越重要，其级别从 0 到 10 级。一般 *PR* 值达到 4，就算是一个不错的网站了。Google 把自己的网站的 *PR* 值定到 10，这说明 Google 这个网站是非常受欢迎的，也可以说这个网站非常重要。

阻尼因数：（damping factor）。阻尼系数 d 定义为用户不断随机点击链接的概率，所以，它取决于点击的次数，被设定为 0~1。d 的值越高，继续点击链接的概率就越大。因此，用户停止点击并随机冲浪至另一页面的概率在式子中用常数（1.d）表示。无论入站链接如何，随机冲浪至一个页面的概率总是（1.d）。（1.d）本身也就是页面本身所具有的 PageRank 值。

PageRank 通过网络浩瀚的超链接关系来确定一个页面的等级。Google 把从 A 页面到 B 页面的链接解释为 A 页面给 B 页面投票，Google 根据投票来源（甚至来源的来源，即链接到 A 页面的页面）和投票目标的等级来决定新的等级。这样，PageRank 会根据网页 B 所收到的投票数量来评估该网页的重要性。此外，PageRank 还会评估每个投票网页的重要性，因为某些重要网页的投票被认为具有较高的价值，这样，它所链接的网页就能获得较高的价值。这就是 PageRank 的核心思想，当然 PageRank 算法的实际实现上要复杂很多。

P 概率转移矩阵的计算过程如下。

先建立一个网页间的链接关系的模型，我们需要合适的数据结构表示页面间的链接关系。

（1）首先我们使用图的形式来表述网页之间关系

现在假设只有四张网页集合：A、B、C，其抽象结构如图 1.41 所示。

（2）我们用矩阵表示连通图

用邻接矩阵 ***P*** 表示这个图中顶点关系，如果顶（页面）i 向顶点（页面）j 有链接情况，则 $p_{ij}=1$，否则 $p_{ij}=0$，如图 1.40 所示。如果网页文件总数为 N，那么这个网页链接矩阵就是一个 $N\times N$ 的矩阵。

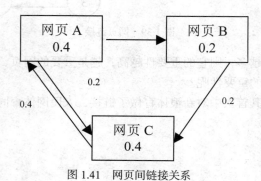

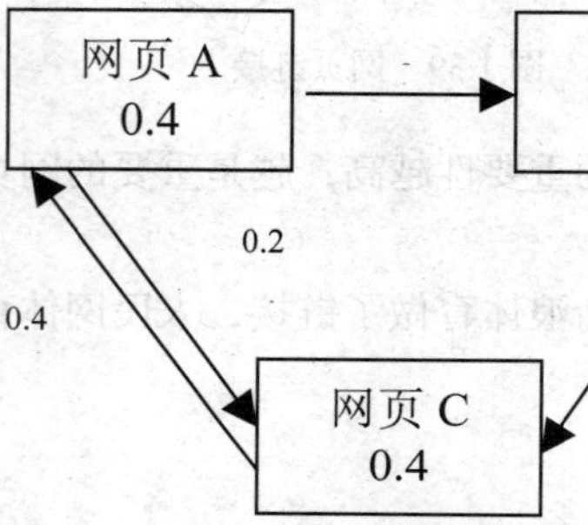

图 1.41　网页间链接关系

（3）网页链接概率矩阵

然后将每一行除以该行非零数字之和，即（每行非 0 数之和就是链接网个数）则得到新矩阵 ***P′***，如图 1.42 所示。这个矩阵记录了每个网页跳转到其他网页的概率，即其中 i 行 j 列的值表示用户从页面 i 转到页面 j 的概率。图 1.43 中 A 页面链向 B、C，所以一个用户从 A 跳转到 B、C 的概率各为 1/2。

（4）概率转移矩阵 ***P***

采用 ***P′*** ^{T} 的转置矩阵进行计算，也就是上面提到的概率转移矩阵 ***P***，如图 1.44 所示。

$$\boldsymbol{P}=\begin{matrix}A\\B\\C\end{matrix}\begin{bmatrix}0&1&1\\0&0&1\\1&0&0\end{bmatrix}$$

图 1.42　网页链接矩阵

$$\boldsymbol{P}'=\begin{bmatrix}0&1/2&1/2\\0&0&1\\1&0&0\end{bmatrix}$$

图 1.43　网页链接概率矩阵

$$\boldsymbol{P}^{\mathrm{T}}=\begin{bmatrix}0&0&1\\1/2&0&0\\1/2&1&0\end{bmatrix}$$

图 1.44　P′ 转置矩阵

LarryPage 和 SergeyBrin 两人从理论上证明了不论初始值如何选取，这种算法都保证了网页排名的估计值能收敛到它们的真实值。

由于互联网上网页的数量是巨大的，上面提到的二维矩阵从理论上讲有网页数目平方之多个元素。如果我们假定有十亿个网页，那么这个矩阵就有一百亿亿个元素。这样大的矩阵相乘，计算量是非常大的。LarryPage 和 SergeyBrin 两人利用稀疏矩阵计算的技巧，大大地简化了计算量。

PageRank 算法也应用到了很多领域，比如学术论文的重要性排序，学术论文的作者的重要性排序，某作者引用了其他作者的文献，则该作者认为其他作者是“重要”的。

另外，网络爬虫（WebCrawler），可以利用 PR 值，决定某个 URL，所需要抓取的网页数量和深度，重要性高的网页抓取的页面数量相对多一些，反之，则少一些。

当然，PageRank 的优点是一个与查询无关的静态算法，所有网页的 PageRank 值通过离线计算获得；有效减少在线查询时的计算量，极大降低了查询响应时间。而 PageRank 的缺点是过分相信链接关系。一些权威网页往往是相互不链接的，比如新浪、搜狐、网易以及腾讯这些大的门户之间，基本是不相互链接的，学术领域也是这样。

人们的查询具有主题特征，PageRank 忽略了主题相关性，导致结果的相关性和主题性降低，旧的页面等级会比新页面高。因为即使是非常好的新页面也不会有很多上游链接，除非它是某个站点的子站点。排序技术是搜索引擎的绝密，当然 Google 目前所使用的排序技术，已经不再是简单的 PageRank。

第二部分 习题

一、选择题

1. 一般认为，世界上第一台电子数字计算机 ENIAC 诞生于________。

A. 1946 年　　B. 1952 年　　C. 1959 年　　D. 1962 年

2. 第一代计算机，体积大、耗电多、性能低，其主要原因是制约于________。

A. 工艺水平　　B. 元器件　　C. 设计水平　　D. 原材料

3. 第四代计算机的逻辑器件，采用的是________。

A. 晶体管　　B. 大规模、超大规模集成电路

C. 中、小规模集成电路　　D. 微处理器集成电路

4. 微型计算机诞生于________。

A. 第一代计算机时期　　B. 第二代计算机时期

C. 第三代计算机时期　　D. 第四代计算机时期

5. 化工厂中用计算机系统控制物料配比、温度调节、阀门开关的应用属于________。

A. 过程控制　　B. 数据处理　　C. 科学计算　　D. CAD / CAM

6. 1959 年，IBM 公司的塞缪尔（A. M. Samuel）编制了一个具有自学能力的跳棋程序，这属于计算机在________方面的应用。

A. 过程控制　　B. 数据处理　　C. 计算机科学计算　　D. 人工智能

7. 从第一代计算机到第四代计算机的体系结构都是相同的，都是由运算器、控制器、存储器以及输入输出设备组成的。这种体系结构称为________体系结构。

A. 艾伦·图灵　　B. 罗伯特·诺依斯　　C. 比尔·盖茨　　D. 冯·诺依曼

8. 计算机的发展阶段通常是按计算机所采用________来划分的。

A. 内存容量　　B.电子器件　　C.程序设计语言　　D.操作系统

9. 从第一台计算机诞生到现在的50年中，按计算机采用的电子器件来划分，计算机的发展经历了＿＿＿＿个阶段。

A. 4　　B. 6　　C. 7　　D. 3

10. 收发电子邮件属于计算机在＿＿＿＿方面的应用。

A. 过程控制　　B. 数据处理　　C. 计算机网络　　D. CAD

11. 若某台微型计算机的型号是586/300，其中300的含义是＿＿＿＿。

A. CPU中有300个寄存器　　B. CPU中有300个运算器

C. 该微机的内存为300MB　　D. CPU时钟频率为300MHz

12. 在计算机应用中，"OA"表示＿＿＿＿。

A. 决策支持系统　　B. 管理信息系统　　C. 办公自动化　　D. 人工智能

13. 个人计算机简称PC。这种计算机属于＿＿＿＿。

A. 微型计算机　　B. 小型计算机　　C. 超级计算机　　D. 巨型计算机

14. 计算机一般按＿＿＿＿进行分类。

A. 运算速度　　B. 字长　　C. 主频　　D. 内存

15. 将微型计算机的发展阶段分为第一代微型机、第二代微型机……，是根据下列哪个设备或器件决定的＿＿＿＿。

A. 输入输出设备　　B. 微处理器　　C. 存储器　　D. 运算器

16. 使用超大规模集成电路制造的计算机应该归属于＿＿＿＿。

A. 第一代　　B. 第二代　　C. 第三代　　D. 第四代

17. 我国自行设计研制的银河Ⅱ型计算机是＿＿＿＿。

A. 微型计算机　　B. 小型计算机　　C. 中型计算机　　D. 巨型计算机

18. 人和计算机下棋，该应用属于＿＿＿＿。

A. 过程控制　　B. 数据处理　　C. 科学计算　　D. 人工智能

19. 计算思维是运用计算机科学的＿＿＿进行问题求解、系统设计、以及人类行为理解等涵盖计算机科学之广度的一系列思维活动。

A. 思维方式　　B. 程序设计原理

C. 基础概念　　D. 操作系统原理

20. 计算思维最根本的内容，即其本质是＿＿＿和自动化。

A. 计算机技术　　B. 递归　　C. 并行处理　　D. 抽象

二、简答题

1. 论述现代计算机在各领域的最新应用。

2. 举例说明计算思维在非计算机领域的应用。

第 2 章 计算机系统基础

第一部分 实验

实验一 键盘指法练习

一、实验目的

1. 了解键盘布局。
2. 了解键盘各部分的组成及各键的功能和使用方法。
3. 掌握正确的键盘指法。

二、实验示例

1. 键盘介绍

键盘是计算机使用者向计算机输入数据或命令的最基本的设备。常用的键盘上有 101 个键或 103 个键，如图 2.1 所示，分别排列在四个主要部分：主键盘区、功能键区、控制键区、数字键区。

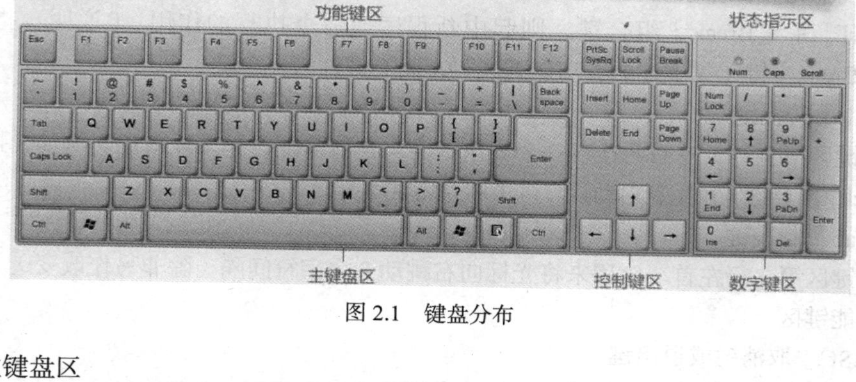

图 2.1 键盘分布

（1）主键盘区

它是键盘的主要组成部分，它的键位排列与标准英文打字机的键位排列一样。该键区包括了数字键、字母键、常用运算符以及标点符号键，除此之外还有几个必要的控制键。下面对几个特殊的键及用法作简单介绍。

① 空格键

键盘上最长的条形键。每按一次该键，将在当前光标的位置上空出一个字符的位置。

② ［Enter↙］回车键

● 每按一次该键，将换到下一行的行首输入。就是说，按下该键后，表示输入的当前行结束，以后的输入将另起一行。

● 或在输入完命令后，按下该键，则表示确认命令并执行。

③ ［CapsLock］大写字母锁定键

该键在打字键区右边。该键是一个开关键，用来转换字母大小写状态。每按一次该键，键盘右上角标有 CapsLock 的指示灯会由不亮变成发亮，或由发亮变成不亮。这时：（1）如果 CapsLock 指示灯发亮，则键盘处于大写字母锁定状态：1）这时直接按下字母键，则输入为大写字母；2）如果按住［Shif］键的同时，再按字母键，输入的反而是小写字母。（2）如果这时 CapsLock 指示灯不亮，则大写字母锁定状态被取消。

④ ［Shift］ 换挡键

换挡键在打字键区共有两个，它们分别在主键盘区（从上往下数，下同）第四排左右两边对称的位置上。

对于符号键（键面上标有两个符号的键，例如：等，这些键也称为上下挡键或双字符键）来说，直接按下这些键时，所输入的是该键键面下半部所标的那个符号（称为下挡键）；

如果按住［Shift］键同时再按下双字符键，则输入为键面上半部所标的那个符号（称为上挡键）。如：［Shift］＋＝%

对于字母键而言：当键盘右上角标有 CapsLock 的指示灯不亮时，按住［Shift］键的同时再按字母键，输入的是大写字母。例如：

CapsLock 指示灯不亮时，按［Shift］＋S 组合键会显示大写字母 S

⑤ ［←BackSpace］退格删除键

在打字键区的右上角。每按一次该键，将删除当前光标位置的前一个字符。

［Ctrl］控制键在打字键区第五行，左右两边各一个。该键必须和其他键配合才能实现各种功能，这些功能是在操作系统或其他应用软件中进行设定的。例如：

按［Ctrl］＋［Break］组合键，则起中断程序或命令执行的作用。（说明：指同时按下［Ctrl］和［Break］键（见下述的“功能键区”），此类键称为复合键）

⑥ ［Alt］转换键

在打字键区第五行，左右两边各一个。该键要与其他键配合起来才有用。例如，按［Ctrl］＋［Alt］＋［Del］组合键，可重新启动计算机（称为热启动）。

⑦ ［Tab］制表键

在打字键区第二行左首。该用来将光标向右跳动 8 个字符间隔（除非另作改变）。

（2）功能键区

① ［ESC］取消键或退出键

在操作系统和应用程序中，该键经常用来退出某一操作或正在执行的命令

② ［F1］～［F12］功能键

在计算机系统中，这些键的功能由操作系统或应用程序所定义。如按［F1］键常常能得到帮助信息。

③［PrintScreen］屏幕硬拷贝键

在打印机已联机的情况下，按下该键可以将计算机屏幕的显示内容通过打印机输出。

④［Pause］或［Break］暂停键

按该键，能使得计算机正在执行的命令或应用程序暂时停止工作，直到按键盘上任意一个键则继续。另外，按［Ctrl］+［Break］键可中断命令的执行或程序的运行。

（3）控制键区

①［Insert］或［Ins］插入字符开关键

按一次该键，进入字符插入状态；再按一次，则取消字符插入状态。

②［Delete］或［Del］字符删除键

按一次该键，可以把当前光标所在位置的字符删除掉。

③［Home］行首键

按一次该键，光标会移至当前行的开头位置。

④［End］行尾键

按一次该键，光标会移至当前行的末尾。

⑤［PageUp］或［PgUp］向上翻页键

用于浏览当前屏幕显示的上一页内容。

⑥［PageDown］（或［PgDn］）向下翻页键

用于浏览当前屏幕显示的下一页内容。

⑦ ←↑→↓ 光标移动键

使光标分别向左、向上、向右、向下移动一格。

说明：［Ins］键、［Del］键、［PgUp］键、［PgDn］键都在小键盘区（见以下所述），［Home］键、［End］键及光标移动键在小键盘区上也有。

（4）数字键区（也称辅助键盘）

它主要是为大量的数据输入提供方便。该区位于键盘的最右侧。在小键盘区上，大多数键都是上下档键（即键面上标有两种符号的键），它们一般具有双重功能：一是代表数字键，二是代表编辑键。小键盘的转换开关键是［NumLock］键（数字锁定键）。该键是一个开关键。每按一次该键，键盘右上角标有 NumLock 的指示灯会由不亮变为发亮，或由发亮变为不亮。这时：

- 如果 NumLock 指示灯亮，则小键盘的上下档键；
- 作为数字符号键来使用，否则具有编辑键或光标移动键的功能。

2. 键盘操作的正确姿势

在初学键盘操作时，必须十分注意打字的姿势。如果打字姿势不正确，就不能准确快速地输入，也容易疲劳。正确的姿势应做到：

- 坐姿要端正，腰要挺直，肩部放松，两脚自然平放于地面；
- 手腕平直，两肘微垂，轻轻贴于腋下，手指弯曲自然适度，轻放在基本键上；
- 原稿放在键盘左侧，显示器放在打字键的正后方，视线要投注在显示器上，不可常看键盘，以免视线一往一返，增加眼睛的疲劳；
- 坐椅的高低应调至适应的位置，以便于手指击键。

3. 键盘指法

键盘指法是指如何运用十个手指击键的方法，即规定每个手指分工负责击打哪些键位，以充分调动十个手指的作用，并实现不看键盘地输入（盲打），从而提高击键的速度。

键盘的“ASDF”和“JKL;”这 8 个键位定为基本键。输入时，左右手的 8 个手指头（大拇指除外）从左至右自然平放在这 8 个键位上。

说明：大多数键盘的 F 键、J 键键面有一点不同于其余各键：触摸时，这两个键键面均有一道明显的微凸的横杠，这对盲打找键位很有用。

键盘的打字键区分成两个部分，左手击打左部，右手击打右部，且每个字键都有固定的手指负责，如图 2.2 所示。十指分工，包键到指，各司其职，实践证明能有效提高击键的准确和速度。

图 2.2 键位及手指分工

键盘左半部分由左手负责，右半部分由右手负责，每一只手指都有其固定对应的按键。

- 左小指：[`]、[1]、[Q]、[A]、[Z]
- 左无名指：[2]、[W]、[S]、[X]
- 左中指：[3]、[E]、[D]、[C]
- 左食指：[4]、[5]、[R]、[T]、[F]、[G]、[V]、[B]
- 左、右拇指：空白键
- 右食指：[6]、[7]、[Y]、[U]、[H]、[J]、[N]、[M]
- 右中指：[8]、[I]、[K]、[,]
- 右无名指：[9]、[O]、[L]、[.]
- 右小指：[0]、[-]、[=]、[P]、([ )、( ])、[;]、[']、[/]、[\ ]
- [A][S][D][F][J][K][L][;] 八个按键称为“导位键”，可以帮助您经由触觉取代眼睛，用来定位您的手或键盘上其他的键，亦即所有的键都能经由导位键来定位。
- [Enter] 键在键盘的右边，使用右手小指按键。
- 有些键具有二个字母或符号，如数字键常用来键入数字及其他特殊符号，用右手打特殊符号时，左手小指按住 [Shift] 键，若以左手打特殊符号，则用右手小指按住 [Shift] 键。
- 小键盘的基准键位是“4，5，6”，分别由右手的食指、中指和无名指负责。在基准键位基础上，小键盘左侧自上而下的“7，4，1”三键由食指负责；同理中指负责“8，5，2”；无名指负责“9，6，3”和“.”；右侧的“一、十、↙”由小指负责；大拇指负责“0”。

三、上机实验

1. 安装“金山打字通 2013”

“金山打字通 2013”是一款功能齐全、数据丰富、界面友好、集打字练习和测试于一体的打字软件。金山打字通可以针对用户水平定制个性化的练习课程，以循序渐进的方式提供英文、拼音、五笔、数字符号等多种输入练习，并为收银员、会计、速录等职业提供专业培训。同时，“金山打字通 2013”还是一款免费软件，是打字练习的首选软件。

运行该软件的前提，是计算机已经安装过该打字软件。如果还没有安装的话，可以先从网络上把该软件下载到本地计算机，参考网址：http://typeeasy.kingsoft.com/。

安装完该软件后，选择“开始”/“程序”/“金山打字通 2013”/“金山打字通 2013.exe”即可启动金山打字通 2013。软件主界面如图 2.3 所示。

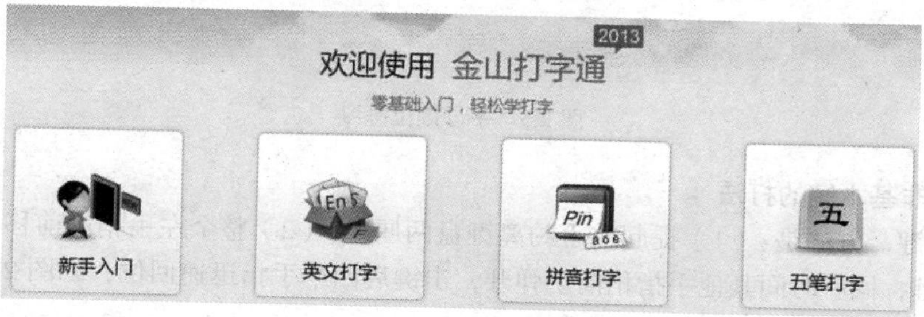

图 2.3　软件主界面

2. 指法练习

选择新手入门，选择“打字常识”，如图 2.4 所示，系统介绍了录入的各种指法，认真学习，并反复记忆。

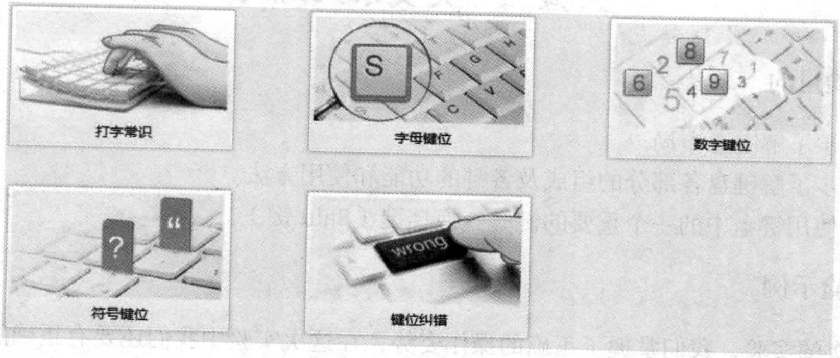

图 2.4　新手入门

3. 练习基准键

在系统中，选择“字母键位”，如图 2.5 所示，系统会指引练习者正确使用指法进行录入。

操作要领：

将手指放在键盘上（手指放在八个基本键上，两个母指轻放在空格键上）。

练习 D 键，方法是：（1）提起左手约离键盘两厘米；（2）向下击键时中指向下弹击 D 键，其他手指同时稍向上弹开，击键要能听见响声。击其他键打法类似。

练习熟悉八个基本键的位置（请保持正确的击键方法）。

图 2.5　字母键位练习

4. 练习非基本键的打法

练习 E 键，方法是：（1）提起左手约离键盘两厘米；（2）整个左手稍向前移，同时用中指向下弹击 E 键，同一时间其他手指稍向上弹开，击键后四个手指迅速回位，如图 2.5 所示，注意右手不要动，其他键打法类似，注意体会。

5. 练习数字键

6. 继续练习，达到即见即打水平（前提是动作要正确）

实验二　英文录入练习

一、实验目的

1. 进一步了解键盘布局。
2. 进一步了解键盘各部分的组成及各键的功能和使用方法。
3. 练习使用键盘中的一个重要的键——换挡键（Shift 键）。

二、实验示例

通过上次的实验，我们掌握了正确的操作姿势，在这次实验中我们还要有正确的击键方法。初学者要做到以下几点。

● 平时各手指要放在基本键上。打字时，每个手指只负责相应的几个键，不可混淆。

● 打字时，一手击键，另一手必须在基本键上处于预备状态。

● 手腕平直，手指弯曲自然，击键只限于手指指关节，身体其他部分不得接触工作台或键盘。

● 击键时，手抬起，只有要击键的手指才可伸出击键，不可压键或按键。击键之后手指要立刻回到基本键上，不可停留在已击的键上。

● 击键速度要均匀，用力要轻，有节奏感，不可用力过猛。

● 初学打字时，要求击键准确，其次再求速度，开始时可用每秒钟打一下的速度。

打字是一种技术，只有通过大量的打字训练实践才可能熟记各键的位置，从而实现盲打（不看键盘的输入）。经过实践，以下方法是有效的。

1. 步进式练习。先练习基本键 ASDF 及 JKL;，做一批练习；再加上 E、I 键，做一批练习；补齐基本行的 G、H 键，再做一批练习；然后再依次加上 R、T、U、Y 键→. , ><键→W、

Q、M、N 键→C、X、Z、？键进行练习；等等。

2. 重复式练习。练习中可选择一些英文词句或短文，反复练习多次，并记录自己完成的时间。

3. 强化式练习。对一些弱指所负责的键要进行有针对性的练习，如小指、无名指等。

4. 坚持训练盲打。在训练打字过程，应先讲求准确地击键，不要贪图速度。一开始，键位记不准，可稍看键盘，但不可总是偷看键盘。经过一定时间的训练，能达到不看键盘也能准确击键。

三、上机实验

1. 巩固练习键盘上 8 个基准键

为了方便盲打都设置了一排基准键。之所以称为基准键，主要是为了方便盲打，当双手击打完某键后直接复位在基准键上，基准键起的作用就是“标杆”的作用。8 个基准键分别为：〈A〉、〈S〉、〈D〉、〈F〉、〈J〉、〈K〉、〈L〉和〈；〉。其中，〈F〉键和〈J〉键分别有一个触点，方便手指复位。

进入“金山打字通 2013”，选择英文打字，进入如下界面：

根据自己的练习情况，可以选择“单词练习”“语句练习”“文章练习”三种，在每一种练习中，可以进行课程选择，如图 2.6 所示。

图 2.6 英文打字界面

2. 换挡键的使用

使用换挡键完成双字符键上、下字符的输入以及符号、大小写字母的输入。

3. 单词练习

在单词练习中，系统由易到难，提供了很多课程。运行“金山打字通 2013”后，选择“英文打字”，再选择“单词练习”，有针对性地选择课程，单击“课程选择”，弹出课程选择对话框；在课程列表中，选择自己需要强化的课程。

同时系统可以设置练习时间，练习界面的右下角有三个按钮，分别是“从头开始”“暂停”和“测试模式”，如图 2.7 所示。

图 2.7 单词打字界面

4. 语句练习

运行“金山打字通 2013”后，选择“英文打字”，再选择“语句练习”，有针对性地选择课程，单击“课程选择”，弹出课程选择对话框；在课程列表中，选择课程“英语口语 1”，反复练习 5 次，看看每次和上次提高了多少秒。

5. 文章练习

选择“英文打字”，然后选择“文章练习”，有针对性地选择课程，单击“课程选择”，弹出课程选择对话框；在课程列表中，选择课程“anne's best friend”，反复练习，和同学比比，看谁打得快。

实验三　汉字录入练习

一、实验目的

1.掌握一种常用的汉字输入法。

2.掌握各种输入法之间的切换方法。

3.掌握中英文标点符号的切换及常用中文标点符号的键盘输入法。

二、知识要点

1. 输入法概况

中文输入法是指为了将汉字输入计算机或手机等电子设备而采用的编码方法，是中文信息处理的重要技术。英文字母只有 26 个，它们对应着键盘上的 26 个字母，所以对于英文而言操作系统本身可以输入，而不需要额外的输入法软件支持。汉字的字数有几万个，它们本身和键盘是没有任何对应关系的，为了向电脑中输入汉字，我们必须赋予每个汉字独特的编码，比如汉语拼音编码，或者按照汉字的字形结构，将汉字拆成更小的部件，并将这些部件与键盘上的键产生某种联系，从而让人们可以通过键盘按照某种规律输入汉字。汉字编码方案已经有成百上千种，作为一种图形文字，汉字是由字的音、形、义来共同表达的，汉字输入的编码方法，基本上都是采用将音、形、义与特定的键相联系，再根据不同汉字进行组合来完成汉字的输入的。

中文输入法的编码虽然种类繁多，归纳起来共有拼音编码、形码、音形结合码三大类。

（1）拼音输入法

拼音输入法采用汉语拼音作为编码方法，包括全拼输入法和双拼输入法。

流行的输入法软件以智能 ABC、中文之星新拼音、微软拼音、拼音之星、紫光拼音、拼音加加、搜狗拼音、智能狂拼和谷歌拼音、百度输入法、必应输入法等为代表。

（2）形码输入法

形码输入法是依据汉字字形，如笔画或汉字部件进行编码的方法。最简单的形码输入法是 12345 五笔画输入法，广泛应用在手机等手持设备上。电脑上形码广泛使用的有五笔字型输入法、郑码输入法。流行的形码输入法软件有 QQ 五笔、搜狗五笔、极点中文输入法等。

（3）音形结合码

音形码输入法是以拼音（通常为拼音首字母或双拼）加上汉字笔画或者偏旁为编码方式的输入法，包括音形码和形音码两类。代表输入法有二笔输入法、自然码和拼音之星谭码等。流行的输入法软件有超强两笔输入法、极点二笔输入法、自然码输入法软件等。

以上的形码输入法和音形结合码输入法，相比拼音输入法通常具有较低重码率的特点，汉字输入确定性高，熟练后可以高速地输入单字和词组，借助软件平台还可以实现整句的输入。形码或音形码通常不需要输入法软件太多的功能，更不需要软件的智能功能，所以这类输入法的软件通常都非常小巧，而且无需频繁更新词库。

（4）内码输入法

内码输入法属于无理码，并非一般意义上的输入法。在中文信息处理中，要先决定字符集，并赋予每个字符一个编号或编码，称作内码。而一般的输入法，则是以人类可以理解并记忆的方式，为每个字符编码，称作外码。内码输入法是指直接透过指定字符的内码来做输入。但因内码并非人所能理解并记忆，且不同的字符集就会有不同的内码，换言之，同一个字在不同字符集中会有不同的内码，使用者需重新记忆。因此，这并非一种实际可用的输入法。国内使用的内码输入法系统主要有国标码（如 GB2312、GBK、GB18030 等）和 GB 区位码和 GB 内码。

2. 输入法介绍

（1）微软拼音

微软拼音（MSPY）输入法好似一种使用汉语拼音（全拼或双拼）、以整句或词语为单位的汉字输入法。连续输入汉语语句的拼音，系统会自动选出拼音所对应的最可能的汉字，免去逐字逐词进行同音选择的麻烦。还有系统自主学习、用户自造词功能，经过短时间与用户的交互，输入法会适应用户的专业术语和句法习惯，这样，就会提高一次输入语句的成功率，此外，还支持南方模糊音输入、不完整（简拼）输入等，以满足不同用户的需求。

① 微软拼音的选择

中文 Windows 缺省安装了微软拼音输入法，若需进入微软拼音，启动操作系统成功后，通常只需按几次 Ctrl+Shift 组合键，此时屏幕底边右侧提示行显示。

当然，也可从屏幕右下角的系统任务栏语言/键盘布局指示器上用鼠标进行选择。

② 微软拼音的退出

在微软拼音的输入状态下，按 Ctrl+Shift 组合键即可退出微软拼音输入法而切换为其他的输入法。在微软拼音的输入状态下，按 Ctrl+空格组合键，可在微软拼音输入法与英文输入法之间切换。

③ 微软拼音的状态条

输入法状态条表示当前的输入状态，可以通过单击它们来切换。其含义如下。

- 中文/英文切换按钮：表示中文输入　表示英文输入
- 全角/半角切换按钮：表示半角输入　表示全角输入
- 中/英文标点切换按钮：表示中文标点　表示英文标点
- 简/繁体字输入切换：输入简体字　输入繁体字
- 软键盘开/关切换按钮：打开或关闭软键盘
- 功能设置：打开功能选择菜单
- 帮助开关：激活帮助

④ 微软拼音的 3 个窗口

微软拼音输入法的输入现场都有 3 个窗口，随光标跟随状态与不跟随状态的不同而不同。一般取光标跟随状态，其窗口的含义是：拼音窗口用于显示和编辑所键入的拼音代码。候选窗口用于提示可能的待选词。组字窗口中包含的是所编辑的语句（表现为被编辑窗口当前插入光标后的一串带下划线文本）。

光标跟随和不跟随，可根据用户自己的喜好选择。用鼠标左键单击输入法状态条上的功能设置按钮或右键单击输入法状态条，从弹出的菜单中选中光标跟随或取消光标跟随。

⑤ 输入的基本规则

● 中、英文输入方法

微软拼音输入法支持全拼和双拼，而且都支持带调、不带调或二者的混合输入。数字键 1、2、3、4 分别代表拼音的四声，5 代表轻声。输入带调时，应将“逐键提示”关闭（带调输入的自动转换准确率将高于不带调的输入）。输入的各汉字拼音之间一般无需用空格隔开，输入法将自动切分相邻汉字的拼音。

当然，对于有些音节歧义的目前系统还不能完全自动识别，此时需用音节切分键（空格键等）来断开。使用的音节切分符有空格、单引号和音调。

例如：有些拼音词组，如“xian”，用户希望得到的是“西安”，而输入法可能转换为单字“县”。若使用音节切分符，在“xi”与“an”之间键入空格（“xi an”），就可得到“西安”。

注意：在逐键提示时数字键用于从候选窗口中提取候选词，不再表示音调的功能。

鼠标左键单击输入状态条的中英文切换按钮可以切换中、英文输入状态。在状态条上的标识图符分别为：中和英。默认的快捷键为：Shift。

● 全角、半角输入

在全角输入模式下，输入的所有符号和数字等均为双字节的汉字符号和数字。而在半角输入模式下，输入的所有符号和数字均为单字节的英文符号和数字。

鼠标左键单击输入状态条的全角、半角切换按钮可以切换全角、半角输入状态。在状态条上的标识图符分为：和。默认的快捷键为：Shift+空格。

● 中文标点的输入

左键单击输入状态条的中、英文标点切换按钮可以切换中、英文标点输入状态。在状态条上的标识图符分为：和。默认的快捷键为：Ctrl+. 。

● 繁体汉字输入状态

系统支持大字符集的简体和繁体汉字输入。微软拼音状态条中的简/繁切换按钮，切换成繁体状态，此时输入句子的汉语拼音，将得到繁体汉字。标识图符分为：简和繁。

⑥ 句子的输入

在完成一个句子的输入之前，对输入的拼音，输入法组字窗口转换出的结果下面有一条虚线，表示当前句子还未经过确认，处于句内编辑状态。此时可对输入错误、音节转换错误进行修改，待键入回车键确认后，才使当前语句进入编辑器的光标位置。

此外，键入“，”“。”“；”“？”和“！”等标点符号后，系统在下一句的第一个声母键入时，会自动确认该标点符号之前的句子。

⑦ 候选窗口操作

候选窗口打开时，可有两种途径进行操作。

a. 用鼠标

● 选中：用鼠标左键单击候选字/词。

● 往上或往下翻页：用鼠标按或按钮。

b. 用键盘

● 选中：用数字键。在非逐键提示状态，按空格键选中第一个候选词。在逐键提示状态，按空格键用于完成拼音输入。

● 翻页：使用 -、{、或按 PageUp 键往上翻页；使用 +、}、或按 PageDown 键往下翻页。

注意：

● 按 Esc 键可取消拼音窗口、组字窗口、候选窗口。

● 输入拼音中需用的韵母 ü 时，应用 v 代替。

⑧ 输入法的功能

词语输入规则如下。

● 连续是如词语的拼音，以空格结束输入，此时，组字窗口中的转换结果被高亮度显示，候选窗口自动弹出，从首字提示该词语的词音候选。

● 若组字窗口中的转换结果正确，则继续输入下一个词语；若转换结果不正确，则从候选窗口中选择正确的字或词。

（2）智能 ABC 汉字输入法

① 智能 ABC 的选择

启动 Windows 成功后，按下 Ctrl+Shift 组合键，此时屏幕底边左侧提示行显示

，表示进入智能 ABC“标准”输入法。

② 智能 ABC 的退出

在智能 ABC 的“标准”输入状态下，按 Ctrl+Shift 键可退出智能 ABC 输入法而切换到其他的输入法；按下 Ctrl+空格键，可在智能 ABC 输入法与英文输入法之间切换。

③ 智能 ABC 单字、词语输入的基本规则

一般按全拼、简拼、混拼，或者笔形元素，或者是拼音与笔形的各种组合形式输入，而不需要切换输入方式。例如“长城”一词可分别用全拼“changcheng”、简拼“cc”或“chc”、混拼（简拼+全拼）“ccheng”、混拼（全拼+简拼）“changch”或者笔形等形式输入。以键入标点或空格键结束。在单字的输入中，也可以用以“词定字”的方式输入。

● 拼音时需要使用两个特殊的符号。

● 隔音符号“′”。如：xian（先），xi′an（西安）等。

● ü 的代替见 v，如“女”的拼音为 nv。

● 全拼输入。

与书写汉语拼音一样，按词连写，词与词之间用空格或标点隔开。可继续输入，超过系统允许的个数，则响铃警告。

④ 输入界面和特殊用键

● 输入结束后在重码字词选择区，每页能给出 5 个词组或 8 个单字。用户选择按“]”或“+”键往下翻页，按“[”或“–”键往上返回翻页。

● 汉字输入过程中的用键定义。

● 大写键 CapsLock：CapsLock 指示灯亮，键入的是大写字母，此时不能输入中文。只有在小写状态，或按 Shift 键得到大写字母时，才能输入中文。

● 空格键：结束一次输入过程，同时具有按字或词语实现由拼音到汉字变换的功能。

● 取消键 Esc：在各种输入方式下，取消输入过程或者变换结果。

● 退格键←（即 BackSpace）：由右向左逐个删除输入信息或者变换的结果。若输入结束（键入拼音并按下空格键后），未选用显示结果时，按下退格键可删除空格键，起恢复输入现场的作用。

● 参考结果选择键：数码键 1~8 对用于在重码字，数码键 1~5 用于在重码词中进行的第一次选择。

⑤ 智能 ABC 词和词语的输入方法

汉字输入应多用词语输入方式，应尽量按词、词组、短语输入，因为一般汉字文本中双音节

词就占 66%，故更宜多用双音节词输入。

对于双音节词输入，最常用的词可以简拼输入，这些词有 500 多个。例如：bj→比较，ds→但是，xd→许多，……

● 一般常用词可采用混拼输入。例如：

jinj→仅仅（混拼），x8s→显示（简拼+1 笔形）

其中：笔形代码按 1 横（提笔）、2 竖、3 撇、4 捺（点）、5 折（竖左弯钩）、6 弯（右弯钩、7 叉（十）、8 方口的形式来定义。

普通词应采取全拼输入。例如：mangmang→茫茫（全拼），麦苗→麦苗（全拼）。

三音节以上的词语均可用简拼输入，常用词语宜用简拼输入。例如：jsj→计算机，alpkydh→奥林匹克运动会，……

个别词语，对其中的一个音节用全拼，以区别同音词。例如：yjs→研究生，研究室，眼镜蛇，有机酸（简拼，有 4 个同音词）yjings→眼镜蛇（中间音节全拼）。

⑥ 智能 ABC 中文标点符号和数量词的输入方法

a. 中文标点符号的转换

在“标准”方式下，若标点跟着其他信息一起输入，可自动转换成相应的中文标点；也可独立得到。

注意：顿号“、”是用与“|”同键帽的“\”得到的。

b. 中文数量词的简化输入

规定“i”为输入小写中文数字标记，“I”输入大写中文数字标记，系统还规定数量词输入中字母所表示量的含义，它们是：

G［个］ S［十，拾］ B［百，佰］ Q［千，仟］ W［万］ E［亿］ Z［兆］ D［第］
N［年］ Y［月］ R［日］ H［时］ A［秒］ T［吨］ J［斤］ P［磅］
K［克］ $［元］ F［分］ C［厘］ L［里］ M［米］ I［毫］ U［微］ O［度］

例如：il989n6ys9r→一九八九年六月十九日

i3b7s2k→三百七十二克

I8q6b2s$ →捌仟陆佰贰拾元

注意:$前不需有数字，只要 i 或 I 开头即可。

三、上机实验

（1）运行“金山打字通 2013”后，选择“拼音打字”，再选择“文章练习”，有针对性地选择课程，单击“课程选择”，弹出课程选择对话框；在课程列表中，选择自己需要强化的课程“春”。反复练习三遍。

（2）在课程列表中，选择自己需要强化的课程“春”。反复练习三遍。

（3）在课程列表中，选择自己需要强化的课程“记念刘和珍君”。反复练习三遍。

（4）在课程列表中，选择自己需要强化的课程“兰亭集序”。反复练习三遍。

第二部分　习题

一、选择题

1. 一个完整的微型计算机系统应包括_____。

A. 计算机及外部设备　　B. 主机箱、键盘、显示器和打印机

C. 硬件系统和软件系统　　D. 系统软件和系统硬件

2. 十六进制 1000 转换成十进制数是_____。

A. 4096　　B. 1024　　C. 2048　　D. 8192

3. ENTER 键是_____。

A. 输入键　　B. 回车换行键　　C. 空格键　　D. 换挡键

4. 计算机的软件系统可分为_____。

A. 程序和数据　　B. 操作系统和语言处理系统

C. 程序、数据和文档　　D. 系统软件和应用软件

5. CPU 中控制器的功能是_____。

A. 进行逻辑运算　　B. 进行算术运算

C. 分析指令并发出相应的控制信号　　D. 只控制 CPU 的工作

6. DRAM 存储器的中文含义是_____。

A. 静态随机存储器　　B. 动态随机存储器

C. 静态只读存储器　　D. 动态只读存储器

7. 在微机中，bit 的中文含义是_____。

A. 二进制位　　B. 字　　C. 字节　　D. 双字

8. 汉字国标码（GB2312.80）规定的汉字编码，每个汉字用_____。

A. 一个字节表示　　B. 二个字节表示　　C. 三个字节表示　　D. 四个字节表示

9. 微机系统的开机顺序是_____。

A. 先开主机再开外设　　B. 先开显示器再开打印机

C. 先开主机再打开显示器　　D. 先开外部设备再开主机

10. 使用高级语言编写的程序称之为_____。

A. 源程序　　B. 编辑程序　　C. 编译程序　　D. 连接程序

11. 微机病毒系指___。

A. 生物病毒感染　　B. 细菌感染

C. 被损坏的程序　　D. 特制的具有损坏性的小程序

12. 微型计算机的运算器、控制器及内存存储器的总称是_____。

A. CPU　　B. ALU　　C. 主机　　D. MPU

13. 在微机中外存储器通常使用硬盘作为存储介质，硬盘中存储的信息，在断电后_____。

A. 不会丢失　　B. 完全丢失　　C. 少量丢失　　D. 大部分丢失

14. 某单位的财务管理软件属于_____。

A. 工具软件　　B. 系统软件　　C. 编辑软件　　D. 应用软件

15. 在微型计算机中，应用最普遍的字符编码是_____。

A. ASCII 码　　B. BCD 码　　C. 汉字编码　　D. 补码

16. 个人计算机属于_____。

A. 小巨型机　　B. 中型机　　C. 小型机　　D. 微机

17. 微机唯一能够直接识别和处理的语言是_____。

A. 汇编语言　　B. 高级语言　　C. 甚高级语言　　D. 机器语言

18. 断电会使原存信息丢失的存储器是_____。

A. 半导体 RAM　　B. 硬盘　　C. ROM　　D. 软盘

19. 硬盘连同驱动器是一种_____。

A. 内存储器　　B. 外存储器　　C. 只读存储器　　D. 半导体存储器

20. 在内存中，每个基本单位都被赋予一个唯一的序号，这个序号称之为_____。

A. 字节　　B. 编号　　C. 地址　　D. 容量

21. 在下列存储器中，访问速度最快的是_____。

A. 硬盘存储器　　B. 软盘存储器

C. 半导体 RAM（内存储器）　　D. 磁带存储器

22. 计算机软件是指_____。

A. 计算机程序　　B. 源程序和目标程序

C. 源程序　　D. 计算机程序及有关资料

23. 半导体只读存储器（ROM）与半导体随机存储器（RAM）的主要区别在于_____。

A. ROM 可以永久保存信息，RAM 在掉电后信息会丢失

B. ROM 掉电后，信息会丢失，RAM 则不会

C. ROM 是内存储器，RAM 是外存储器

D. RAM 是内存储器，ROM 是外存储器

24. 下面列出的计算机病毒传播途径，不正确的说法是_____。

A. 使用来路不明的软件　　B. 通过借用他人的软盘

C. 通过非法的软件拷贝　　D. 通过把多张软盘叠放在一起

25. 计算机存储器是一种_____。

A. 运算部件　　B. 输入部件　　C. 输出部件　　D. 记忆部件

26. 某单位的人事档案管理程序属于_____。

A. 工具软件　　B. 应用软件　　C. 系统软件　　D. 字表处理软件

27. 在微机中的“DOS”，从软件归类来看，应属于_____。

A. 应用软件　　B. 工具软件　　C. 系统软件　　D. 编辑系统

28. 反映计算机存储容量的基本单位是_____。

A. 二进制位　　B. 字节　　C. 字　　D. 双字

29. 与十进制数 100 等值的二进制数是_____。

A. 0010011　　B. 1100010　　C. 1100100　　D. 1100110

30. 十进制数 15 对应的二进制数是_____。

A. 1111　　B. 1110　　C. 1010　　D. 1100

31. 当前，在计算机应用方面已进入以什么为特征的时代_____。

A. 并行处理技术　　B. 分布式系统　　C. 微型计算机　　D. 计算机网络

32. 微型计算机的发展是以什么的发展为特征的______。
A. 主机　B. 软件　C. 微处理器　D. 控制器
33. 在微机中，存储容量为 1MB，指的是______。
A. 1024×1024 个字　B. 1024×1024 个字节
C. 1000×1000 个字　D. 1000×1000 个字节
34. 二进制数 110101 转换为八进制数是______。
A. 71　B. 65　C. 56　D. 51
35. 操作系统是______。
A. 软件与硬件的接口　B. 主机与外设的接口
C. 计算机与用户的接口　D. 高级语言与机器语言的接口
36. 计算机性能指标包括多项，下列项目中____不属于性能指标。
A. 主频　B. 字长　C. 运算速度　D. 是否带光驱
37. 计算机硬件系统由_______组成。
A. 控制器、显示器、打印机、主机和键盘
B. 控制器、运算器、存储器、输入输出设备
C. CPU、主机、显示器、硬盘、电源
D. 主机箱、集成块、显示器、电源
38. CAM 是计算机应用领域中的一种，其含义是______。
A. 计算机辅助设计　B. 计算机辅助制造
C. 计算机辅助教学　D. 计算机辅助测试
39. 实现汉字字形表示的方法，一般可分为_______两大类。
A. 点阵式与矢量式　B. 点阵式与网络式
C. 网络式与矢量式　D. 矢量式与向量式
40. 以下 4 个数中，最大的一个数是______。
A. （11000011）2　B. （110）8　C. （101）10　D. （A1）16
41. 将计算机的内存储器和外存储器相比，内存的主要特点之一是______。
A. 价格更便宜　B. 存储容量更大
C. 存取速度快　D. 价格虽贵但容量大
42. 能把高级语言源程序翻译成目标程序的处理程序是______。
A. 编辑程序　B. 汇编程序　C. 编译程序　D. 解释程序
43. 把十进制数 125.625 转换成二进制数为______。
A. 1111101.101　B. 1011111.101
C. 1001101.01　D. 1111110.110
44. 下列一组数中最小的数是______。
A. 10010001B　B. 157D　C. 137O　D. 10AH
45. 计算机能够自动、准确、快速地按照人们的意图运行的最基本思想是______。
A. 采用超大型大规模集成电路　B. 采用 CPU 作为中央核心部件
C. 采用操作系统　D. 存储程序和程序控制
46. 若一台计算机的字长为 4 个字节，这意味着它______。
A. 能处理的字符串最多为 4 个英文字母组成

B. 在 CPU 中作为一个整体加以传送处理的代码为 32 位

C. 在 CPU 中运行的结果最大为 2 的 32 次方

D. 能处理的数值最大为 4 位十进制数 9999

47. 要使用外存储器中的信息，应先将其调入________。

A. 控制器　B. 运算器　C. 微处理器　D. 内存储器

48. 一幅 256 色 640*480 中等分辨率的彩色图像，若没有压缩，至少需要______字节来存放该图像文件。

A. 76800K　B. 9600K　C. 14400K　D. 300K

49. GB2312-80 汉字国标码把汉字分成__________等级。

A. 简体字和繁体字两个

B. 一级汉字、二级汉字和三级汉字三个

C. 一级汉字、二级汉字共两个

D. 常用字、次要用字和罕见字共三个

50. 24×24 汉字点阵字库中，表示一汉字字形需要_________字节。

A. 24　B. 48　C. 72　D. 32

51. 第一台计算机的逻辑元件采用的是__________。

A. 电子管　B. 晶体管

C. 中小规模集成电路　D. 大规模集成电路

52. 下面__________一组设备包括输入设备、输出设备和存储设备。

A. CRT、CPU、ROM　B. 鼠标器、绘图仪、光盘

C. 磁盘、鼠标器、键盘　D. 磁带、打印机、激光打印机

53. 感染计算机病毒的原因可能是__________

A. 与外界交换信息时感染　B. 因硬件有故障而被感染

C. 未正常关机而感染　D. 磁盘因与已感染病毒的盘交换信息而感染

54. 汉字“中”的国标码为 5650H，则它的机器内码为_________。

A. 56F0H　B. F6F0H　C. D6D0H　D. 56D0H

55. 若有一台计算机，它的地址线有 32 根，则它的寻址空间是_________。

A. 16MB　B. 4MB　C. 4096MB　D. 1024MB

56. 在描述信息传输中 bit/s 表示的是_________。

A. 每秒传输的字节数　B. 每秒传输的指令数

C. 每秒传输的字数　D. 每秒传输的位数

57. 微型计算机的内存容量主要指_________的容量。

A. RAM　B. ROM　C. CMOS　D. Cache

58. 十进制数 27 对应的二进制数为_________。

A. 1011　B. 1100　C. 10111　D. 11011

59. 计算机的三类总线中，不包括_________。

A. 控制总线　B. 地址总线　C. 传输总线　D. 数据总线

60. 汉字的拼音输入码属于汉字的_________。

A. 外码　B. 内码　C. ASCII 码　D. 标准码

61. 已知英文字母 m 的 ASCII 码值为 109，那么英文字母 p 的 ASCII 码值为________。

A. 111　　B. 112　　C. 113　　D. 114

62. 下面哪一项不是计算机采用二进制的主要原因__________。

A. 二进制只有 0 和 1 两个状态，技术上容易实现

B. 二进制运算规则简单

C. 二进制数的 0 和 1 与逻辑代数的“真”和“假”相吻合，适合于计算机进行逻辑运算

D. 二进制可与十进制直接进行算术运算

二、填空题

1. 计算机系统一般由__________和__________两大系统组成。

2. 微型计算机系统结构由__________、控制器、__________、输入设备、输出设备五大部分组成。

3. 在表示存储容量时，1GB 表示 2 的__________次方，或是__________MB。

4. 衡量计算机中 CPU 的性能指标主要有__________和__________两个。

5. 存储器一般可以分为主存储器和__________存储器两种。主存储器又称__________。

6. 构成存储器的最小单位是______，存储容量一般以__________为单位。

7. 计算机软件一般可以分为__________和__________两大类。

8. 在衡量显示设备能表示像素个数的性能指标是__________，目前微型计算机可以配置不同的显示系统，在 CGA、EGA 和 VGA 标准中，显示性能最好的一种是__________。

9. 系统总线按其传输信息的不同可分为__________、__________和__________3 类。

10. 光盘按性能不同可分为__________光盘、__________光盘和__________光盘。

11. 7 个二进制位可表示__________种状态。

12. 在微型计算机中，西文字符通常用__________编码来表示。

13. 以国标码为基础的汉字机内码是两个字节的编码，一般在微型计算机中每个字节的最高位为__________。

14. 常见的计算机病毒按其寄生方式的不同可以分为__________、__________和混合型病毒。

15. 操作系统的功能由 5 个部分组成：处理器管理、存储器管理、__________管理、__________管理和作业管理。

16. 操作系统可以分成单用户、批处理、实时、__________、__________以及分布式操作系统。

17. 把十进制 378 转换成二进制数，结果为__________。

18. 计算机能直接识别和执行的语言是__________。

19. 字符串“Hello！工贸学院”（双引号除外，标点符号为全角状态下输入的），在机器内占用的存储字节数是__________。

20. 根据 ASCII 码编码原理，现要对 63 个字符进行编码，至少需要__________个二进制位。

21. 1 个字节包含__________位二进制位。

22. CPU 是由控制器和__________两大部分组成的。

第3章

中文 Windows 7 操作系统

第一部分 实验

实验一 Windows 7 的基本操作

一、实验目的

1. 熟悉上机环境，熟练掌握计算机使用方法。
2. 了解 Windows 7 桌面的组成。
3. 掌握 Windows 7 的基本操作，包括 Windows 7 的启动和退出，键盘和鼠标的基本操作，窗口、菜单、对话框的操作，应用程序的管理等。

二、实验示例

1. Windows 7 的启动与退出

依次按下显示器和主机的电源，启动计算机。若安装了多个操作系统，选择 Windows 7 系统，即可启动 Windows 7，之后进入 Windows 7 的桌面。

关闭计算机即可退出 Windows 7。在 Windows 7 系统桌面上的“开始”菜单中选择“关机”命令。关机之前应先关闭打开的所有应用程序，以免数据丢失。

2. Windows 7 的桌面基本操作

Windows 7 的桌面如图 3.1 所示，由桌面背景、图标、开始按钮和任务栏组成。

图 3.1 Windows 7 的桌面

（1）桌面背景修改

在桌面空白处右键单击后选择“个性化”命令，在弹出的“个性化”窗口中单击“桌面背景”链接，在弹出的“桌面背景”窗口中进行修改。

（2）桌面图标操作

桌面常见图标有回收站、计算机、网络等。

对桌面图标中回收站的操作如下。

① 删除

选中文件“abc.txt”，右键单击后选择“删除”命令。再选中文件“def.txt”，按下键盘上的 Delete 键。双击桌面上的“回收站”图标，可以看到刚才删除的两个文件被移入回收站，如图 3.2 所示。

② 还原

在图 3.2 所示的窗口中，选中刚才删除的文件“abc.txt”，右键单击后选择“还原”命令，可以看到项目被还原到原来的位置。

③ 彻底删除

在图 3.2 所示的窗口中，选中“def.txt”项目，右键单击后选择“删除”命令，该项目即被彻底从硬盘中删除。

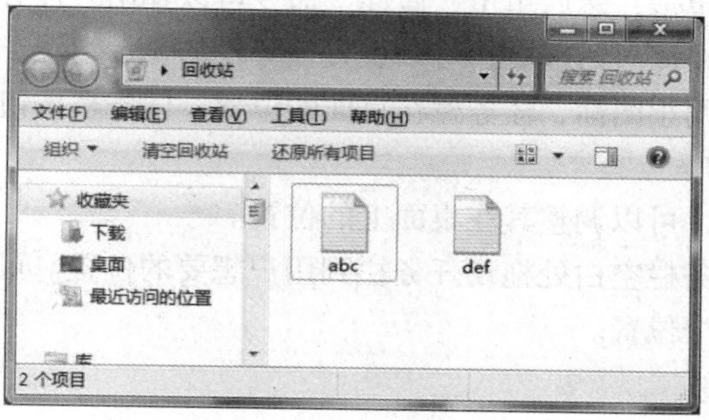

图 3.2　“回收站”窗口

④ 一次性彻底删除

选中某个文件，进行删除操作的同时按下 Shift 键，如 Shift+Delete 组合键同时按下，或右键单击后单击“删除”命令的同时按下 Shift 键，可以看到该文件被删除了但不在“回收站”里，即一次性被彻底删除了。

⑤ 清空回收站

在图 3.2 所示的窗口的组织栏单击“清空回收站”按钮可同时将回收站所有项目彻底删除。

⑥ 还原所有项目

在图 3.2 所示的窗口的组织栏单击“还原所有项目”按钮可同时将回收站所有项目还原。

（3）“开始”按钮的操作

位于桌面左下角带有 Windows 图标的按钮是“开始”按钮，单击该按钮可以打开图 3.3 所示的“开始”菜单。

利用“开始”菜单可以运行 Windows 7 的几乎所有程序，还可以打开文档、搜索文件等。

（4）任务栏的操作

任务栏位于桌面的最底端，包含：“开始”按钮、快速启动区、任务按钮区、通知区域和

“显示桌面”按钮。

图 3.3　Windows 7 的“开始”菜单

① 任务栏属性设置

在任务栏空白处右键单击，然后单击“属性”命令可以弹出“任务栏和「开始」菜单属性”对话框，如图 3.4 所示。在该对话框中，可以设置任务栏的显示情况，如是否锁定任务栏、是否自动隐藏任务栏、是否使用小图标、任务栏在桌面的位置、任务栏按钮是否合并等。

② 任务栏位置的调整

对于未锁定的任务栏，可以调整其在桌面上的位置。

操作方法如下：在任务栏空白处拖动任务栏到用户想要的位置。可将任务栏拖动到桌面的底部、左侧、右侧和顶部 4 个位置。

③ 任务栏高度的调整

对于未锁定的任务栏，可以调整其高度。

操作方法如下：在任务栏的边沿，当鼠标指针变成“⇕”后，可拖动鼠标调整任务栏的高度。最高可达到桌面的一半高度。

④ 快速启动区项目的调整

可将常用应用程序的快捷方式图标拖至任务栏的快速启动区，以方便访问；也可将其从快速启动区解锁。

将项目从快速启动区解锁的操作方法如下：将鼠标移至需要解锁的项目，右键单击后在快捷菜单中选择“将此程序从任务栏解锁”命令。

⑤ 任务栏按钮合并

在图 3.4 所示的任务栏属性对话框的“任务栏按钮”后的列表框中，选择“始终合并、隐藏标签”选项后，打开的同一应用程序的多个窗口，折叠成为一个图标。

3. 键盘和鼠标的基本操作

键盘的基本操作练习略。

组合键的操作要领：先按下前面几个键不放，再按下最后一个键。如按 Shift+Delete 组合键，要先按下 Shift 键不放，再按下 Delete 键。

鼠标的基本操作包括：指向、单击、双击、右键单击和拖曳。

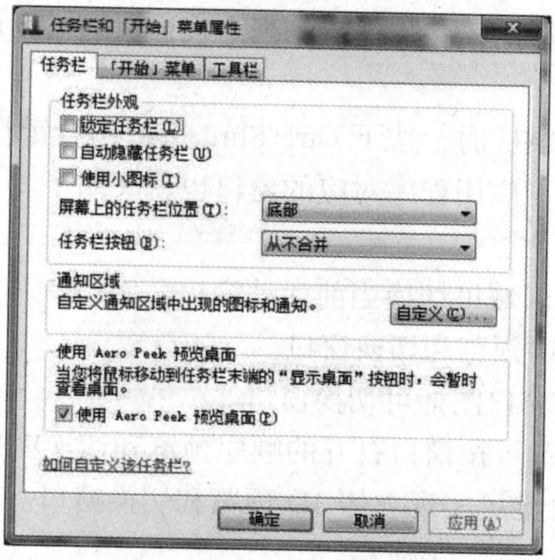

图 3.4　“任务栏和「开始」菜单属性”对话框

4. Windows 7 窗口的基本操作

（1）移动窗口

方法一：双击桌面上的“计算机”图标，在非最大化的情况下，将鼠标移动到标题栏，拖动窗口到指定的位置。

方法二：在窗口非最大化的情况下，右击标题栏，在弹出的控制菜单中选择“移动”命令，鼠标指针将变成“✥”，使用键盘上的方向键将窗口移动到指定的位置，按 Enter 键即可。

（2）改变窗口大小

方法一：将鼠标移至窗口的边或角，鼠标指针变成“↕”“⇔”“↘”或“↗”后，可拖动鼠标沿垂直、水平或对角线方向调整窗口大小。

方法二：在窗口非最大化的情况下，在窗口标题栏上右键单击后在弹出的控制菜单中选择“大小”命令，鼠标指针将变成“✥”，使用键盘上的方向键可调整窗口的大小，调整满意后按 Enter 键即可。

（3）窗口最小化、最大化操作

将窗口最小化有以下方法。

方法一：单击窗口标题栏右端的最小化按钮“ ”即可将窗口最小化在任务栏上。

方法二：在窗口标题栏上右键单击后在弹出的控制菜单中选择“最小化”命令。

将窗口最大化有以下方法。

方法一：单击窗口标题栏右端的最大化按钮“ ”可将窗口最大化。

方法二：在窗口非最大化的情况下，在窗口标题栏上右键单击后在弹出的控制菜单中选择“最大化”命令。

方法三：双击窗口标题栏，可在窗口最大化和还原之间切换。

（4）关闭窗口

方法一：单击窗口标题栏最右端的关闭按钮“ ”。

方法二：选择窗口“文件”菜单下的“关闭”或“退出”命令。

方法三：在任务栏的项目上右键单击，在弹出的快捷菜单中选择“关闭窗口”命令。

方法四：按下 Alt+F4 组合键可关闭当前活动窗口。

方法五：若多个窗口以组的形式显示在任务栏上，可以在一组项目上右键单击，在弹出的快捷菜单中选择“关闭所有窗口”命令来关闭一组窗口。

方法六：将鼠标移至任务栏的任务按钮上，当出现窗口缩略图后单击某个窗口对应缩略图上的“关闭”按钮。

方法七：当应用程序停止响应时，按下 Ctrl+Shift+Esc 组合键打开 Windows 任务管理器，将停止响应的应用程序结束任务，应用程序对应的窗口也就关闭了。

（5）预览和切换窗口

方法一：单击窗口的可见区域可切换当前活动窗口。

方法二：用 Alt+Tab 组合键预览和切换窗口。

方法三：单击任务栏上的窗口图标可切换窗口。

方法四：按 Alt+Esc 组合键可按窗口打开的顺序预览和切换窗口。

方法五：按 Win+Tab 组合键可实现立体 3D 预览和切换窗口。

（6）多窗口的显示

启动附件中的“记事本”“画图”和“计算器”三个应用程序后，可对这些窗口进行层叠、堆叠和并排显示。操作方法如下：在任务栏空白处右键单击，弹出如图 3.5 所示的快捷菜单，依次选择“层叠窗口”“堆叠显示窗口”和“并排显示窗口”命令。这三种多窗口显示效果分别如图 3.6、图 3.7 和图 3.8 所示。

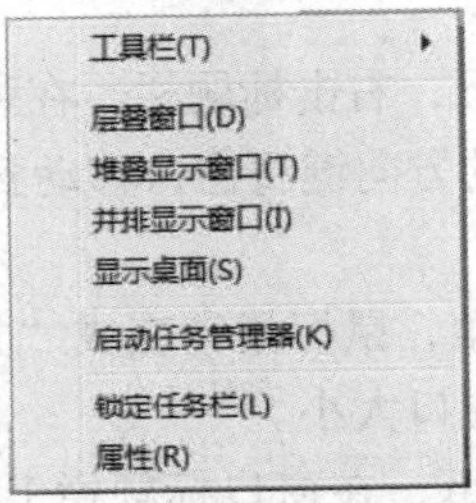

图 3.5　任务栏的快捷菜单

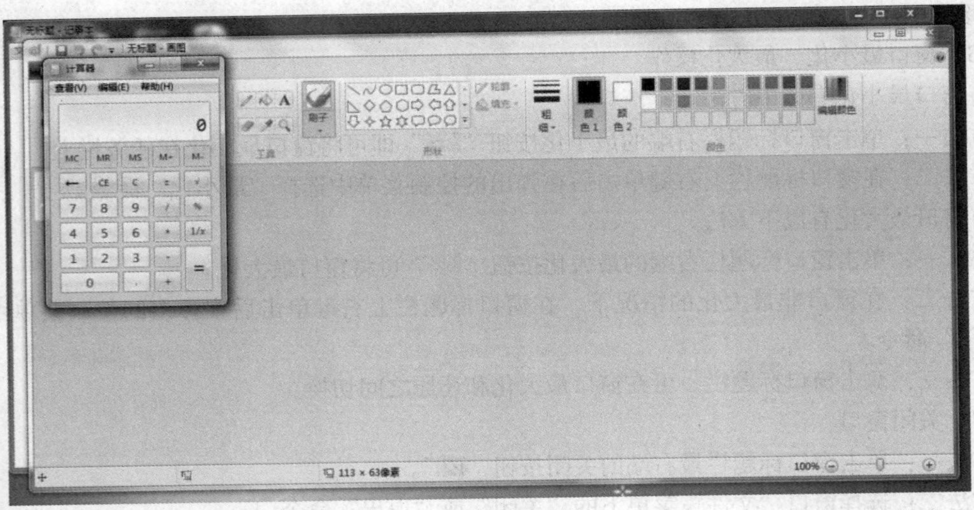

图 3.6　多窗口层叠显示

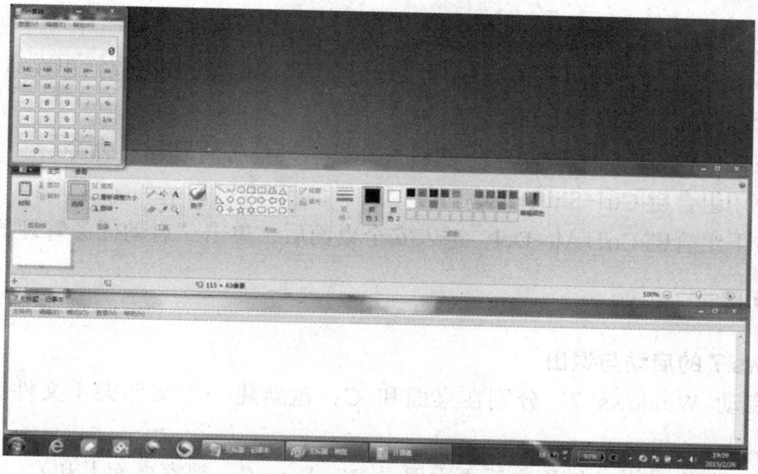

图 3.7　多窗口堆叠显示

图 3.8　多窗口并排显示

5. Windows 7 的剪贴板操作

Windows 7 的剪贴板可传递一段文字、一个图片，也可传递一个文件，还可以传递多个文件或者文件夹，但只保留最近一次复制到剪贴板上的内容。

用 Windows 7 的剪贴板传递文件或文件夹的操作见本章后面的实验。用 Windows 7 剪贴板传递图片的操作如下。

按下键盘上的 PrintScreen 键，将整个屏幕作为一个图片复制到 Windows 7 的剪贴板中。再打开附件中的画图软件，在画图中单击“粘贴”按钮。

打开“计算机”窗口，按 Alt+PrintScreen 组合键，将“计算机”活动窗口作为一个图片复制到 Windows 7 剪贴板中。再打开附件中的画图软件，在画图中单击“粘贴”按钮。

6. Windows 7 应用程序管理

（1）启动应用程序

方法一：通过“开始”菜单下的“所有程序”启动。

方法二：双击桌面或任务栏上的应用程序图标。

方法三：打开应用程序对应的文档文件。如打开某个 Word 文档，将自动启动 Word 应用程序。

（2）查看应用程序运行状态

利用 Windows 任务管理器可查看应用程序运行状态，其运行状态包括正在运行和未响应。

打开任务管理器的方法以下几种。

方法一：在任务栏空白处右键单击，然后选择“启动任务管理器”命令。

方法二：使用组合键 Ctrl+Shift+Esc。

方法三：按下组合键 Ctrl+Alt+Del，进入安全桌面后，单击“启动任务管理器”命令。

三、上机实验

1. Windows 7 的启动与退出

（1）开机启动 Windows 7，分别在桌面和 C：盘新建一个文件夹（文件夹的名称分别为“abc”和“def”）。

（2）通过“开始”菜单注销用户后再次登录 Windows 7，观察桌面上和 C：盘中新建的文件夹是否还存在。

（3）重新启动计算机，观察桌面上和 C：盘中新建的文件夹是否还存在。

2. Windows 7 的桌面基本操作

（1）将自己喜欢的一张图片设置为桌面背景图片。

（2）将桌面上的图标只显示“计算机”“回收站”和“网络”。

（3）在桌面新建文本文档“www. txt”和“http. txt”。删除文件“www. txt”，再从回收站将其还原，观察文件被还原的位置。一次性彻底删除文件“http. txt”，观察回收站里是否有该文件。

（4）将任务栏拖动到桌面的左侧并将其调高，锁定任务栏后试试能否拖回到底部。

（5）将任务栏取消锁定，打开多个文本文件后，将任务栏属性分别设置为“从不合并”和“始终合并、隐藏标签”，观察其显示情况。

（6）分别从“开始”菜单中启动附件中的“便签”“画图”“计算器”“记事本”和“写字板”等应用程序。

（7）分别将附件中的“计算器”和“画图”加入任务栏的快速启动区，再将“计算器”从快速启动区解锁。

（8）自定义任务栏的通知区域显示的图标。

3. 键盘和鼠标的基本操作

（1）在各个位置右键单击鼠标，观察不同地方弹出的快捷菜单所包含的命令。

（2）练习教材表 3.1 列出的常用的 Windows 快捷键，并熟记其中最常用的快捷键。

4. Windows 7 窗口的基本操作

（1）打开“画图”窗口，对该窗口进行移动、最小化、最大化、还原、改变大小等操作。

（2）用 7 种不同的方法关闭“画图”窗口。

（3）同时打开“画图”“计算器”“记事本”“写字板”等窗口，用不同的方法切换活动窗口。

（4）对上述窗口分别用层叠、堆叠和并排的方式显示。

5. Windows 7 的剪贴板操作

（1）将当前桌面截屏后粘贴到“画图”中，并将其保存为“桌面. jpg”。

（2）将当前活动窗口截屏后粘贴到“画图”中，并将其保存为“活动窗口. jpg”。

6. Windows 7 应用程序管理

（1）同时启动“画图”和“计算器”应用程序。

（2）在 Windows 任务管理器中将“计算器”结束任务。

实验二　Windows 7 的文件管理

一、实验目的

1. 熟练掌握文件和文件夹的基本操作，包括文件和文件夹的建立、属性的设置、复制、移动、重命名等。

2. 掌握文件和文件夹的查找方法。

3. 掌握计算机、资源管理器、库的基本操作。

4. 了解磁盘管理的基本操作。

二、实验示例

1. 文件和文件夹的新建

在 C:盘空白处右键单击，在弹出的快捷菜单中选择“新建”下的“文件夹”命令，将新建的文件夹命名为“练习专用”。

双击打开“练习专用”文件夹，在空白处右键单击，在弹出的快捷菜单中选择“新建”下的“文本文档”命令，将新建的文本文件命名为“我的文本文档. txt”。

用同样的方法可以新建 Word 文档等。

2. 文件和文件夹的重命名

单击选中文件“我的文本文档. txt”后右键单击，在弹出的快捷菜单中选择“重命名”命令，将该文件重命名为“我的第一个文本文档. txt”。

用同样的方法可以将文件夹以自己想要的名字重命名。

重命名之后的文件夹如图 3.9 所示。

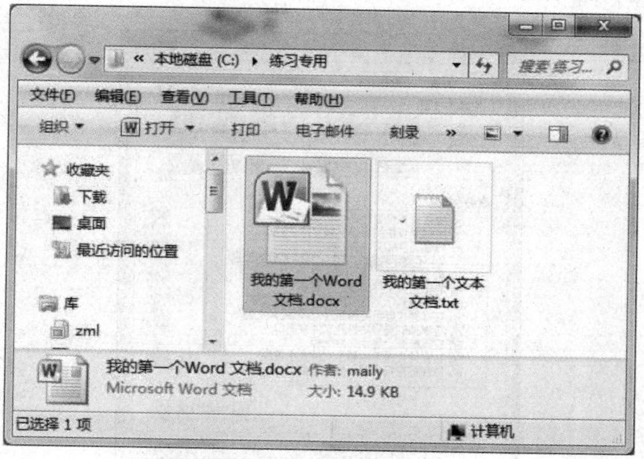

图 3.9　“练习专用”文件夹窗口

3. 文件和文件夹的属性设置

在 Windows 7 中，文件和文件夹的属性有只读和隐藏两种。

文件的只读属性表示该文件只能查看不能修改。文件夹的只读属性仅应用该文件夹中的文件，是默认选中的。

隐藏属性选中后，该文件或文件夹一般将隐藏起来。

设置文件只读属性的操作方法如下：选中该文件，右键单击后单击“属性”命令，在弹出的如图 3.10 所示的属性对话框中选中“只读”复选框，然后单击“应用”或“确定”按钮。

设置只读属性后，若打开文件进行修改将不能以原来的文件名保存，试图保存将弹出图 3.11 所示的只读文件提示对话框。

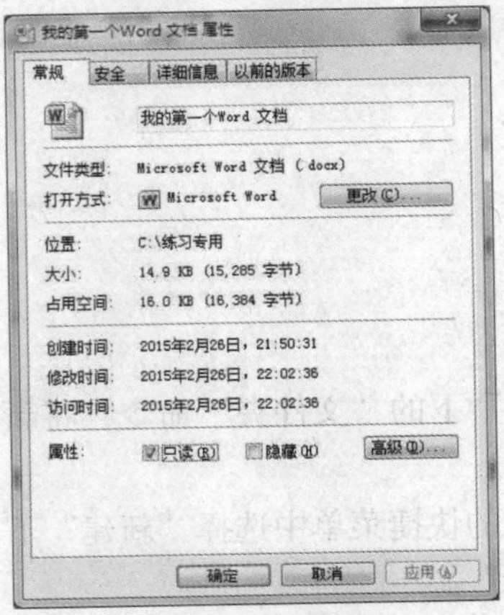

图 3.10 文件的属性对话框

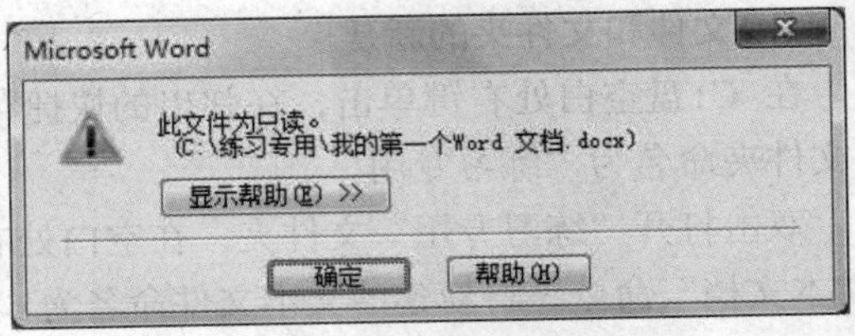

图 3.11 只读文件提示对话框

同样可以将文件设置为隐藏。隐藏文件是否显示和文件夹选项的设置有关。单击“工具”菜单下的“文件夹选项”命令，在弹出的“文件夹选项”对话框中单击“查看”标签，拖动“高级设置”部分的滚动条至图 3.12 所示的位置。“隐藏文件和文件夹”的选项默认为“不显示隐藏的文件、文件夹或驱动器”。若要显示已经隐藏的文件或文件夹，应选中“显示隐藏的文件、文件夹和驱动器”单选按钮。隐藏文件显示时其图标是水印的效果。

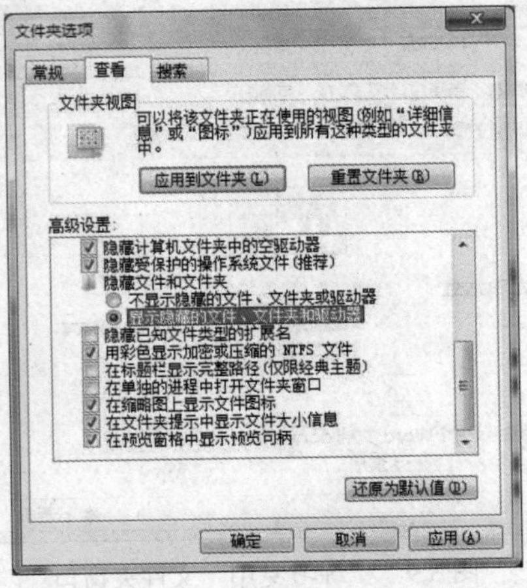

图 3.12 “文件夹选项”对话框

4. **文件的复制和移动**

选中文件"我的第一个 Word 文档. docx"，将其拖动到桌面进行文件的移动操作。

再选中桌面上的文件"我的第一个 Word 文档. docx"，按住 Ctrl 键，将其拖回到 C：盘下的"练习专用"文件夹将进行复制操作。

以上操作也可以通过快捷键来实现，具体使用快捷键可参考教材上的表 3.1。

5. **创建文件或文件夹的快捷方式**

选中文件夹"练习专用"，右键单击后选择"发送到"下面的"桌面快捷方式"命令。

用同样的方法可以创建文件的快捷方式，快捷方式也可以复制或移动到需要的地方。

6. **搜索文件和文件夹**

通过"开始"菜单打开"计算机"或"资源管理器"，在搜索框中输入要搜索的关键字可以搜索自己想要的文件或文件夹。

打开"计算机"，选择在 C:盘搜索所有的文本文档，操作界面如图 3.13 所示。

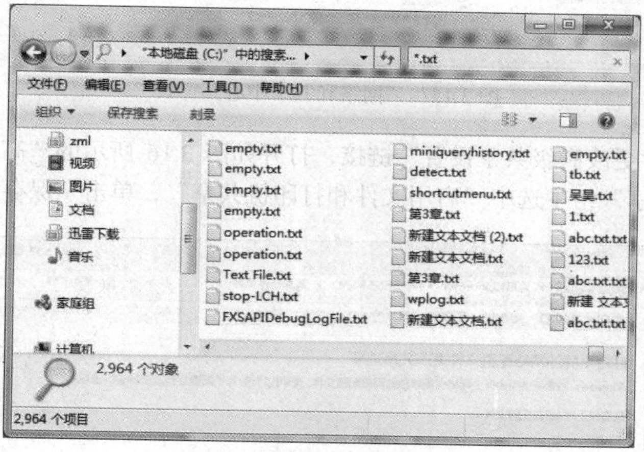

图 3.13 搜索文件操作界面

7. **设置文件夹属性为"共享"**

（1）进行高级共享设置

① 通过"开始"菜单打开"控制面板"，单击"网络和 Internet"链接，打开如图 3.14 所示的"网络和 Internet"窗口。

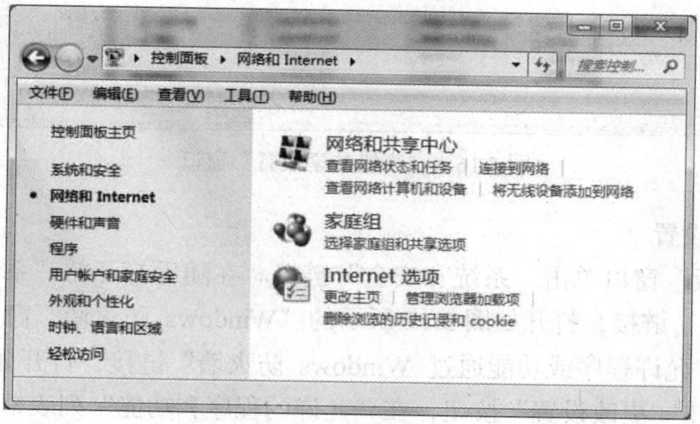

图 3.14 "网络和 Internet"窗口

② 单击“网络和共享中心”链接，打开如图 3.15 所示的“网络和共享中心”窗口。

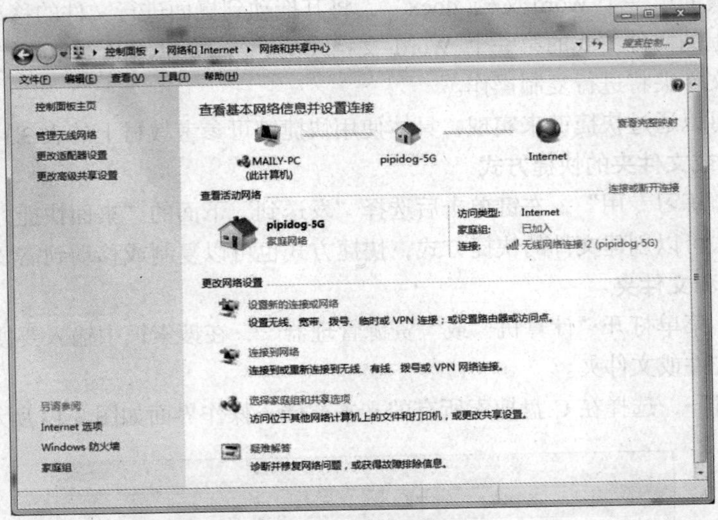

图 3.15 “网络和共享中心”窗口

③ 单击左侧的“更改高级共享设置”链接，打开如图 3.16 所示的“高级共享设置”窗口。在“文件和打印机共享”组中选中“启用文件和打印机共享”，单击“保存修改”按钮。

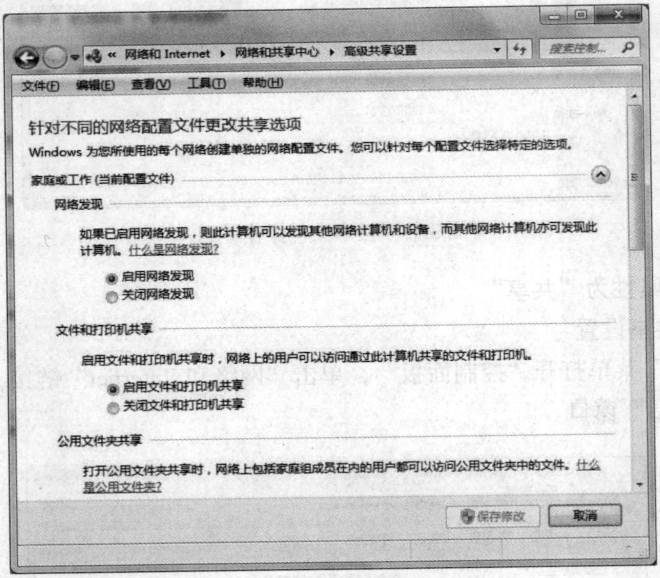

图 3.16 “高级共享设置”窗口

（2）配置防火墙设置

① 在“控制面板”窗口单击“系统和安全”链接。在随后打开的“系统和安全”窗口中单击“Windows 防火墙”链接，打开如图 3.17 所示的“Windows 防火墙”窗口。

② 单击左侧的“允许程序或功能通过 Windows 防火墙”链接，打开如图 3.18 所示的“允许的程序”窗口。单击“更改设置”按钮，在“允许的程序和功能”列表框中找到“文件和打印机共享”复选框并选中它，然后单击“确定”按钮。

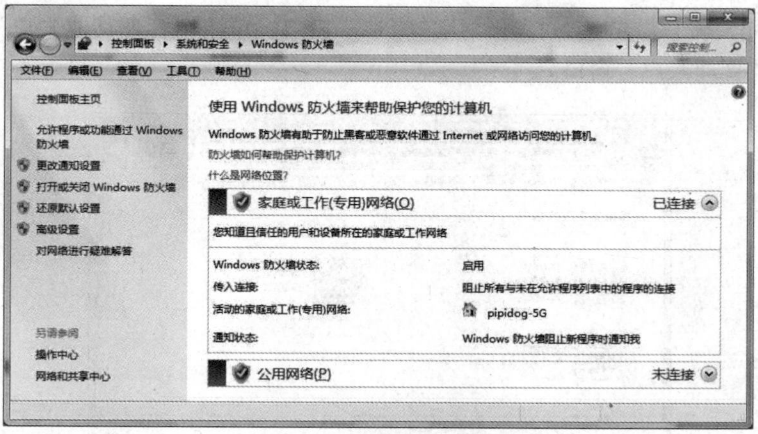

图 3.17　“Windows 防火墙”窗口

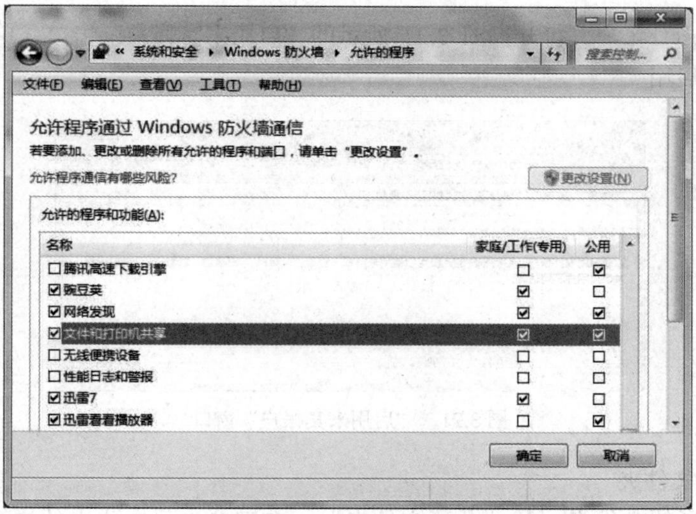

图 3.18　“允许的程序”窗口

（3）启用 Guest 帐户

① 在“控制面板”窗口单击“用户帐户和家庭安全”链接，打开如图 3.19 所示的界面。

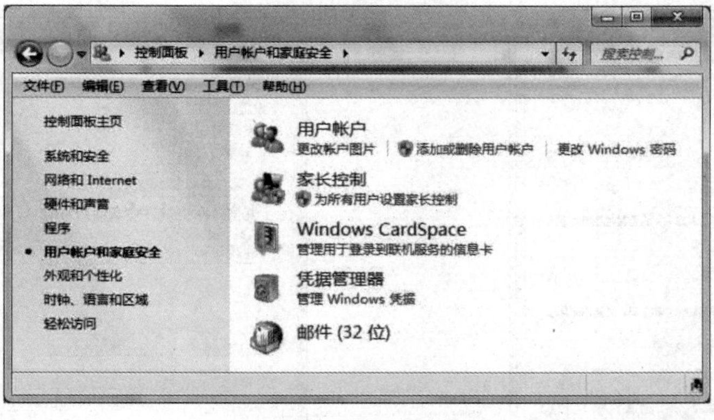

图 3.19　“用户帐户和家庭安全”窗口

② 单击“用户帐户”链接，打开“用户帐户”窗口。单击“管理其他帐户”链接，打开如图 3.20 所示的“管理帐户”窗口。

图 3.20 “管理帐户”窗口

③ 单击“Guest”帐户，打开如图 3.21 所示的“启用来宾帐户”窗口。单击“启用”按钮，“Guest”帐户即被启用。

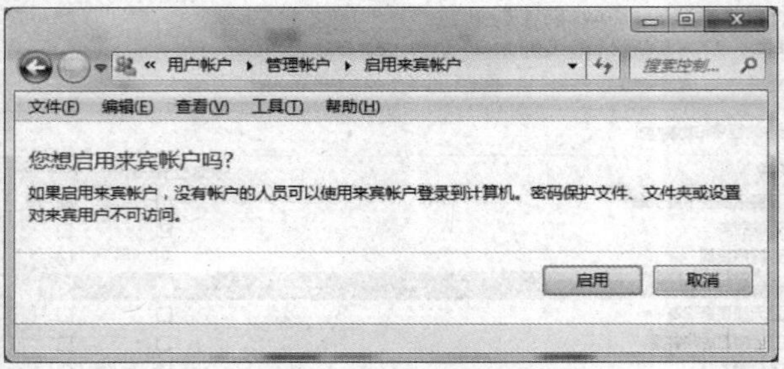

图 3.21 “启用来宾帐户”窗口

（4）设置共享文件夹

① 选中要共享的文件夹，如“共享文件夹”，右键单击后在弹出的快捷菜单中选择“属性”命令。在弹出的“共享文件夹属性”对话框中单击“共享”选项卡，界面如图 3.22 所示。

② 单击“高级共享”按钮，打开如图 3.23 所示的“高级共享”对话框。选中“共享此文件夹”复选框，设置好共享名后单击“确定”按钮。

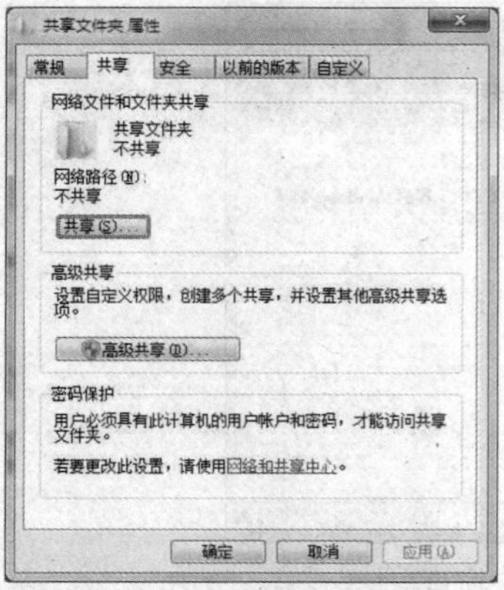

图 3.22 “共享文件夹属性“窗口

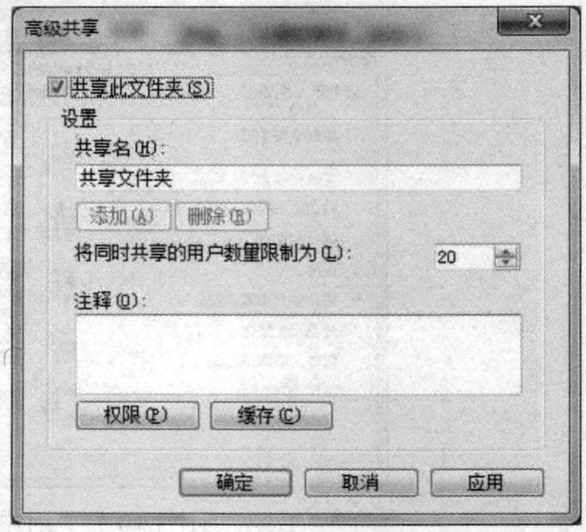

图 3.23 “高级共享”对话框

③ 回到“共享文件夹属性”对话框，单击“安全”选项卡，界面如图 3.24 所示。单击“编辑”按钮，弹出图 3.25 所示的“共享文件夹 的权限”对话框。

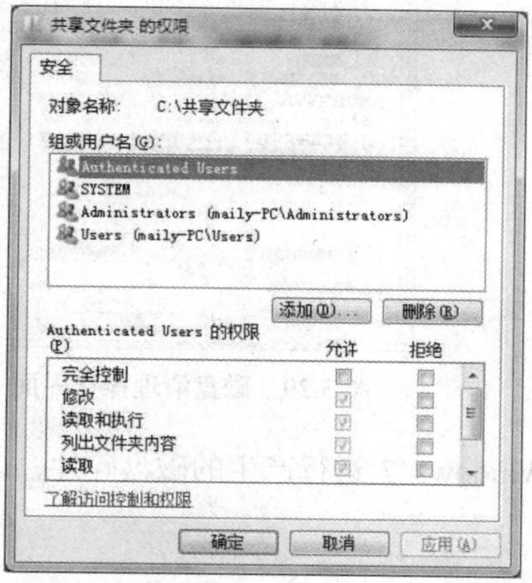

图 3.24　“共享文件夹的权限”对话框

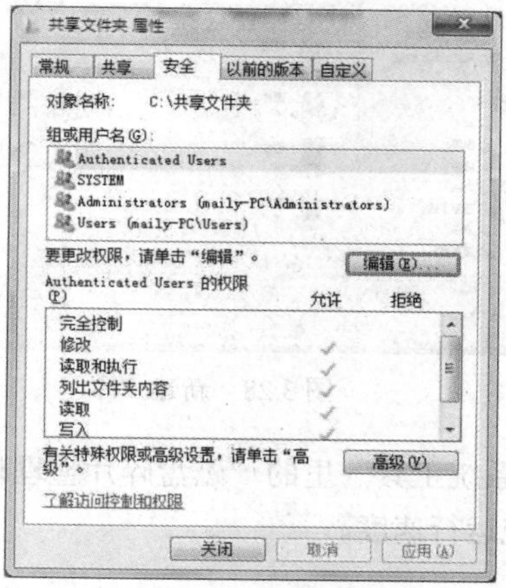

图 3.25　“共享文件夹属性“对话框

④ 单击“添加”按钮，弹出图 3.26 所示的“选择用户或组”对话框。在“输入对象名称来选择”文本框中输入对象名如“Everyone”，单击“确定”。

⑤ 返回到“共享文件夹 的权限”对话框，可以看到在“组或用户名”列表中出现“Everyone”用户。在“Everyone 的权限”列表框的“允许”列下选择允许 Everyone 对“共享文件夹”的访问权限，界面如图 3.27 所示。

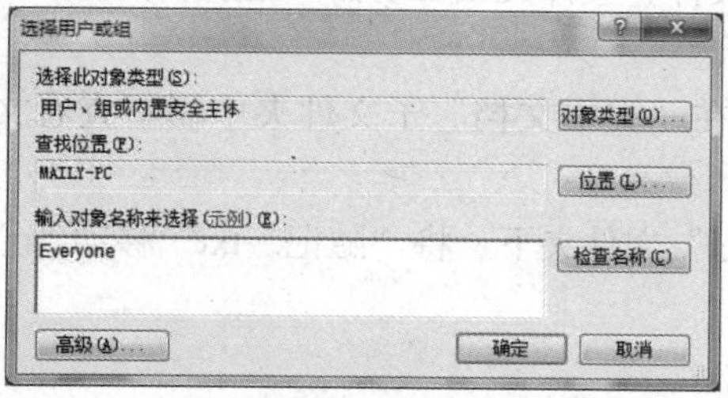

图 3.26　“选择用户或组“对话框

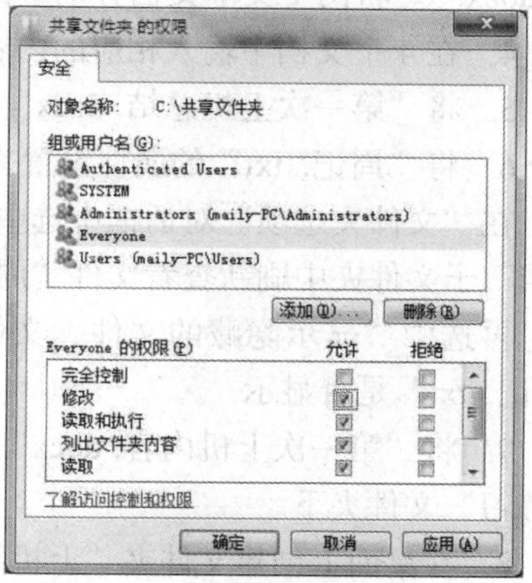

图 3.27　设置“共享文件夹的权限”对话框

8. “库”的操作

打开“资源管理器”，默认打开的就是“库”。在空白处右键单击后选择“新建”下的“库”命令，新建库“重要资料”，如图 3.28 所示。选中认为包含重要资料的文件夹，右键单击后选择“包含到库中”下的“重要资料”命令，将把该文件夹加入“重要资料”库中。

9. 磁盘管理操作

在“开始”菜单中选择“附件”下的“系统工具”里的“磁盘清理”命令，可以删除选中磁盘中的临时文件等来释放磁盘空间。操作界面如图 3.29 所示。

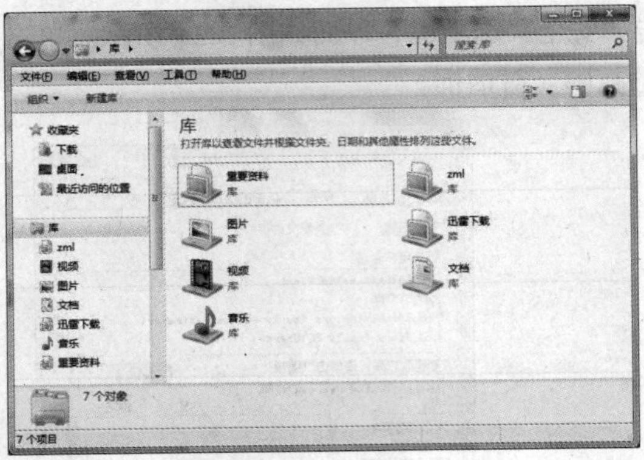

图 3.28 新建“库”

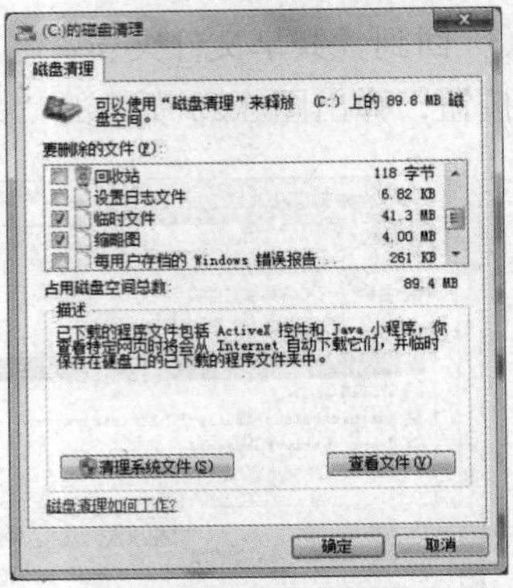

图 3.29 磁盘清理操作界面

“系统工具”里的“磁盘碎片整理程序”可以整理 Windows 7 运行产生的磁盘碎片，以便提高系统运行速度。

三、上机实验

1. 在 D：盘新建“上机练习”文件夹，在“上机练习”文件夹下创建子文件夹“Word 文档”和“文本文档”。

2. 在“Word 文档”子文件夹下新建两个 Word 文档，在“文本文档”子文件夹新建两个文本文档，均采用默认的文件名。

3. 将两个 Word 文档分别重命名为“第一次上机内容.docx”和“第一次上机总结.docx”。将两个文本文档分别重命名为“随记. txt”和“周记. txt”。

4. 在 4 个文档中输入相应的内容后保存。

5. 将“第一次上机总结.docx”的属性设置为只读，打开修改后尝试保存。

6. 将“周记. txt”的属性设置为隐藏。

在“文件夹选项”对话框中选中“不显示隐藏的文件、文件夹或驱动器”选项后，在“文本文档”子文件夹中刷新查看文件“周记. txt”是否显示。

再选中“显示隐藏的文件、文件夹和驱动器”，在“文本文档”子文件夹中刷新查看文件“周记. txt”是否显示。

7. 将“第一次上机内容.docx”复制到“上机练习”文件夹下，将“随记. txt”移动到“上机练习”文件夹下。

8. 在桌面上创建文件夹“上机练习”的快捷方式。

9. 搜索 D:盘的所有文本文档。

10. 将“文本文档”文件夹设置为共享文件夹。

11. 将文件夹“Word 文档”和“文本文档”加入“文档”库。

实验三 Windows 7 的系统设置

一、实验目的

1. 掌握 Windows 7 控制面板的基本操作。

2. 熟悉显示属性、声音、打字机、字体、添加新硬件等操作。

二、实验示例

1. 启动控制面板

方法一：单击“开始”菜单下的“控制面板”命令。

方法二：在“计算机”窗口的组织栏单击“打开控制面板”按钮。

2. 设置屏幕背景

打开“控制面板”后单击“外观和个性化”分类下的“更改桌面背景”链接，打开图 3.30 所示的“桌面背景”窗口。选中若干张图片，如“风景”分类里的 6 张图片，将“图片位置”下拉列表框选中“适应”，将“更改图片时间间隔”设置为“20 分钟”，选中“无序播放”后单击“保存修改”按钮即完成将多个图片创建成一个幻灯片作为桌面背景的操作。

图 3.30　“桌面背景”窗口

3. 更改系统日期、时间和时区

右键单击任务栏最右侧的时间，在弹出的快捷菜单中选择“调整日期/时间”命令。将弹出图 3.31 所示的“日期和时间”对话框。

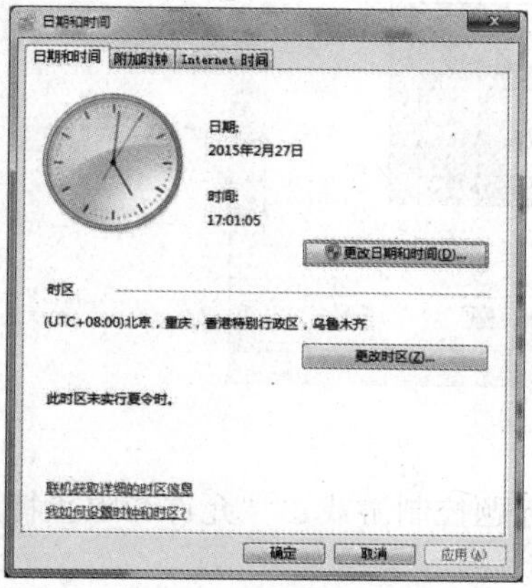

图 3.31　“日期和时间”对话框 1

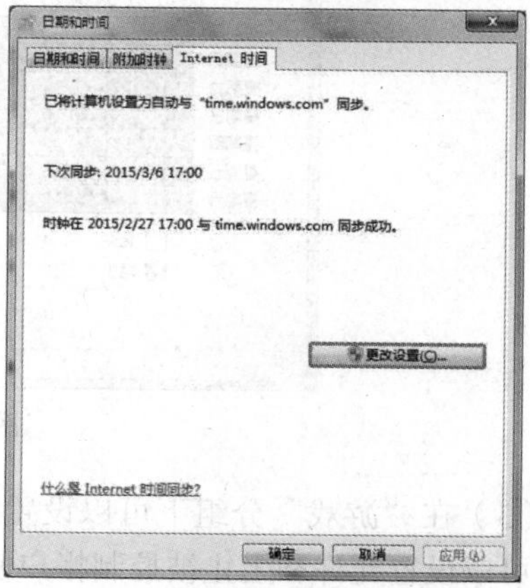

图 3.32　“日期和时间”对话框 2

在“日期和时间”对话框的“日期和时间”选项卡中可以更改系统的日期、时间和时区。在“Internet 时间”选项卡中可将计算机设置为自动与“time. windows. com”时间同步，如图 3.32 所示。

4. 为用户帐户设置家长控制

（1）在“控制面板”窗口单击“用户帐户和家庭安全”分类下的“为所有用户设置家长控制”链接，打开图 3.33 所示的“家长控制”窗口。选择要设置家长控制的的账户，如“www”帐户。在打开的“用户控制”窗口选中“家长控制”组下的“启用，应用当前设置”选项，如图 3.34 所示。

图 3.33 “家长控制”窗口

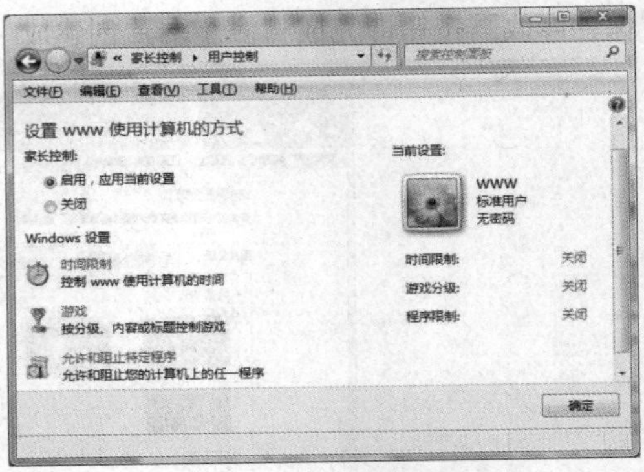

图 3.34 “用户控制”窗口

（2）单击“Windows 设置”分组下的“时间限制”链接，在打开的“时间限制”窗口中可以设置帐户“www”允许使用计算机的时间。如图 3.35 所示，只允许“www”用户一周内在固定的时间可以使用计算机总计 7 小时。

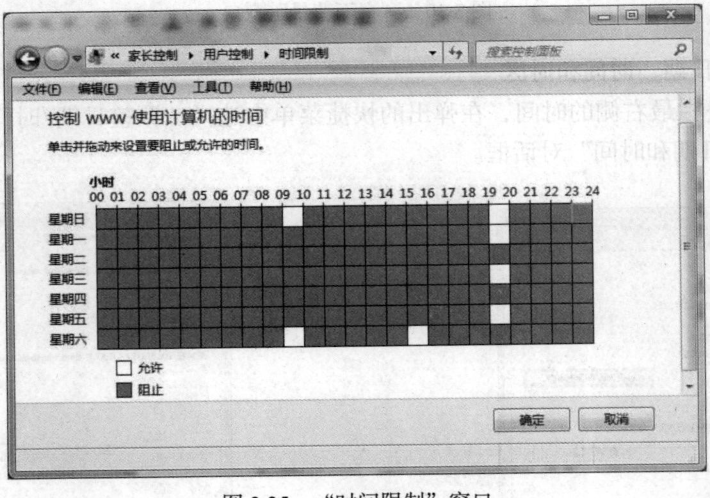

图 3.35 “时间限制”窗口

（3）在“游戏”分组下可以设置按分级、内容或游戏标题控制游戏，“允许和阻止特定程序”可以设置允许和阻止被控制帐户使用计算机上任一程序。

5. 查看系统信息

在“控制面板”窗口中单击“系统和安全”链接，在随后打开的“系统和安全”窗口中单击“系统”链接，打开“系统”窗口，可以查看计算机名称、工作组名、处理器信息、内存容量、系统类型等信息，如图 3.36 所示。

图 3.36　“系统”窗口

6. 设置鼠标属性

在“控制面板”窗口单击“硬件和声音”链接，在随后打开的“硬件和声音”窗口中单击“设备和打印机”分组下的“鼠标”链接，将弹出图 3.37 所示的“鼠标 属性”对话框。在该对话框中可以设置鼠标的左右键、双击速度、鼠标指针方案、指针移动速度等属性。

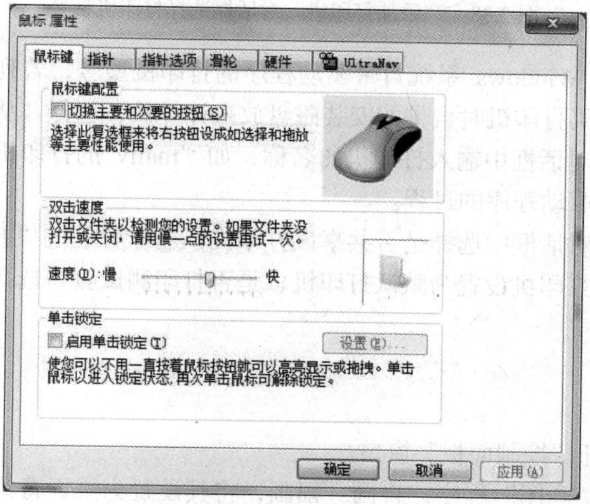

图 3.37　“鼠标属性”对话框

7. 添加打印机

有 USB 接口的打印机能直接插入计算机，Windows 会自动安装其驱动程序。非 USB 接口的打印机使用前要先安装其驱动程序，添加打印机即安装驱动程序的过程。

（1）在“控制面板”窗口单击“硬件和声音”链接，随后单击“设备和打印机”分组下的“添加打印机”链接，将弹出“添加打印机”对话框供用户选择添加打印机的类型。

选择“添加本地打印机”则将打印机与用户正操作的计算机相连接。

选择“添加网络、无线或 Bluetooth 打印机”是指打印机没有连接在用户使用的计算机上，而是连接在网络上的其他计算机上。

（2）单击“下一步”按钮，选择打印机使用的端口。一般使用“LPT1”端口，再单击“下一步”按钮。

（3）选择打印机厂商和型号。若要连接的打印机是 HP 公司的 HP 915 型的打印机，则在厂商列表框中选择“HP”，在打印机列表框中选择“HP 915”后单击“下一步”按钮，Windows 系统会按选定的型号安装打印机的驱动程序。操作界面如图 3.38 所示。

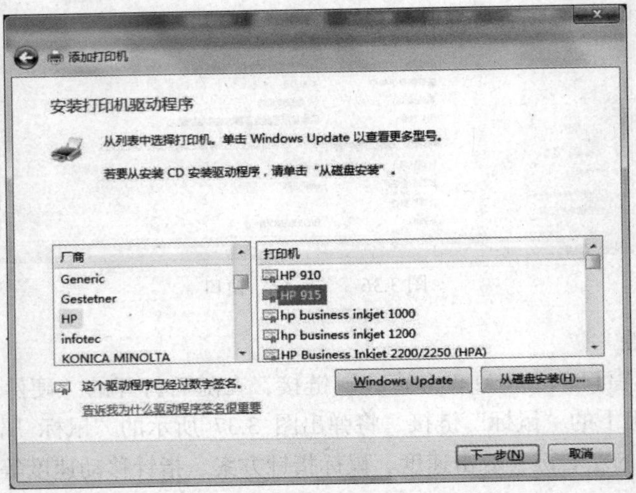

图 3.38　“添加打印机”对话框选择打印机型号

列表框中显示的是 Windows 系统自带驱动程序的打印机型号，若列表框中没有要安装的打印机的型号，则应将购买打印机时自带的安装磁盘放入计算机，选择“从磁盘安装”。

（4）在随后出现的对话框中输入打印机的名称，如“maily 的打印机”，单击“下一步”按钮即可以看到系统安装驱动程序的过程。

（5）在随后出现的对话框中选择是否共享该打印机，选择后单击“下一步”按钮。

（6）选择是否将该打印机设置为默认打印机、是否打印测试页，选择后单击“完成”按钮即完成打印机的添加。

三、上机实验

1. 用两种方式打开“控制面板”窗口。

2. 打开附件中的“画图”程序，自画一幅画，将其设置为桌面背景图片。将设置好的桌面截屏，以“某某的桌面.jpg”名称保存，如名为“张三”的同学保存文件名为“张三的桌面.jpg”。

3. 在“个性化”中为计算机设置屏幕保护程序。

4. 在“外观和个性化”分类中调整屏幕分辨率。

5. 新建一个标准帐户，设置其图片和密码等。

6. 将鼠标属性设置为自己喜欢的。
7. 查看你使用的计算机的系统信息。
8. 添加一台打印机。
9. 删除一种输入法。
10. 更改系统声音。
11. 更改计算机进入睡眠状态的时间。
12. 将控制面板的查看方式从“类别”调整为“小图标”。

实验四　Windows 7的附件

一、实验目的

掌握Windows 7附件中各种应用程序的基本使用方法。

二、实验示例

1. 记事本

记事本是编辑小型文本文件的编辑器软件，常用于书写一些简单文字信息或处理一些格式要求不高的文本（如源程序），不能插入图形。记事本文件扩展名为“. txt”。

在“开始”菜单中单击“所有程序”命令，再单击“附件”下的“记事本”命令，即可打开记事本。记事本的简介如图3.39所示。

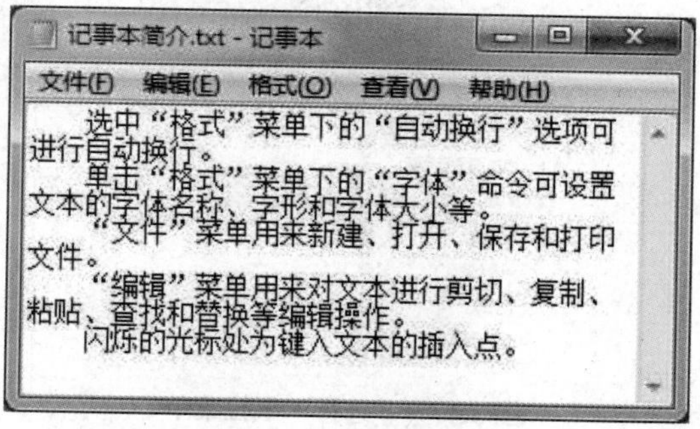

图3.39　记事本简介

2. 画图

Windows 7附件中的“画图”程序提供了多种绘制图形的工具和较丰富的颜色，可以用来创建精美的图画，还提供了处理图形的工具用来对已有图片进行剪裁、变色等处理。

单击“开始”菜单下的“所有程序”命令，再单击“附件”下的“画图”命令即可打开画图程序。

在画图中绘制图形的过程如下。

（1）在功能区选中绘制图形要用的工具、线头粗细、绘制颜色。如在工具组选择“铅笔”、形状组选择“直线”、粗细组选择“5px”、颜色1选择红色、颜色2选择绿色，如图3.40所示。

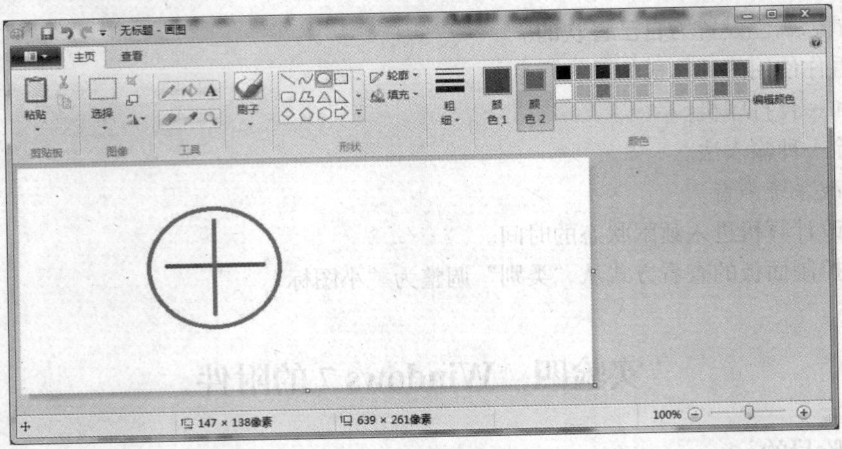

图 3.40 “画图”窗口

（2）在绘图区域适当的位置拖动鼠标左键或右键进行绘图。左键绘图用颜色 1，右键绘图用颜色 2。

（3）如果绘制的不正确，可以使用工具组的“橡皮擦”按钮进行擦除。擦除使用的颜色是颜色 2 选中的颜色。

（4）若要剪裁部分图片，可选图像组的“选择”命令进行选取。选择命令有多个选项，如图 3.41 所示。

（5）若有需要，还可以选择形状组的填充命令为图形填充颜色。

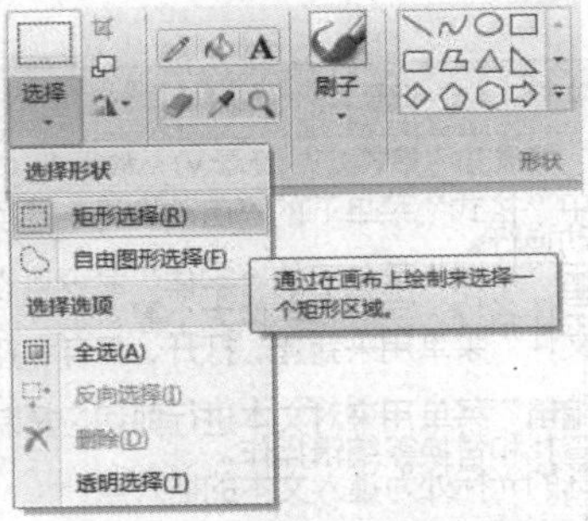

图 3.41 “选择”下拉菜单

（6）绘制完成后单击窗口左上方的按钮，在其下拉菜单中选择“保存”命令进行保存。

保存时可选择的文件扩展名有. bmp、. gif、. jpg、tiff 和. png 等，默认的是. png。BMP 格式是 Windows 系统下的标准位图格式，未经压缩，一般图像文件偏大；GIF 格式最大的特点是不仅可以是一张静止的图片，也可以是动画，支持透明背景，文件较小；JPG 格式采用特殊的有损压缩算法，将不易被人眼察觉的图像颜色删除，从而达到较大的压缩比，文件较小；TIFF 格式的特点是图像格式复杂、存储信息多，图像质量较高，有利于原稿的复制；PNG 格式与 JPG 格式类似，压缩比高于 GIF。

3. 计算器

附件中的计算器是平时经常会用到的。

单击“开始”菜单下的“所有程序”命令，再单击“附件”下的“计算器”命令即可打开计算器程序。

在计算器中可以进行常规的加减乘除等运算，图 3.42 所示的界面正在进行“96+56+48−69”的运算，单击等号即可显示计算结果。

单击“查看”菜单下的“科学型”命令，可将计算器从标准型调整为科学型。“查看”下的小菜单如图 3.43 所示，“科学型”计算器界面如图 3.44 所示。

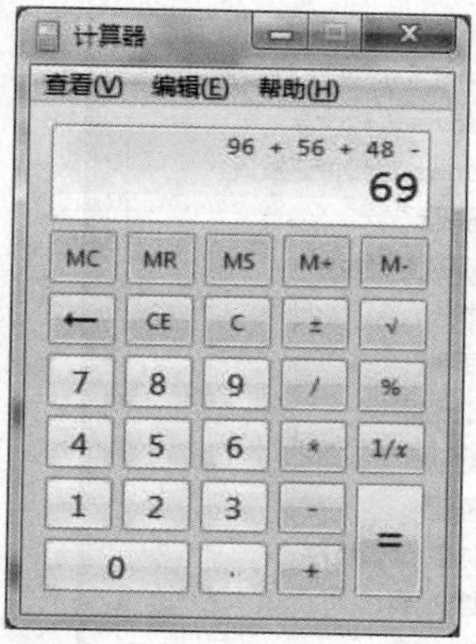

图 3.42　“计算器”程序

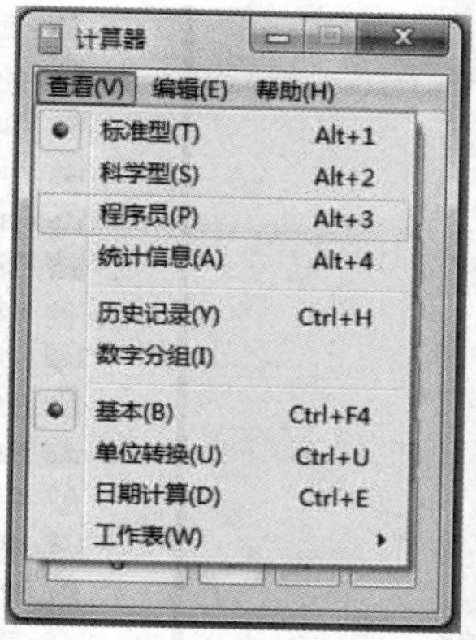

图 3.43　“查看”下拉菜单

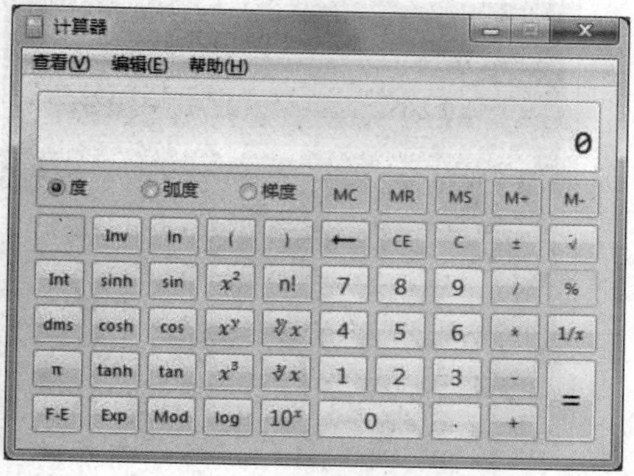

图 3.44　“科学型”计算器

4. 截图工具

Windows 7 附件中提供的“截图工具”小程序不仅具有截图功能，还附带简单的图片编辑功能。

单击“开始”菜单下的“所有程序”命令，再单击“附件”下的“截图工具”命令可以打开截图工具程序。

截图工具程序可以按任意格式截图、矩形截图、窗口截图和全屏幕截图，默认为任意格式截图。单击“新建”菜单旁边的三角形按钮可以选择截图类型，如图 3.45 所示。

选择任意格式截图后鼠标指针变为一把剪刀形状，截取桌面上的 Windows 图标后，界面如图 3.46 所示。单击“文件”菜单下的“另存为”命令可以保存图形。

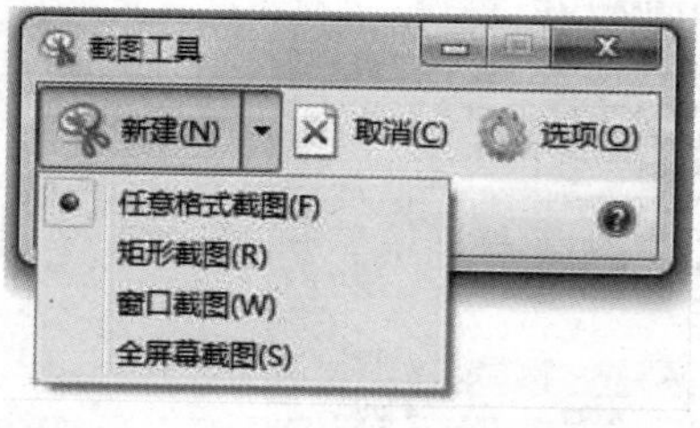

图 3.45　选择截图类型

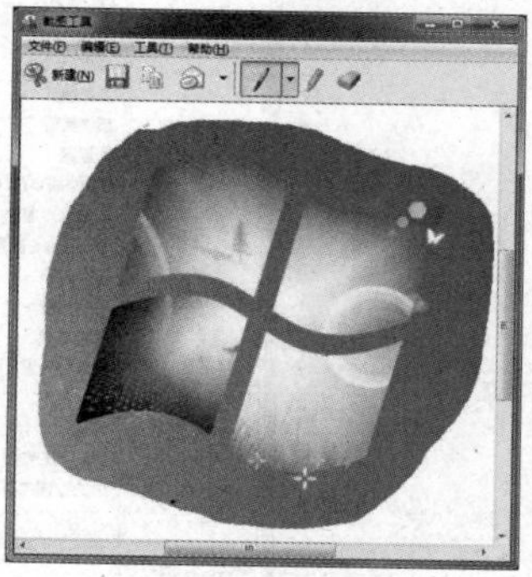

图 3.46　截取的图形

5. 命令提示符

单击“开始”菜单下的“所有程序”命令，再单击“附件”下的“命令提示符”命令可以打开命令提示符程序。

输入正确的命令后按 Enter 键后执行命令。

改变目录命令为“cd”，如“cd..”将目录更改为当前路径的前一个文件夹，“cd \student”

将目录改为当前文件夹下的子文件夹“student”（这个命令能否正确运行取决于当前目录下是否有子文件夹 student）。

显示当前文件夹的信息命令为“dir”。如显示“student”文件夹的信息界面如图 3.47 所示。

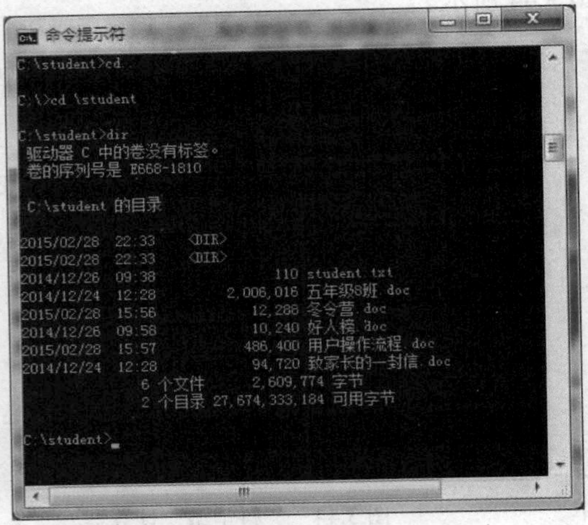

图 3.47 “命令提示符”窗口

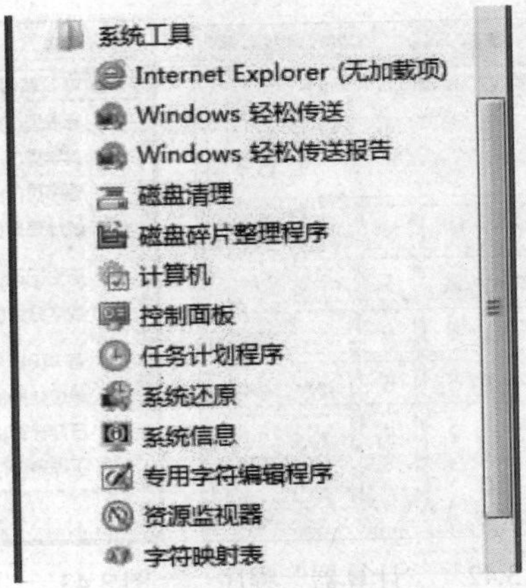

图 3.48 “系统工具”子菜单

6. 系统工具

单击“开始”菜单下的“所有程序”命令，再单击“附件”下的“系统工具”，显示的子菜单如图 3.48 所示。前面介绍过的“磁盘清理”和“磁盘碎片整理程序”都在这里。

单击“系统信息”命令将显示计算机的各种信息，如图 3.49 所示。

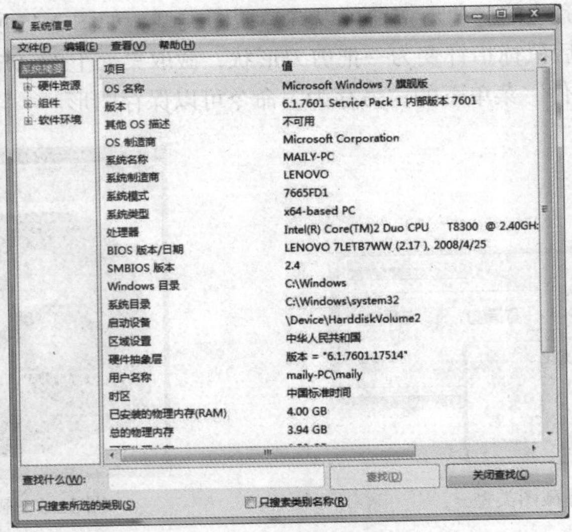

图 3.49 “系统信息”窗口

三、上机实验

1. 打开附件中的“记事本”程序，输入一段个人自我介绍信息，并以“某某的自我介绍. txt”名称保存，如名为“张三”的同学保存文件名为“张三的自我介绍. txt”。

2. 打开附件中的“画图”程序，画一幅画，题材自定，尽量使用到画图程序的各种工具，以“某某的图画.jpg”名称保存。

3. 在“计算器”中进行四则运算。

4. 在“计算器”中将十进制数 100 转换成二进制数。

5. 利用附件中的“截图工具”截取记事本、画图、计算器和命令提示符应用程序的图标，并将其粘贴在画图中，以“某某的图标.jpg”名称保存。

6. 在命令提示符程序中显示改变目录并显示当前文件夹的信息。

7. 利用系统工具查看当前计算机的系统信息。

第二部分　习题

一、选择题

1. 在世界范围内，目前使用最广泛的操作系统是__________。

A. DOS　　B. Windows　　C. UNIX　　D. Linux

2. Windows 操作系统的主要功能是__________。

A. 进行数据处理　　B. 实现软件和硬件的转换

C. 管理系统所有软件和硬件　　D. 将源程序转换成目标程序

3. Windows 7 操作系统的特点不包括__________。

A. 图形用户界面　　B. 多任务　　C. 多用户　　D. 卫星通信

4. 在 Windows 7 操作系统中，鼠标是重要的输入工具，而键盘的功能则__________。

A. 仅能配合鼠标，在输入中起辅助作用

B. 毫无用处

C. 仅能在菜单操作中使用，不能在窗口中操作

D. 能完成几乎所有的操作

5. 下列操作系统中，对时间要求最为苛刻的是__________。

A. 批处理系统　　B. 分时系统　　C. 实时系统　　D. 分布式系统

6. Windows 操作系统起源于__________。

A. DOS 系统　　B. UNIX 系统　　C. Linux 系统　　D. BSD 系统

7. 下列几类进程中，优先级最高的是__________。

A. 实时进程　　B. 批处理进程　　C. 人机互动进程　　D. 后台进程

8. 我们说的 Windows 7 是一种__________。

A. CPU 型号　　B. 系统软件　　C. 应用软件　　D. 编译软件

9. 开源操作系统是__________。

A. 很贵的　　B. 比 Windows 贵　　C. 需要花少量的钱购买　　D. 完全免费的

10. Windows 7 操作系统是__________。

A. 单任务单用户系统　　B. 单任务多用户系统

C. 多任务单用户系统　　D. 多任务多用户系统

11. Windows 系列操作系统是由____________公司开发的。

A. 联想　B. Novell　C. Microsoft　D. Sun

12. 在 Windows 7 的支持下，用户____________。

A. 最多只能打开一个应用程序

B. 最多只能打开一个应用程序，应用程序中只能打开一个文档窗口

C. 最多只能打开一个应用程序，应用程序中能打开多个文档窗口

D. 能同时打开多个应用程序，一个应用程序中可以打开多个文档窗口

13. 操作系统的功能是对计算机资源进行控制和管理，是____________之间的接口。

A. 用户和计算机　B. 主机和外设

C. 系统软件和应用软件　D. 高级语言和机器语言

14. 关于 Windows 7 运行环境说法正确的是____________。

A. 对硬件配置有一定要求　B. 对 CPU 配置没有要求

C. 对内存容量没有要求　D. 对硬盘配置没有要求

15. 由于突然停电造成 Windows 7 操作系统非正常关闭，则____________。

A. 再次开机启动时，大多数情况下系统会自动修复由停电造成损坏的程序

B. 不能再次正常启动

C. 再次开机启动时必须修改 CMOS 密码

D. 再次开机启动时，系统只能进入 DOS 操作系统

16. 下列说法正确的是____________。

A. 硬盘上的数据永远不会丢失

B. 只要没有误删除，没有感染病毒，硬盘上的数据就一定是安全的

C. 内存上的数据关机后还保留

D. 不管怎么小心，硬盘上的数据都有可能丢失

17. 在 Windows 7 操作系统中，不能对任务栏进行的操作是____________。

A. 启动“开始”菜单　B. 设置系统日期和时间

C. 设置任务栏属性　D. 设置显示器属性

18. 若已打开若干个窗口，要在窗口之间进行切换，不能使用的快捷键是____________。

A. Alt+Tab　B. Win+Tab　C. Alt+Esc　D. Win+E

19. 要将活动窗口以图片的形式放入到剪贴板，应使用的快捷键是____________。

A. PrintScreen　B. Win+PrintScreen

C. Alt+PrintScreen　D. Ctrl+PrintScreen

20. 将运行中的应用程序窗口最小化后，该程序将____________。

A. 终止执行　B. 自动关闭

C. 继续在后台执行　D. 始终在前台执行

21. 在 Windows 7 系统中，用户可以同时打开多个窗口，但任何时候____________。

A. 所有窗口都处于后台运行状态

B. 所以窗口都处于前台运行状态

C. 最多只有一个窗口处于前台运行状态，它的标题栏颜色与众不同

D. 始终都有一个窗口处于前台运行状态，它的标题栏颜色与众不同

22. 在 Windows 7 系统中，菜单中的菜单项若结尾带省略号（…），将表示__________。

A. 单击该菜单项将弹出一个对话框　　B. 该命令暂时无效

C. 该菜单项还有下一级子菜单　　D. 该菜单项正在起作用

23. 在 Windows 7 的资源管理器中，若要同时选中多个连续的文件，应先单击选中第一个文件，然后按下__________键后，再单击最后一个文件。

A. Ctrl　　B. Shift　　C. Alt　　D. Tab

24. 在 Windows 7 中，粘贴命令对应的快捷键是__________。

A. Ctrl+X　　B. Ctrl+C　　C. Ctrl+V　　D. Ctrl+A

25. 若窗口有“还原”按钮，单击该按钮将使窗口__________。

A. 恢复到最大化之前的大小　　B. 恢复到窗口打开时的大小

C. 充满整个屏幕　　D. 最小化成一个图标

26. 在 Windows 7 系统中，通常硬盘上被删除的文件或文件夹将__________。

A. 直接删除　　B. 暂存在剪贴板中

C. 暂存在内存中　　D. 暂存在回收站中

27. 在 Windows 7 系统中，若系统长时间不能响应用户的操作，为了结束不能响应的任务，应使用__________组合键打开任务管理器然后结束该任务。

A. Ctrl+Alt+Del　　B. Ctrl+Alt+Enter

C. Ctrl+Shift+Del　　D. Ctrl+Tab+Esc

28. 撤销操作可使用的组合键是__________。

A. Ctrl+Z　　B. Ctrl+A　　C. Shift+Z　　D. Alt+Tab

29. 打开和关闭中文输入法使用的快捷键是__________。

A. Ctrl+Shift　　B. Ctrl+Space　　C. Alt+Shift　　D. Alt+Space

30. 通常把可以直接启动和运行的文件称为__________。

A. 数据文件　　B. 程序文件　　C. 文本文件　　D. 源文件

31. 若一个文件的文件名为“abc. txt”，则该文件是一个__________。

A. 图片文件　　B. 文本文件　　C. 可执行文件　　D. 声波文件

32. 在 Windows 7 系统中，关于文件夹的描述不正确的是__________。

A. 文件夹中可以包含子文件夹

B. 文件夹中不可以存放大于 2G 的视频文件

C. 文件夹是用来组织和管理文件的

D. “我的文档”也是一个文件夹

33. 在 Windows 7 系统中，关于删除文件操作说法不正确的是__________。

A. U 盘上的文件将被直接删除而不放入回收站

B. 硬盘上的文件可以直接删除而不放入回收站

C. 回收站的容量可以调整

D. 移动硬盘上的文件被删除后可以从回收站还原

34. 在 Windows 7 系统中，能启动应用程序的方法是__________。

A. 双击该应用程序对应的文档

B. 通过“开始”菜单找到该应用程序，然后单击

C. 双击桌面上该应用程序的快捷方式图标

D. 以上方式都能启动

35. 在 Windows 7 系统中，不属于控制面板中的操作是__________。

A. 为移动硬盘杀毒 B. 调整鼠标的使用设置

C. 添加新硬件 D. 设置输入法的热键

36. 在 Windows 7 系统中，若删除__________，计算机将不能正常工作

A. 系统文件 B. 应用软件

C. 声音文件 D. 用户保存的非常重要的文件

37. 在 Windows 7 系统中，对话框和窗口界面差不多，它们__________。

A. 都可以改变大小 B. 都有菜单栏

C. 都有标题栏 D. 都有工具栏

38. 在 Windows 7 系统中，若要将某个文件移动到另一个文件夹中，应进行的操作过程是__________。

A. 剪切、定位、粘贴 B. 选择、剪切、定位、粘贴

C. 选择、复制、定位、粘贴 D. 选择、剪切、定位、复制

39. 若一个路径是“C：\abc\word\www. jpg”，则“word”是一个__________。

A. Word 文档 B. 文本文件

C. 根目录 D. 子文件夹

40. 在 Windows 7 系统中，下列操作不能关闭应用程序的是__________。

A. 单击应用程序窗口右上角的“关闭”按钮

B. 单击“文件”菜单下的“退出”命令

C. 按 Alt+F4 组合键

D. 双击任务栏上该应用程序对应的图标

41. 在 Windows 7 系统中，若要将选中的文件直接删除而不放入回收站，正确的操作是__________。

A. 直接拖动到回收站 B. 选择“文件”菜单下的“删除”命令

C. 按 Del 键 D. 按 Shift+Del 组合键

42. 在 Windows 7 的任务栏上不能显示的是__________。

A. 在前台运行的应用程序图标 B. 在后台运行的应用程序图标

C. 系统中安装的所有应用程序图标 D. 打开的文件夹窗口的图标

43. 下列关于 Windows 7 的任务栏说法正确的是__________。

A. 既能改变大小也能移动位置 B. 只能改变大小不能移动位置

C. 只能移动位置不能改变大小 D. 既不能改变大小也不能移动位置

44. 在 Windows 7 中，将某一文件拖动到另一个驱动器的文件夹下，进行的操作是__________。

A. 移动该文件 B. 复制该文件

C. 删除该文件 D. 为该文件创建快捷方式

45. 在 Windows 7 中，关于对话框说法不正确的是__________。

A. 对话框一般供用户输入或选择某些参数

B. 若想保存对话框中的选择并关闭对话框，可以单击“确定”按钮

C. 若要放弃对话框中所做的选择，可按 Esc 键或单击“取消”按钮

D. 对话框可以最大化

46. 在 Windows 7 中进行了多次剪切操作后，剪贴板中的内容是__________。

A. 第一次剪切的内容　　B. 剪切的全部内容

C. 最后一次剪切的内容　　D. 空白

47. 下面关于 Windows 7 中建立快捷方式的说法不正确的是__________。

A. 快捷方式可以建立在桌面上

B. 快捷方式不能建立在某个文件夹中

C. 可以为应用程序、文件或文件夹建立快捷方式

D. 快捷方式可以建立在“开始”菜单中

48. 所有正在运行的应用程序和打开的文件夹窗口在__________中都有对应的图标按钮。

A. 任务栏　　B. 桌面

C. “开始”菜单　　D. 资源管理器

49. 若对 Windows 7 系统运行环境进行设置，可使用__________。

A. 资源管理器　　B. 任务栏

C. 计算机　　D. 控制面板

50. 若更改某文件的扩展名，将导致__________。

A. 文件主名随之改变　　B. 再次打开文件时会产生病毒

C. 文件可能不可用　　D. 文件没有任何变化

51. 在 Windows 7 系统中，菜单中呈灰色显示的菜单项表示是__________。

A. 该菜单项暂时不能用　　B. 单击该菜单项将弹出对话框

C. 该菜单项永远不能使用　　D. 该菜单中了病毒

52. 在 Windows 7 中，将一个窗口最大化后，不能进行的操作是__________。

A. 最小化该窗口　　B. 移动该窗口

C. 还原该窗口　　D. 关闭该窗口

53. 在 Windows 7 的附件中，用来进行纯文本编辑的应用程序是__________。

A. 画图　　B. 写字板

C. 计算器　　D. 记事本

54. 在 Windows 7 的桌面上，不能删除的图标是__________。

A. 网络　　B. 计算机

C. 回收站　　D. 控制面板

55. Windows 7 系统中的帮助键是__________。

A. Esc　　B. F1

C. Win　　D. Tab

56. 文件的类型可以根据__________来识别。

A. 文件主名　　B. 文件扩展名

C. 文件的大小　　D. 文件的内容

57. 下面关于 Windows 7 系统中快捷键的说法正确的是__________。

A. 执行所有的操作都有与之对应的快捷键

B. 使用快捷键可以弥补相应菜单命令不能完成的一些功能

C. 只要完成一样的功能，使用快捷键和使用菜单命令是等价的

D. Windows 7 中所有的操作都可以用菜单命令完成，使用快捷键没多大意义

58. 在 Windows 7 系统中，使用鼠标的____________功能可以实现文件或文件夹的快速移动或复制。

A. 拖动　　B. 双击

C. 单击　　D. 右键单击

59. 用鼠标右键单击，将弹出____________。

A.“属性”窗口　　B. 快捷菜单

C.“开始”菜单　　D. 控制菜单

60. 在 Windows 7 的资源管理器中，单击左窗格中某个文件夹的图标，执行的操作是____________。

A. 在左窗格中显示该文件夹包含的子文件夹

B. 在左窗格中显示该文件夹包含的文件和子文件夹

C. 在右窗格中显示该文件夹包含的子文件夹

D. 在右窗格中显示该文件夹包含的文件和子文件夹

61. 在 Windows 7 系统中，将回收站中的文件还原时，被还原的文件将回到____________。

A. 剪贴板中　　B. 桌面上

C. 被删除的位置　　D. 内存中

62. 在 Windows 7 系统中，在树型目录结构下，不允许两个文件名（包括文件主名和扩展名）完全相同指的是在____________。

A. 同一磁盘的同一目录下　　B. 同一磁盘的不同目录下

C. 不同磁盘的同一目录下　　D. 不同磁盘的不同目录下

63. 在 Windows 7 的控制面板中的“用户账户”分类中，不能进行的操作是____________。

A. 修改用户账户名称　　B. 添加/删除用户账户

C. 修改用户账户的密　　D. 修改某个用户账户的桌面

64. 下面关于 Windows 7 系统中安装打印机说法不正确的是____________。

A. 每台计算机都可以安装多个打印机驱动程序

B. 每台计算机都可以设置多个默认打印机

C. 默认打印机不是系统自动产生的，用户可以更改

D. 每台计算机只能设置一个默认打印机

65. 在 Windows 7 中，下面不是屏幕保护程序作用的是____________。

A. 可以省电

B. 具有娱乐功能

C. 为了不让计算机屏幕闲着，显示一些内容给别人看

D. 保护当前用户在屏幕上显示的内容不被其他人看到

66. 在 Windows 7 系统中，文件名 www. bmp. docx. jpg 的扩展名是____________。

A. www　　B. bmp　　C. docx　　D. jpg

67. 在 Windows 7 中，下面关于文件和文件夹的图标说法正确的是____________。

A. 文件和文件夹都有图标，不同类型的文件一般对应相同的图标

B. 文件和文件夹都有图标，不同类型的文件对应图标可能不同

C. 只有文件才有图标，而文件夹没有图标

D. 只有文件夹才有图标，而文件没有图标

68. 在 Windows 7 中，用鼠标双击窗口的标题，将__________。

A. 最小化窗口　　B. 移动窗口的位置

C. 改变窗口大小　　D. 关闭窗口

69. 在 Windows 7 中可以同时运行__________应用程序。

A. 1 个　　B. 2 个

C. 最多 5 个　　D. 多个

70. 在 Windows 7 系统的附件中，不包含的应用程序是__________。

A. 记事本　　B. 画图

C. 截图工具　　D. 公式编辑器

二、填空题

1. 要选中文件夹中的全部内容，可使用快捷键__________。

2. 位图文件的扩展名是__________。

3. 在 Windows 7 中，剪贴板是__________中的一块区域。

4. 对话框中“？”按钮的作用是__________。

5. 在搜索文件或文件夹时，可以使用通配符__________和__________。

6. 要在不同的输入法之间进行切换，可以使用快捷键__________。

7. 在查找文件或文件夹时，可以使用“开始”菜单中的__________。

8. 操作系统的职能是管理计算机中所有的硬软件资源，合理地组织计算机的工作流程。从资源管理的角度来看，操作系统的基本功能包括__________、__________、__________、__________和__________。

9. 在 Windows 7 中，菜单共分为 4 种，分别是__________、__________、__________和__________。

10. 在 Windows 7 系统中，可按下__________键将整个屏幕的内容以图片的形式复制到剪贴板中。

11. 在 Windows 7 中，是否可以同时对多个文件进行重命名（是/否）__________。

12. 在 Windows 7 的回收站中，可以同时删除多个文件或文件夹，但不能同时还原多个文件或文件夹。（对/错）__________。

13. 在 Windows 7 中，所有从磁盘中删除的文件都被放入回收站。（对/错）__________。

14. 在 Windows 7 中，可以撤销多步操作。（对/错）__________。

15. 在 Windows 7 中，对文件进行剪切和删除操作的结果是一样的。（对/错）__________。

16. 操作系统是最基本最核心的__________。

17. Windows 7 的启动即__________的过程。

18. 路径“C：\abc\yyy. txt”中的“C:”称为__________。

19. 在 Windows 7 中，显示桌面的快捷键是__________。

20. 在 Windows 7 中调整屏幕分辨率应该在__________中进行操作。

21. 当磁盘空间不够时，用户可以将一些没用的文件删除，即进行__________。

22. 在计算机的使用过程中，用户进行的应用程序的安装或卸载，文件的新建、复制和移动

等操作都会在系统中产生磁盘碎片。碎片文件多了可能会影响系统的运行速度。因此，用户必须及时地进行____________。

23. 在 Windows 7 中对文件命名，不允许出现下列符合____________。

24. 在 Windows 7 的资源管理器中，可以直接启动. exe 文件，但不可以直接打开. txt 文件。(对/错) ____________。

25. 右键单击桌面上的空白处，可以利用快捷菜单中的有关命令排列桌面上的图标。(对/错) ____________。

26. 文档文件是指使用某种应用程序所创建的文件，它们本身不能运行，必须与相应的应用程序建立关联才能打开。(对/错) ____________。

27. 应用程序的窗口菜单中列出了该应用程序提供的具体操作命令，但在不同的状态下，其菜单内容可能不同。(对/错) ____________。

28. 启动 Windows 7 系统后出现在“桌面”上的图标由系统决定，都是一样的。(对/错) ____________。

29. 截图工具是 Windows 7 附件中的一个方便灵活的小应用程序。(对/错) ____________。

30. 快捷方式包含了所指向对象本身的内容。(对/错) ____________。

第4章 文字处理软件 Word 2010

第一部分　实验

实验一　文档的创建与排版

一、实验目的

1. 熟练掌握 Word 2010 的启动与退出方法，认识 Word 2010 主窗口的屏幕对象。
2. 熟练掌握操作 Word 2010 功能区、选项卡、组和对话框的方法。
3. 熟练掌握利用 Word 2010 建立、保存、关闭和打开文档的方法。
4. 熟练掌握输入文本的方法。
5. 熟练掌握文本的基本编辑方法以及设定文档格式的方法，包括插入点的定位、文本的输入、选择、插入、删除、移动、复制、查找和替换、撤销与恢复等操作。
6. 掌握文档的不同视图显示方式。
7. 熟练掌握设置字符格式的方法，包括选择字体、字形与字号，以及字体颜色、下画线、删除线等。
8. 熟练掌握设置段落格式的方法，包括对文本的字间距、段落对齐、段落缩进、段落间距等进行设置。
9. 熟练掌握首字下沉、边框和底纹等特殊格式的设置方法。
10. 掌握格式刷和样式的使用方法。
11. 掌握项目符号和编号的使用方法。
12. 掌握利用模板建立文档的方法。

二、相关知识

1. 基本知识

Word 2010 是 Microsoft Office 办公系列软件之一，是目前办公自动化中最流行的、全面支持简繁体中文的、功能更加强大的新一代综合排版工具软件。

Word 2010 的用户界面仍然采用 Ribbon 界面风格，包括可智能显示相关命令的 Ribbon 面板，但是在 Word 2010 中采用“文件”按钮取代了 Word 2007 中的“Office”按钮。

Microsoft Office Word 2010 集编辑、排版和打印等功能为一体，并同时能够处理文本、图形和表格，满足各种公文、书信、报告、图表、报表以及其他文档打印的需要。

2. 基本操作

Word 文档是由 Word 编辑的文本。文档编辑是 Word 2010 的基本功能，主要完成文档的建立、文本的录入、保存文档、选择文本、插入文本、删除文本以及移动、复制文本等基本操作，并提供了查找和替换功能、撤销和重复功能。文档被保存时，会生成以“docx”为默认扩展名的文件。

3. 基本设置

文档编辑完成之后，就要对整篇文档进行排版以使文档具有美观的视觉效果，包括字符格式设置、段落格式设置、边框与底纹设置、项目符号与编号设置以及分栏设置等。还有一些特殊格式设置，包括首字下沉、给中文加拼音、加删除线等。

4. 高级操作

（1）格式刷

使用格式刷可以快速地将某文本的格式设置应用到其他文本上，操作步骤如下。

① 选中要复制样式的文本。

② 单击功能区中的“开始”选项卡，单击“剪贴板”组中的“格式刷”按钮，之后将鼠标移动到文本编辑区，会看到鼠标旁出现一个小刷子的图标。

③ 用格式刷扫过（即按下鼠标左键拖动）需要应用样式的文本即可。

单击“格式刷”按钮，使用一次后格式刷功能就自动关闭了。如果需要将某文本的格式连续应用多次，则需双击“格式刷”按钮，之后直接用格式刷扫过不同的文本就可以了。要结束使用格式刷功能，再次单击“格式刷”按钮或按 Esc 键均可。

（2）样式与模板

样式与模板是 Word 中非常重要的内容，熟练使用这两个工具可以简化格式设置的操作，提高排版的质量和速度。

样式是应用于文档中文本、表格等的一组格式特征，利用其能迅速改变文档的外观。应用样式时，只需执行简单的操作就可以应用一组格式。选择功能区中“开始”选项卡下“样式”组中的样式显示区域右下角的“其他”按钮，在出现的下拉框中显示出了可供选择的样式。要对文档中的文本应用样式，先选中这段文本，然后单击下拉框中需要使用的样式名称就可以了。要删除某文本中已经应用的样式，可先将其选中，再选择下拉框中的“清除格式”选项即可。

如果要快速改变具有某种样式的所有文本的格式，可通过重新定义样式来完成。选择功能区中“开始”选项卡下“样式”组中的样式显示区域右下角的“其他”按钮，在出现的下拉框中选择“应用样式”选项，在弹出的“应用样式”任务窗格中的“样式名”框键入要修改的样式名称后单击“修改”按钮，即可在弹出的对话框中看到该样式的所有格式，通过对话框中“格式”区域中的格式设置按钮可以完成对该样式的修改。

Word 2010 提供了内容涵盖广泛的模板，有博客文章、书法字帖以及信函、传真、简历和报告等，利用其可以快速地创建专业而且美观的文档。模板就是一种预先设定好的特殊文档，已经包含了文档的基本结构和文档设置，如页面设置、字体格式、段落格式等，方便以后重复使用，省去每次都要排版和设置的烦恼。对于某些格式相同或相近文档的排版工作，模板是不可缺少的工具。Word 2010 模板文件的扩展名为“.dotx”，利用模板创建新文档的方法请参考其他书籍，在此不再赘述。

三、实验示例

1. 启动 Word 2010 窗口

启动 Word 2010 有多种方法。

2. 认识 Word 2010 的窗口构成

Word 2010 的窗口主要包括标题栏、快速访问工具栏、“文件”按钮、功能区、标尺栏、文档编辑区和状态栏。

3. 熟悉 Word 2010 各个选项卡的组成

4. 文件的建立与文本的编辑

（1）建立新文档

单击“文件”按钮，在打开的“文件”面板中选择“新建”命令，在右侧的面板中列出了可用的模板选项以及 Office.com 网站所提供的模板选项，根据需要选择合适的选项即可建立新文档。本范例选择“空白文档”。

（2）文档的输入

在新建的文档中输入实验范例文字，暂且不管字体及格式。输入完毕将其保存为“D:\真人秀节目.docx”。

实例范例文字如下。

真人秀节目

如今的电视界，无论国内国外，真人秀已经成为了炙手可热的节目群。层出不穷的真人秀类型也让观众享受着不同的视听盛宴。随着新的类型的真人秀在国内出现，全新的节目理念与形态也浮出水面。

厨艺竞技真人秀就是近几年在中国新出现一种真人秀的类型。其巧妙地运用特定的情境叙事对此类真人秀产生了独特的效果和积极的影响。在其中所出现的以集中的矛盾冲突带出的特定情节，在推动情节发展的同时，也展示了人物的心理状态和性格特征，迎合了观众的审美趣味。

情境在戏剧舞台中拥有一个非常重要的地位，事件、情况的制定，时间空间的调整，人物角色关系的确定对戏剧表演当中故事的发展，情节的升华都具有决定性的作用，情境的设置能够激发角色之间的矛盾冲突，让本来平淡枯燥的故事情节高潮迭起，这样才能够吸引观众的目光。

厨艺竞技真人秀就是通过独特的情境叙事，构造出独特的比赛形式，真真正正凸显出真人秀以及厨艺竞技形态的优点与魅力，让比赛进行地更加具有、有戏剧性、冲突性与悬念性，让鲜明的人物个性和心理状态更加自由地彰显。

对于今后厨艺竞技真人秀的发展，可以融入更多不同的新元素来适应国内的收视市场，不仅仅要在节目当中更加强调比赛过程的重要性，凸显出竞技比赛的激烈性，集中于参赛者之间的性格碰撞，也要能够结合厨艺竞技真人秀当中的主角——美食来进行更加丰富的互动，并且可以衍生出许多跟节目有关联的子节目，如现在非常流行在正片之后播放有关纪录片，来记载参赛选手对于制作美食的那份热爱与自信。此外，对于节目今后的发展，可以多与电视观众进行最直接的互动，在保证精良的制作效果的同时跟更受到观众的收视保障，这样厨艺竞技真人秀就可以在这个领域中更加大放异彩。

5. 撤销与恢复

在“快速访问工具栏”上有“撤销”与“恢复”按钮，可以把编者对文件的操作进行按步倒退及前进，请同学们上机实际操作加以体会。

6. 字体及段落设置

将刚建立的文件打开并进行以下设置。

（1）第一段设置成隶书、二号，居中。

（2）第二段设置成宋体、小四、斜体，左对齐，段前和段后各 1 行间距。

（3）第三段设置成宋体、小四，行距设为最小值 20 磅。

（4）第四段设置成楷体、小四、加波浪线；左右各缩进 2 个字符，首行缩进 2 个字符，1.5 倍行距，段前、段后各 0.5 行间距。

（5）第五段的设置同第三段。

（6）第六段设置成楷体、小四、加粗。

7. 文字的查找和替换（以刚建立文件为例）

（1）查找指定文字“真人秀”，步骤如下。

① 打开文档，并将光标定位到文档首部。

② 单击“开始”选项卡里“编辑”组中“查找”按钮下拉框中的“高级查找”选项，出现“查找和替换”对话框。

③ 在对话框的“查找内容”栏内输入“真人秀”。

④ 单击“查找下一处”按钮，将定位到文档中匹配该查找关键字的位置，并且匹配文字以蓝底黑字显示，表明在文档中找到一个“真人秀”。

⑤ 连续单击“查找下一处”按钮，则相继定位到文档中的其余匹配项，直至出现一个提示已完成文档搜索的对话框，就表明所有的“真人秀”都找出来了。

⑥ 单击“取消”按钮，关闭“查找和替换”对话框，返回到 Word 窗口。

（2）将文档中的“真人秀”替换为“电视真人秀”，步骤如下。

① 打开文档，并将光标定位到文档首部。

② 单击“开始”选项卡上的“编辑”组中“替换”按钮，出现“查找和替换”对话框。

③ 在“查找内容”栏内输入“真人秀”，在“替换为”栏内输入“电视真人秀”。

④ 单击“全部替换”按钮，屏幕上出现一个对话框，报告已完成所有替换。

⑤ 单击对话框的“确定”按钮关闭该对话框并返回到“查找和替换”对话框。

⑥ 单击“关闭”按钮关闭“查找和替换”对话框，返回到 Word 窗口，这时所有的“真人秀”都替换成了“电视真人秀”。

8. 视图显示方式的切换

通过单击“视图”选项卡中“文档视图”组里的各种视图按钮，进行各种视图显示方式的切换，并认真观察显示效果。

9. 关闭 Word 2010

四、上机实验

1. 使用实验范例中原文，对其进行如下操作。

（1）将标题字体格式设置成宋体、三号、加粗、居中，将标题的段前、段后间距设置为一行。

（2）将正文中的中文设置为宋体、五号，西文设置为 Times New Roman、五号，将正文设为行距 1.5 倍。

（3）为正文填加项目符号。

（4）将正文中添加项目符号的内容字体格式设为斜体，并为其添加蓝色波浪线型下画线。

（5）给正文第一段添加红色下画线。

（6）将最后一段中的文字设为黑体、加粗。

（7）将文件另存为“D：/电视真人秀.docx”。

2. 使用实验范例中原文，对其进行如下操作。

（1）标题：居中，设为华文新魏、二号字，加着重号并加粗。

（2）所有正文段落首行缩进 2 个字符，左右缩进各一个字符，1.5 倍行间距。

（3）第一段：设为宋体、四号字、加粗。

（4）第二段：设为华文新魏、四号字、倾斜，分散对齐。

（5）第三段：设为黑体、四号字、加粗。

（6）第四段：用格式刷将该段设为与第三段同样的格式，并将字体颜色设为红色。

（7）第五段：设为宋体、四号字、倾斜，并将字体颜色设为蓝色。

（8）第六段：设为黑体、小三、红色并加粗，加下画线。

（9）整篇文档加页面边框。

（10）在所给文字的最后输入不少于 3 个你最喜欢的电视节目的名称，设为宋体、四号，行间距为固定值 22 磅，并加项目符号。

（11）在 D 盘建立一个以自己名字命名的文件夹，存放自己的 Word 文档作业，该作业以“自己的名字 01”命名。

（12）将文件“真人秀节目.docx”及“电视真人秀.docx”复制到自己的文件夹中。

实验二　表格制作

一、实验目的

1. 掌握 Word 2010 创建表格和编辑表格的基本方法。
2. 掌握 Word 2010 设计表格格式的常用方法。
3. 掌握 Word 2010 表格美化的方法。

二、相关知识

表格具有信息量大、结构严谨、效果直观等优点，而表格的使用可以简洁有效地将一组相关数据放在同一个正文中，因此，掌握表格制作的操作是十分必要的。

表格是用于组织数据的最有用的工具之一，以行和列的形式简明扼要地表达信息，便于读者阅读。在 Word 2010 中，不仅可以非常方便、快捷地创建一个新表格，还可以对表格进行编辑、修饰，如增加或删除一行（列）或多行（列）、拆分或合并单元格、调整行（列）高、设置表格边框、底纹等，以增加其视觉上的美观程度，而且还能对表格中的数据进行排序以及简单计算等。

Word 2010 表格制作功能，包括以下几方面。

1. 创建表格的方法

（1）插入表格：在文档中创建规则的表格。

（2）绘制表格：在文档中创建复杂的不规则表格。

（3）快速制表：在文档中快速创建具有一定样式的表格。

2. 编辑与调整表格

（1）输入文本：在内容输入的过程中，可以同时修改录入内容的字体、字号、颜色等，这与文档的字符格式设置方法相同，都需要先选中内容再设置。

（2）调整行高与列宽。

（3）单元格的合并、拆分与删除等。

（4）插入行或列。

（5）删除行或列。

（6）更改单元格对齐方式：单元格中文字的对齐方式一共有 9 种，默认的对齐方式是靠上左对齐。

（7）绘制斜线表头。

3. 美化表格

（1）修改表格的框线颜色及线型。

（2）为表格添加底纹。

4. 表格数据的处理

（1）表格转换为文本。

（2）对表格中的数据进行计算。

（3）对表格中的数据进行排序。

5. 自动套用表格样式

三、实验示例

建立如图 4.1 所示的表格，具体操作步骤如下。

产品销售情况表					
日期 产品名	2007年		2008年		2009年
	上半年	下半年	上半年	下半年	上半年
电视机	300	345	212	196	350
洗衣机	212	489	135	234	256
电冰箱	156	126	256	198	211
总计	668	960	603	628	817
年度平均值	814		615.5		817
所有销售总计	3676				

图 4.1　表格操作效果样张

（1）绘制表格

将插入点置于文档表格插入位置→切换到“插入”选项卡→“表格”组→单击“表格”下拉三角图标→选择“插入表格”命令，出现“插入表格”对话框→输入绘制表格的行数 9 和列数 6→单击“确定”按钮，一个规则的 9 行 6 列的表格插入到文档中，如图 4.2 所示。

（2）合并单元格

① 选取表格第 1 行→切换到“表格工具/布局”选项卡→“合并”组（如图 4.3 所示）→单击

"合并单元格"按钮，即可将第 1 行合并为一个单元格。

② 按照上一步操作完成其他相应单元格的合并。

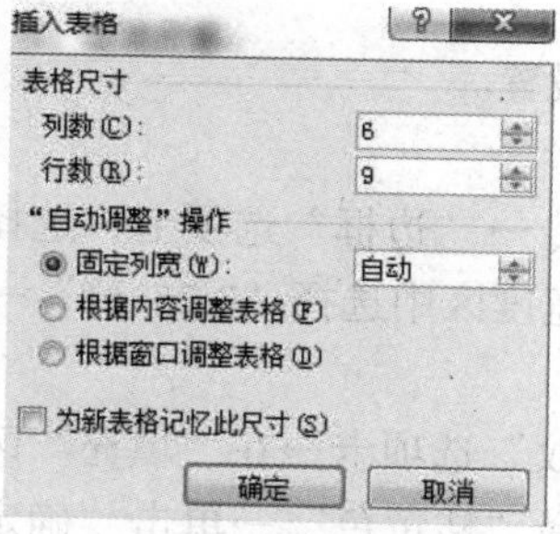

图 4.2　插入表格设置

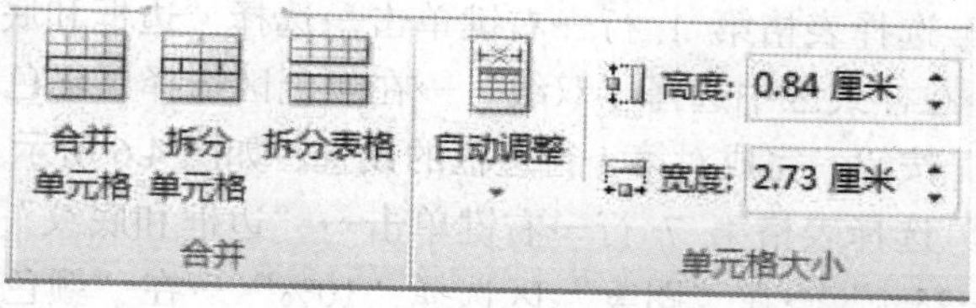

图 4.3　"合并"组

（3）设置列宽和行高

① 选择表格第 2 行→"单元格大小"组（如图 4.3 所示）→"高度"框中输入"1.2 厘米"→在第 2 行左边选定区拖动鼠标到最后一行，选择其他行→"高度"框中输入"0.7 厘米"，完成表格行高的设置。

② 将鼠标指向表格左上角的十字交叉标记，选中表格→右键单击选定区→选择"表格属性"，出现"表格属性"对话框→选择"列"选项卡→单击"后一列"按钮，选中表格第 1 列→在"指定宽度"框中输入"4 厘米"→单击"后一列"按钮，选中表格第 2 列→在"指定宽度"框中输入"2 厘米"→同样方法完成其他列宽度的设置→单击"确定"按钮，完成列宽的设置，如图 4.4 所示。

（4）绘制斜线

选择要绘制斜线的单元格→单击右键→选择"边框和底纹"命令，出现"边框和底纹"对话框→"边框"选项卡→单击"斜线"按钮，如图 4.5 所示，设置→单击"确定"按钮，完成斜线绘制。

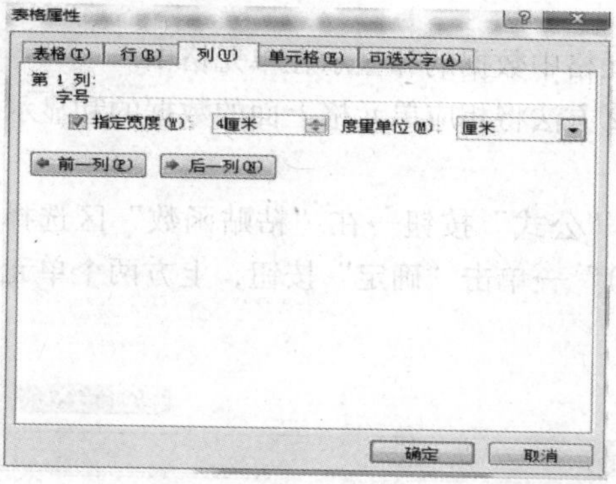

图 4.4　表格列宽设置

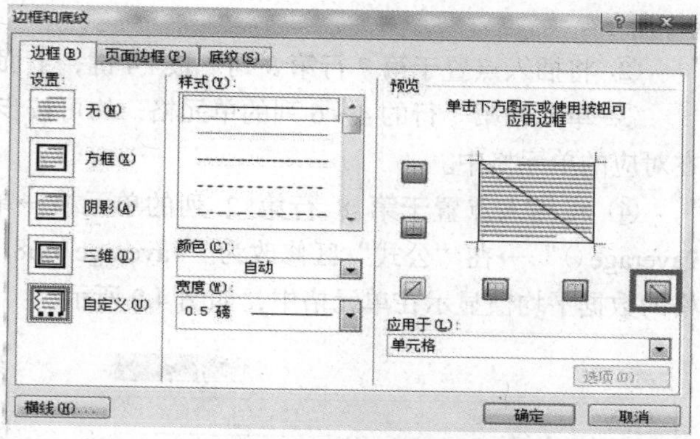

图 4.5　斜线表头设置

（5）输入表格内容

按图 4.1 所示输入单元格内容。

（6）格式化表格内容

① 选择表格第 1 行→"开始"选项卡→"字体"组→设置楷体、加粗、三号字体，完成对

第 1 行单元格内容的字体设置。

② 选择表格第 1 行→右键单击→“单元格对齐方式”菜单→选择“水平及垂直居中”，完成对第一行单元格对齐方式的设置。

③ 按照上两步操作，完成对其他单元格内容的相应格式的设置。

（7）修饰表格

① 选择表格第 1 行→右键单击→选择“边框和底纹”命令→“边框”选项卡→选择“方框”→在样式区中选择“双线”→在颜色区选择“褐色”→在宽度区中选择“0.75 磅”→单击“确定”按钮，完成对第 1 行边框的设置，如图 4.6 所示。

② 选择表格第 7 行→右键单击→“边框和底纹”→“底纹”选项卡→在“填充”区选择“白色-25%”→在“图案”区选择“10%”→在“颜色”区选择“桔黄色”→单击“确定”按钮，完成对第 7 行底纹的设置，如图 4.7 所示。

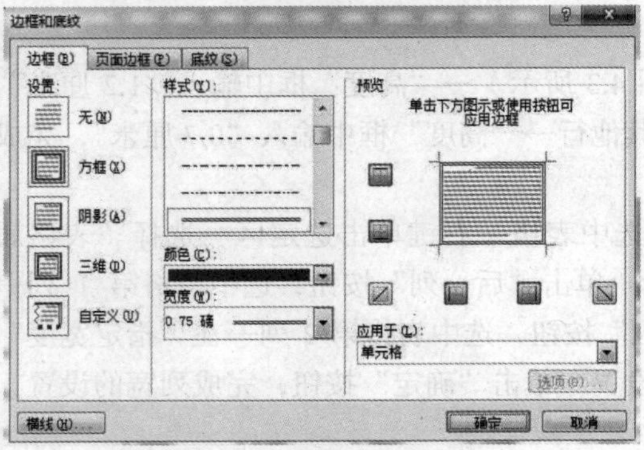

图 4.6　表格边框设置

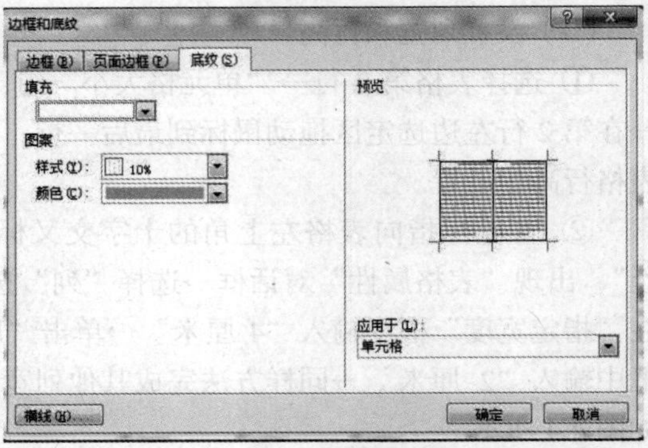

图 4.7　表格底纹设置

（8）输入公式计算单元格

① 将插入点置于第 7 行第 2 列→“表格工具/布局”选项卡→“数据”组→单击“公式”按钮，出现“公式”对话框→单击“确定”按钮，上面单元格中数据的和显示在单元格中，如图 4.8 所示。

② 将插入点置于第 7 行第 3 列→按 F4 键，上面单元格中数据的和显示在单元格中。

③ 单元格第 7 行的 4~6 列的单元格，均可按步骤②方法将相应单元格上面的数据的和显示在对应的单元格中。

④ 将插入点置于第 8 行第 2 列的单元格→单击“公式”按钮→在“粘贴函数”区选择“average()”→在“公式”区修改为“=average(668, 960)”→单击“确定”按钮，上方两个单元格的数据平均值显示在单元格中，如图 4.9 所示。

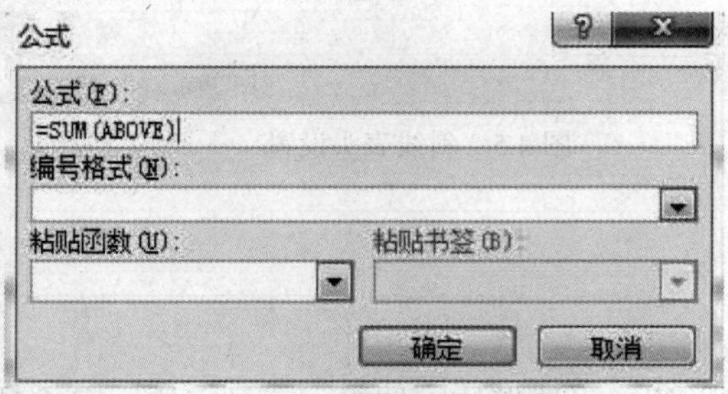

图 4.8　计算上方单元格数据和

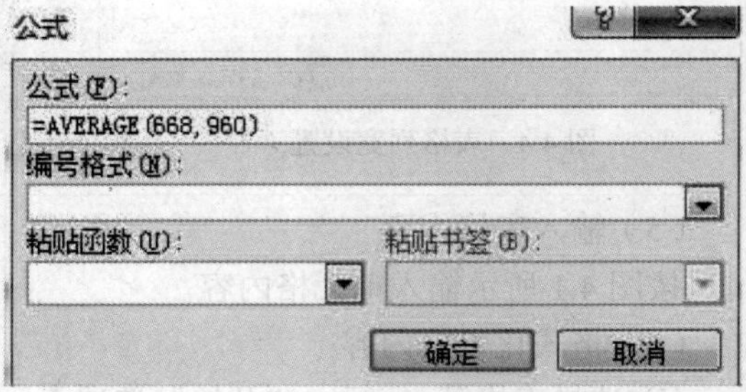

图 4.9　计算上方单元格平均值

四、上机实验

1. 制作课程表

设计课程表，如表 4.1 所示。

表 4.1　　　　　　　　　　　　　　　课程表

	星期一	星期二	星期三	星期四	星期五
第 1、2 节					
第 3、4 节					
午休					
第 5、6 节					
第 7、8 节					

表格内的内容依照实际情况进行填充，然后进行如下设置。

表格套用“中等深浅网格 1—强调文字颜色 1”样式，表中文字设为四号楷体字，对齐方式设为“水平居中”。表格四周边框线的宽度调整为 1.5 磅，其余表格线的宽度为默认值。

2. 制作求职简历

制作一份个人简历，如表 4.2 所示。

表 4.2　　　　　　　　　　　　　　　个人简历

<table>
<tr><td rowspan="6">个人概况：</td><td>姓名：</td><td>性别：</td><td>出生年月：</td></tr>
<tr><td>身体状况：</td><td>民族：</td><td>身高：</td></tr>
<tr><td colspan="3">专业：</td></tr>
<tr><td>学历：</td><td colspan="2">政治面貌：</td></tr>
<tr><td>毕业院校：</td><td colspan="2">通信地址：</td></tr>
<tr><td>联系电话：</td><td colspan="2">邮编：</td></tr>
<tr><td>个人品质：</td><td colspan="3"></td></tr>
<tr><td>座右铭：</td><td colspan="3"></td></tr>
<tr><td>受教育情况：</td><td colspan="3"></td></tr>
<tr><td rowspan="2">个人能力：</td><td colspan="3">语言能力：</td></tr>
<tr><td colspan="3">计算机水平：</td></tr>
<tr><td>社会实践：</td><td colspan="3"></td></tr>
<tr><td>性格特点：</td><td colspan="3"></td></tr>
</table>

实验三　图文混排

一、实验目的

1. 熟练掌握图片的插入及格式的设置。

2. 了解图形的绘制方法。
3. 了解 SmartArt 图形的操作。
4. 掌握文本框的使用方法及艺术字的操作。
5. 掌握图文混排的方法。
6. 掌握页眉、页脚及页码的设置。

二、相关知识

在 Word 2010 中，要想使文档具有很好的美观效果，仅仅通过编辑和排版是不够的，还需要对其进行页面设置，包括页眉和页脚、纸张大小和方向、页边距、页码，是否为文档添加封面以及是否将文档设置成稿纸的形式。此外有时还需要在文档中适当的位置放置一些图片以增加文档的美观程度。一篇图文并茂的文档显然比单纯文字的文档更具有吸引力。

1. 版面设计

版面设计是文档格式化的一种不可缺少的工具，使用它可以对文档进行整体修饰。版面设计的效果要在页面视图方式下才能看见。

在对长文档进行版面设计时，可以根据需要，在文档中插入分页符或分节符。如果要为该文档不同的部分设置不同的版面格式（如不同的页眉和页脚、不同的页码设置等）时，就要通过插入分节符，将各部分内容分为不同的节，然后再设置各部分内容的版面格式。

2. 页眉和页脚

页眉和页脚是指位于正文每一页的页面顶部或底部一些描述性的文字。页眉和页脚的内容可以是书名、文档标题、日期、文件名、图片、页码等。顶部的叫页眉，底部的叫页脚。

通过插入脚注、尾注或者批注，为文档的某些文本内容添加注释以说明该文本的含义和来源。

3. 插入图形、艺术字等

在 Word 2010 文档中插入图片、自选图形、SmartArt 图形、艺术字等能够起到丰富版面、增强阅读效果的作用，还可以用功能区的相关工具对它们进行更改和编辑。

图片是由其他文件创建的图形，它包括位图、扫描的图片和照片以及剪贴画。可以通过图片工具“格式”选项卡中的命令按钮等对其进行编辑和更改。如果要使插入的图片的效果更加符合我们的需要，这就需要对图片进行编辑。对图片的编辑主要包括图片的缩放、剪裁、移动、更改亮度和对比度、添加艺术效果、应用图片样式等。Word 2010 的“剪辑库”包含大量的剪贴画，插入这些剪贴画能够增强 Word 文档的效果。

艺术字是指具有特殊艺术效果的装饰性文字，可以使用多种颜色和多种字体，还可以为其设置阴影、发光、三维旋转等，并能对显示艺术字的形状进行边框、填充、阴影、发光、三维效果等设置。

自选图形与艺术字类似，也可以对其更改边框、填充色、阴影、发光、三维旋转以及文字环绕等设置，还可以通过多个自选图形组合形成更复杂的形状。

文本框可以用来存放文本，是一种特殊的图形对象，可以在页面上进行位置和大小的调整，并能对其及其上文字设置边框、填充色、阴影、发光、三维旋转等。使用文本框可以很方便地将文档内容放置到页面的指定位置，不必受到段落格式、页面设置等因素的影响。

4. “Smart Art”工具

Word 2010 中的“Smart Art”工具增加了大量新模板，能够帮助用户制作出精美的文档图表对象。使用“Smart Art”工具，可以非常方便地在文档中插入用于演示流程、层次结构、循环或者关系的 Smart Art 图形。

在文档中插入 Smart Art 图形的操作步骤如下。

（1）将光标定位到文档中要显示图形的位置。

（2）单击功能区中“插入”选项卡里“插图”组中的“SmartArt”按钮，打开“选择 SmartArt 图形”对话框。

（3）左侧列表中显示的是 Word 2010 提供的 SmartArt 图形分类列表，有列表、流程、循环、层次结构、关系等，单击某一种类别，会在对话框中间显示出该类别下的所有 SmartArt 图形的图例，单击某一图例，在右侧可以预览到该种 SmartArt 图形并在预览图的下方显示该图的文字介绍，在此选择“层次结构”分类下的组织结构图。

（4）单击“确定”按钮，即可在文档中插入组织结构图。

插入组织结构图后，可以通过两种方法在其中添加文字。一种是在图右侧显示“文本”的位置单击鼠标后直接输入；另一种是在图左侧的“在此处输入文字”的文本窗格中输入。输入文字的格式按照预先设计的格式显示，当然用户也可以根据自己的需要进行更改。

当文档中插入组织结构图后，在功能区会显示用于编辑 SmartArt 图形的“设计”和“格式”选项卡，通过 SmartArt 工具可以为 SmartArt 图形进行添加新形状、更改大小、布局以及形状样式等的调整。

三、实验示例

1. 打开“真人秀节目. docx”文档

2. 设置艺术字

（1）选中标题“真人秀节目”。

（2）在功能区中选择“插入”→“文本”→“艺术字”，在其下拉菜单中选择第 5 行第 5 列的艺术字样式，如图 4.10 所示。

（3）在功能区中选择“格式”→“艺术字样式”→“文本效果”→“转换”→“弯曲”，选项中选择第 4 行第 1 列的形状，如图 4.11 所示。

图 4.10　“艺术字”样式

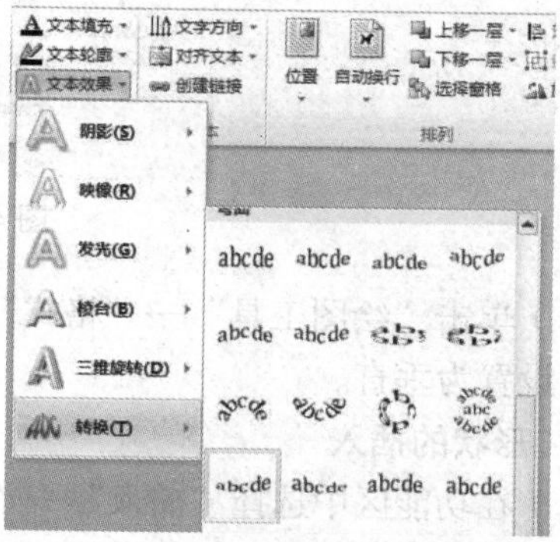

图 4.11　“艺术字”转换

（4）在功能区中选择“格式”→“艺术字样式”→“文本效果”→“发光”命令，在其下拉菜单中选择第 2 行第 5 列、选择其下的“发光选项”、打开“设置文本效果格式”对话框，将发光透明度设置为 80%，如图 4.12 所示。

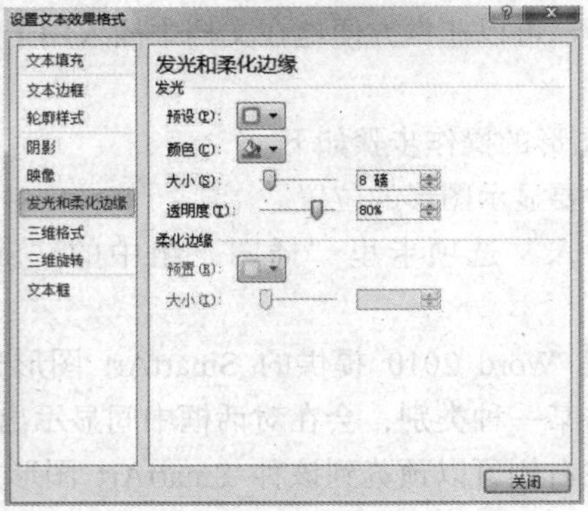

图 4.12 “艺术字”发光设置

3. 文本框的插入

（1）在功能区中选择“插入”→“插图”→“形状”→“基本形状”，在其中选择文本框。

（2）在第二段前适当位置按住鼠标左键并拖动，绘制出文本框。

（3）选择“绘图工具”→“格式”→“大小”，在输入框中分别输入“4.0，2. 0”，并将其拖动到适当位置。

（4）输入文本“真人秀”节目。

4. 文本框的编辑

（1）选中刚创建的文本框，选择“绘图工具”→“格式”→“形状样式”→“形状填充”→“图片”。

（2）在打开的“插入图片”对话框中，任选一幅图片作为背景，如图 4.13 所示。

图 4.13 “插入图片”对话框

（3）单击“绘图工具”→“格式”→“文本”→“文字方向”→“垂直”，将文本框中的文字方向设置为垂直。

5. 形状的插入

（1）在功能区中选择“插入”→“插图”→“形状”→“基本形状”→“闪电形”。

（2）在适当位置绘制出此形状。

6. 形状的编辑

（1）选中标题“真人秀节目”，在功能区中选择“格式”→“形状样式”→“样式”→“选择其他主题填充”，在其下拉菜单中选择第 3 行第 2 列样式 10。

（2）在以上组中选择“形状轮廓”→“粗细”→“其他线条”，打开“设置形状格式”对话框，将其中的宽度设为 2.25，复合类型设为第 4 个“由细到粗”。

（3）在以上组中选择“形状轮廓”→“标准”→“橙色”。

（4）在功能区中选择“格式”→“插入形状”→“编辑形状”→“编辑顶点”，边框四周出现四个控制点，可拖动控制点调整此形状。

（5）选中以上插入的“闪电形”，选择“格式”→“形状样式”→“样式”→“强调效果-红色，强调颜色 2”→“形状效果”→“棱台”→“柔圆”。

7. SmartArt 图形操作

（1）在文档末尾选择 SmartArt 图形插入点。

（2）在功能区中选择“插入”→“插图”→“SmartArt 图形”命令，在打开的“选择 SmartArt 图形”对话框中，选择图形为“关系”→“聚合射线”，如图 4.14 所示。

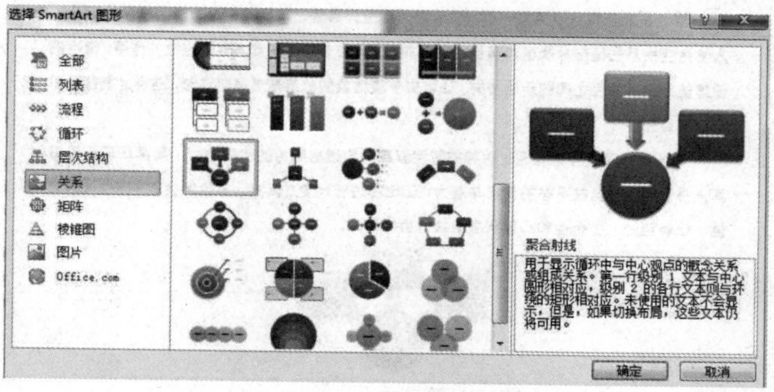

图 4.14　“选择 SmartArt 图形”对话框

（3）选择“SmartArt 图形工具”→“设计”→“创建图形”→“文本窗格”，在打开的“文本窗格”1 级文本区中输入“真人秀”，2 级文本区中输入“主持人”“嘉宾”“观众”，如图 4.15 所示。

（4）选择“SmartArt 图形工具”→“设计”→“SmartArt 样式”→“更改颜色”→“彩色”→“强调文字颜色”，如图 4.16 所示。

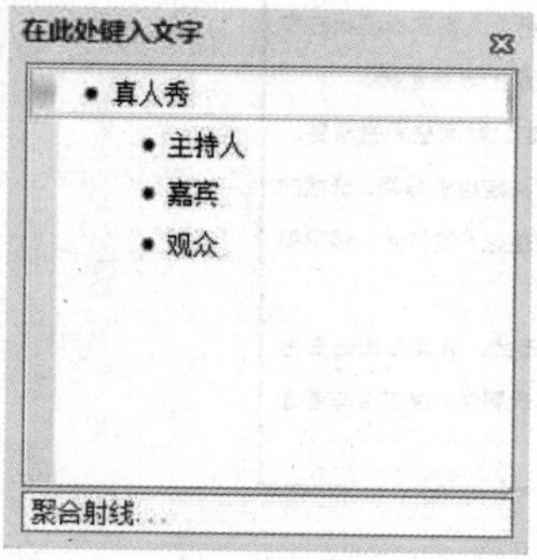

图 4.15　文本窗格

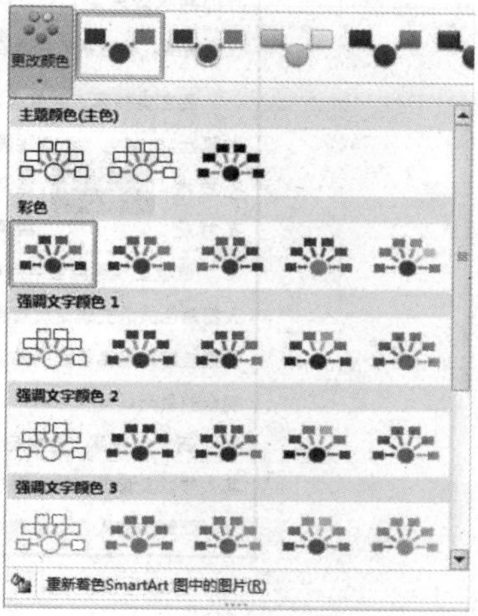

图 4.16　SmartArt 工具

（5）在图 4.16 中的“更改颜色”右侧总体外观样式中选择“优雅”，另存为“真人秀. docx”。最终设计效果如图 4.17 所示。

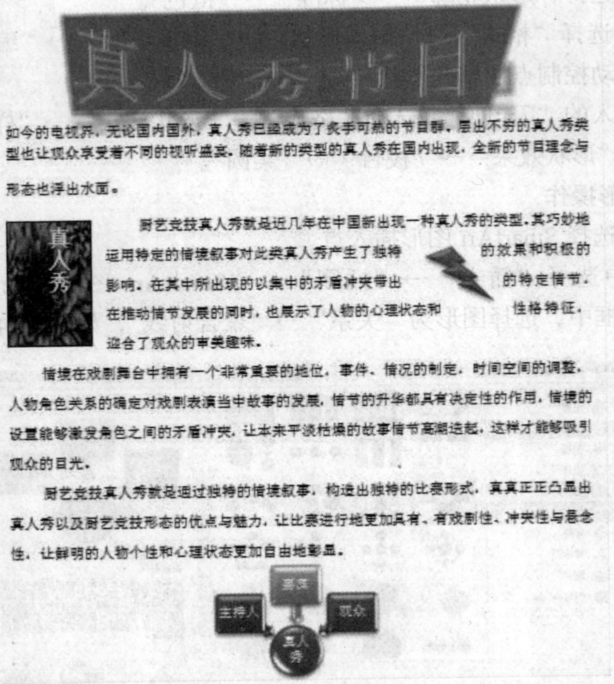
真人秀节目

如今的电视界，无论国内国外，真人秀已经成为了炙手可热的节目群，层出不穷的真人秀类型也让观众享受着不同的视听盛宴。随着新的类型的真人秀在国内出现，全新的节目理念与形态也浮出水面。

厨艺竞技真人秀就是近几年在中国新出现一种真人秀的类型，其巧妙地运用特定的情境叙事对此类真人秀产生了独特的效果和积极的影响。在其中所出现的以集中的矛盾冲突带出的特定情节，在推动情节发展的同时，也展示了人物的心理状态和性格特征，迎合了观众的审美趣味。

情境在戏剧舞台中拥有一个非常重要的地位，事件、情况的制定，时间空间的调整，人物角色关系的确定对戏剧表演当中故事的发展，情节的升华都具有决定性的作用，情境的设置能够激发角色之间的矛盾冲突，让本来平淡枯燥的故事情节高潮迭起，这样才能够吸引观众的目光。

厨艺竞技真人秀就是通过独特的情境叙事，构造出独特的比赛形式，真真正正凸显出真人秀以及厨艺竞技形态的优点与魅力，让比赛进行地更加具有、有戏剧性、冲突性与悬念性，让鲜明的人物个性和心理状态更加自由地彰显。

图 4.17　效果图

四、上机实验

制作如图 4.18 所示形式的文件。

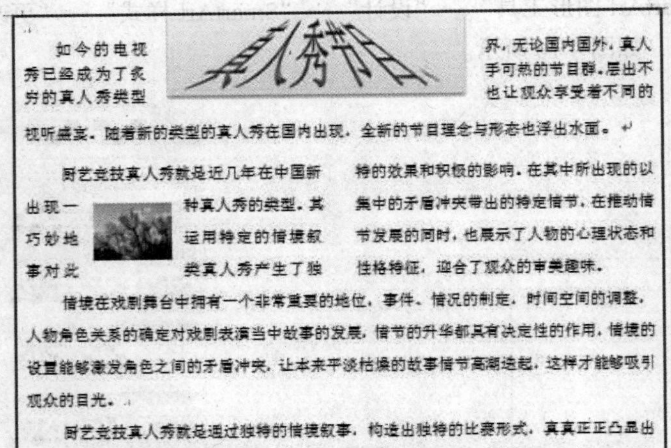
真人秀节目

如今的电视界，无论国内国外，真人秀已经成为了炙手可热的节目群，层出不穷的真人秀类型也让观众享受着不同的视听盛宴。随着新的类型的真人秀在国内出现，全新的节目理念与形态也浮出水面。

厨艺竞技真人秀就是近几年在中国新出现一种真人秀的类型，其巧妙地运用特定的情境叙事对此类真人秀产生了独特的效果和积极的影响。在其中所出现的以集中的矛盾冲突带出的特定情节，在推动情节发展的同时，也展示了人物的心理状态和性格特征，迎合了观众的审美趣味。

情境在戏剧舞台中拥有一个非常重要的地位，事件、情况的制定，时间空间的调整，人物角色关系的确定对戏剧表演当中故事的发展，情节的升华都具有决定性的作用，情境的设置能够激发角色之间的矛盾冲突，让本来平淡枯燥的故事情节高潮迭起，这样才能够吸引观众的目光。

厨艺竞技真人秀就是通过独特的情境叙事，构造出独特的比赛形式，真真正正凸显出真人秀以及厨艺竞技形态的优点与魅力，让比赛进行地更加具有、有戏剧性、冲突性与悬念性，让鲜明的人物个性和心理状态更加自由地彰显。

图 4.18　实验样图

实验四 综合实验：长文档排版

一、实验目的

1. 掌握通过创建和应用样式，建立多级标题的方法。
2. 掌握在同一文档中设置不一样的页码、页眉和页脚的操作方法。
3. 掌握目录插入和编排的操作方法。

二、相关知识

用 Word 编辑文档，有时会遇到长达几十页，甚至上百页的超长文档，这类文档因其篇幅较长，在对它进行编辑时，常常遇到很多编排普通小文档未遇到的问题，在此我们介绍长文档编排的一些基本方法和技巧。

通常长文档的编排主要是从以下几个方面着手：页面设置、分隔符设置、样式与编号、引用与链接、浏览与定位、目录和索引。本案例是采用学生的毕业论文作为样本。

三、实验示例

1. 打开“毕业论文.docx”

2. 版面设置

（1）页面设置

① 在“页面布局”选项卡的“页面设置”组中，单击对话框启动器打开“页面设置”对话框，在“页边距”选项卡中，设置：上边距为 3 厘米、下边距为 3 厘米、左边距为 3.17 厘米、右边距为 3.17 厘米、装订线为 1 厘米。

② 在“纸张”选项卡中，“纸张大小”设置为 A4。

③ 在“样式”选项卡中，设置“距边界”页眉为 1.5 厘米、页脚为 1.6 厘米。

④ 单击“确定”按钮，完成页面的设置。

（2）样式定义

在本案例的毕业论文中，设置了三级标题，由于标题的格式与 Word 的内置样式不同，所以需要修改内置标题样式和正文样式，如表 4.3 所示。

表 4.3 修改内置标题样式和内置正文样式

样式	格式
标题 1	黑体、小三号、居中、段前段后 0.5 行
标题 2	黑体、四号、段前段后 0.5 行
标题 3	宋体、小三号、加粗、段前段后 0.5 行
正文	宋体、小四号、1.25 倍行间距、首行缩进 2 字符

在默认情况下，“开始”选项卡的“样式”组中并未显示“标题 2”“标题 3”等样式，可通过以下步骤将所需样式显示在样式窗口。

① 在如图 4.19 所示的“样式”任务窗格中，单击“管理样式”按钮，打开“管理样式”对话框，如图 4.20 所示。

② 选择“标题 2”，单击“设置查看推荐的样式时是否显示该样式”下的“显示”按钮，则

“标题 2”显示于样式窗格中。

③ 同样方法显示“标题 3”。

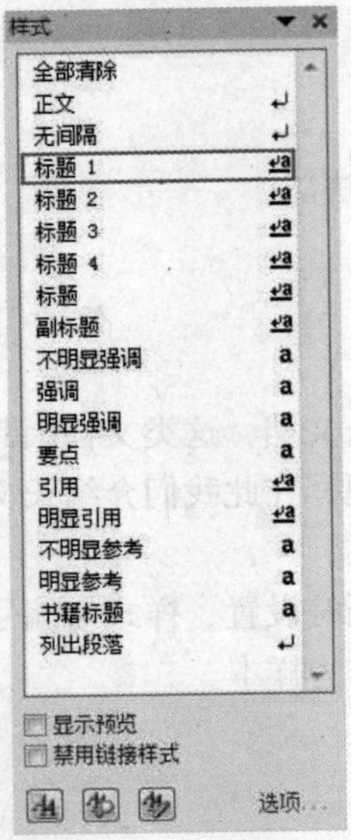

图 4.19　样式窗格

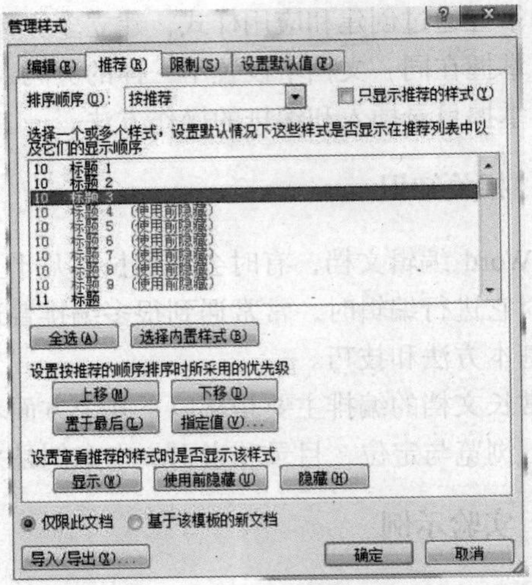

图 4.20　“管理样式”对话框

（3）定义多级列表并与标题链接

多级列表是为文档设置层次结构而创建的列表，文档最多可有 9 个级别。在本案例的毕业论文中定义了三级符号列表，并将多级列表与各级标题相关联，生成能够自动产生连续编号的标题。

①设置第 1 级别符号

● 在“开始”选项卡的“段落”组中，单击“多级列表|定义新的多级列表”按钮，打开“定义新多级列表”对话框，如图 4.21 所示。

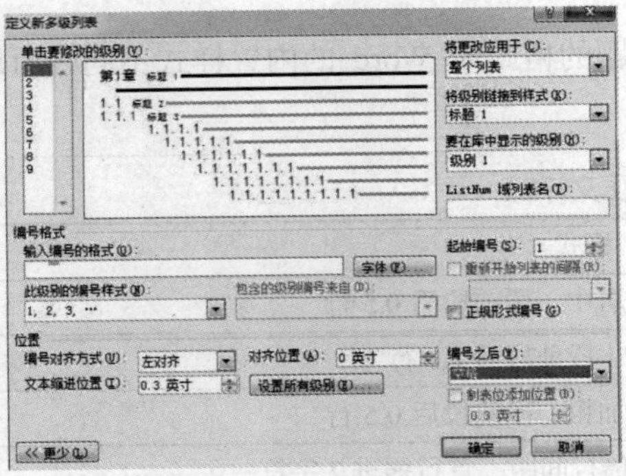

图 4.21　“定义新多级列表”对话框 1

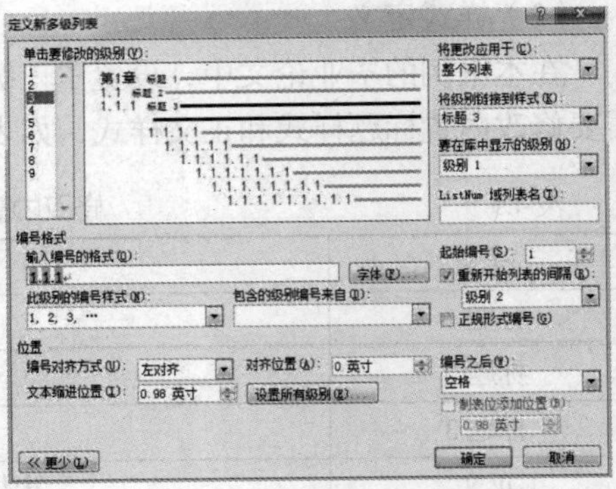

图 4.22　“定义新多级列表”对话框 2

● 在“单击要修改的级别”的列表中单击“1”。

● 在“输入编号的格式”文本框中输入“第”。

● 在“此级别的编号样式”下拉列表框中选择“1,2,3…”。

● 在“输入编号的格式”文本框中的“1”后单击，输入“章”，此时“输入编号的格式”

文本框中显示“第 1 章”，其中“1”带有灰色域底纹。

● 单击“字体”按钮，设置字体为黑体、小三号（与标题 1 的字体保持一致）。

● 单击“更多”按钮，在“将级别链接到样式”下拉列表框中选择“标题 1”。

● 在“编号之后”下拉列表框中选择“空格”。

② 设置第 2 级别符号

● 在“单击要修改的级别”列表中单击“2”，删除“输入编号的格式”文本框中的内容。

● 在“包含的级别编号来自”下拉列表框中，选择“级别 1”，此时“输入编号的格式”文本框中显示“1”（带有灰色域底纹）。

● 在“输入编号的格式”文本框中的“1”后单击，输入“.”。

● 在“此级别的编号样式”下拉列表框中选择“1,2,3…”，此时“输入编号的格式”文本框中显示“1.1”（带灰色域底纹）。

● 单击“字体”按钮，设置字体为黑体、四号（与标题 2 的字体保持一致）。

● 设置“对齐位置”为“0 厘米”。

● 在“将级别链接到样式”下拉列表框中选择“标题 2”。

● “起始编号”设置为“1”，单击选中“重新开始列表的间隔”复选框，在下拉列表框选择“级别 1”。

● 在“编号之后”下拉列表框中选择“空格”。

③ 设置第 3 级别符号

● 如图 4.22 所示，在“单击要修改的级别”列表中单击“3”，删除“输入编号的格式”文本框中的内容。

● 在“包含的级别编号来自”下拉列表框中，选择“级别 1”，此时“输入编号的格式”文本框中显示“1”（带灰色域底纹）。

● 在“输入编号的格式”文本框中的“1”后单击，输入“.”。

● 在“包含的级别编号来自”下拉列表框中，选择“级别 2”，此时“输入编号的格式”文本框中显示“1.1”（带灰色域底纹）。

● 在“输入编号的格式”文本框中的“1.1”后单击，输入“.”。

● 在“此级别的编号样式”下拉列表框中选择“1,2,3…”，此时“输入编号的格式”文本框中显示“1.1.1”（带灰色域底纹）。

● 单击“字体”按钮，设置字体为宋体、小四号（与标题 3 的字体保持一致）。

● 设置“对齐位置”为“0 厘米”。

● 在“将级别链接到样式”下拉列表框中选择“标题 3”。

● “起始编号”设置为“1”，单击选中“重新开始列表的间隔”复选框，在下拉列表框选择“级别 2”。

● 在“编号之后”下拉列表框中选择“空格”。

设置完成所需的 3 级列表格式后，单击“确定”按钮。

（4）分节

Word 的分节功能可将一个文档划分为若干个节，每个节可以单独设置页眉页脚、页面方向、页码、栏、页面边框等格式。通过使用分节符，用户可以更多地控制文档及其显示效果。Word 提供了四种分节符类型。

● 下一页：插入分节符并在下一页上开始新节。

● 连续：插入分节符并在同一页上开始新节。

● 偶数页：插入分节符并在下一个偶数页上开始新节。

● 奇数页：插入分节符并在下一个奇数页上开始新节。

在本案例中，将论文分为2节，第1节内容包括：中文摘要、英文摘要、目录、图目录、不加页眉，页码格式为罗马数字；第2节内容为正文、设置奇偶页页眉、页码格式为阿拉伯数字。

① 第1节格式与内容设置

● 在文档开始输入“中文摘要”，样式设置为“标题 1”，在“开始”选项卡的“段落”框中，单击“编号”按钮，删除自动插入的“第1章”3个字。

● 在本部分编写中文摘要内容，然后插入分页符。

● 在新的一页输入“英文摘要”，样式设置为“标题 1”，在“开始”选项卡的“段落”框中，单击“编号”按钮，删除自动插入的“第1章”3个字。

● 在本部分编写英文摘要内容，然后插入分页符。

● 在新的一页输入“目录”，样式设置为“标题 1”，在“开始”选项卡的“段落”框中，单击“编号”按钮，删除自动插入的“第1章”3个字。本部分用于插入目录，将在后面的步骤中在此插入目录。

● 插入分页符，在新的一页输入“图目录”，样式设置为“标题 1”，在“开始”选项卡的“段落”组中，单击“编号”按钮，删除自动插入的“第 1 章”3 个字。本部分用于插入图目录，将在后面的步骤中在此插入图目录。

● 插入分节符，将光标定位于图目录后，在“页面布局”选项卡的“页面设置”组中，单击“分隔符|分节符|下一页”按钮，此时，全文分为2节，可以分别设置页眉页脚等格式内容。

② 第2节格式与内容设置

将论文内容输入到文档的第2节中，选择论文内容，分别应用为相应级别的标题样式，设置后的论文正文结构就完成了。

（5）页眉页脚

① 第1节页眉页脚设置

第1节内容设置为罗马数字页码，不要页眉。

● 将光标移至第1节的第1页中，在“插入”选项卡的“页眉和页脚”组中，单击“页码|设置页码格式”按钮，打开“页码格式”对话框，在“编号格式”下拉列表框中选择“Ⅰ,Ⅱ,Ⅲ,…”，单击“确定”按钮，关闭“页码格式”对话框。

● 在“插入”选项卡的“页眉和页脚”组中，单击“页码|页面底端|简单|普通数字 2”按钮，则在第1节中插入了罗马数字页码。

● 在“页眉和页脚工具|设计”动态选项卡的“选项”组中，勾选“奇偶页不同”复选框，使文档的奇偶页有不同的页眉和页脚。

● 在“页眉和页脚工具|设计”动态选项卡的“关闭”组中，单击“关闭页眉和页脚”按钮，关闭“页眉和页脚工具”动态选项卡。

● 将光标移至第1节的第2页中，在“插入”选项卡的“页眉和页脚”组中，单击“页码|页面底端|简单|普通数字 2”按钮，则在第1节的偶数页中插入了页码。

● 关闭“页眉和页脚工具”动态选项卡。

② 第2节页眉页脚设置

第2节内容为论文正文，在奇数页，页眉设置为当前页所在的章内容，如“第1章绪论”，在偶数页，页眉设置为“××××大学本科毕业论文”。

● 将光标移至第 2 节正文首页，在“插入”选项卡的“页眉和页脚”组中，单击“页眉|内置|空白”按钮，因第 2 节页眉与第 1 节不同，因此在“导航”组中“链接到前一条页眉”按钮要取消选中。

● 在第 2 节的奇数页页眉上，在“插入”选项卡的“文档部件”组中，单击“域”按钮，在打开的“域”对话框中选择“链接和引用”类别，在“域名”列表中选择“StyleRef”项，在“域属性”列表中选择“标题 1”，并勾选域选项中的“插入段落编号”复选框，单击“确定”按钮，如图 4.23 所示。

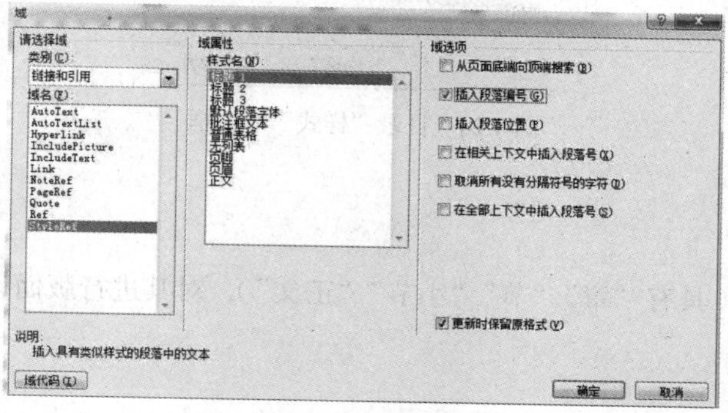

图 4.23　“域”对话框

此时页眉中插入了编号部分：“第*章”。

● 在“第*章”后面输入 2 个空格，再次在“插入”选项卡的“文档部件”组中，单击“域”按钮，在打开的“域”对话框中选择“链接和引用”类别，在“域名”列表中选择“StyleRef”，在“域属性”列表中选择“标题 1”，但不要选中域选项中的“插入段落编号”复选框，单击“确定”按钮，插入标题文字。

● 在“页眉页脚工具|设计”动态选项卡的“导航”组中，单击“下一步”按钮，转到第 2 节“偶数页页眉”，输入“××××大学本科毕业论文”，设置字体格式为：宋体、五号字、居中对齐。同样在“设计|导航”中“链接到前一条页眉”按钮要取消选中。

● 关闭“页眉和页脚工具”动态选项卡。

● 双击第 2 节正文的第 1 页页码，此时页码为接着第 1 节页数的顺序排列，选中页码，单击“页码|页码设置格式”按钮，打开“设置页码格式”对话框，设置页码编号的起始页码为“1”，同时不要选中“续前节”，则文档从第 2 节论文正文部分开始从页码 1 开始编码。

（6）插入目录

论文完成之后，在目录页插入自定义目录，在如图 4.24 所示的对话框中，设置各级目录的格式。

● 目录 1：黑体、小四号、段前段后 0.5 行。

● 目录 2：宋体、五号、加粗、段前段后 0.5 行、单倍行距、左侧缩进 2 字符。

● 目录 3：宋体、五号、段前段后 0 行、单倍行距、左侧缩进 4 字符。

这样就完成了论文的排版工作。

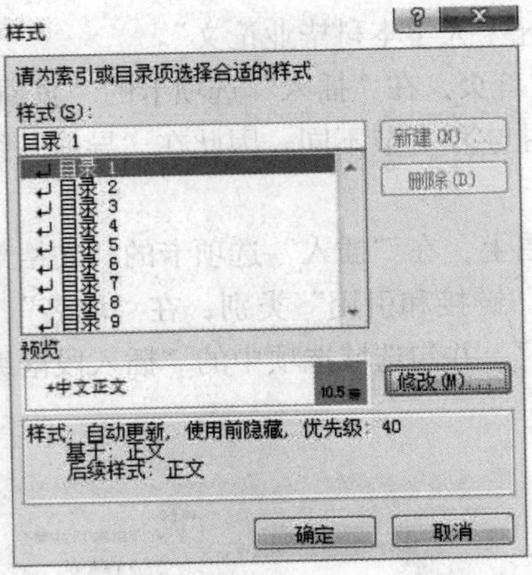

图 4.24 目录“样式”对话框

四、上机实验

自选一篇长文档（具有“章”“节”“小节”“正文”），对其进行版面设置，效果符合一般出版物的要求。

第二部分 习题

一、选择题

1. 启动 Word 2010 时，系统自动建立一个______的空白文档。

A. 文档 1　　B. 文本 1　　C. 文件 1　　D. 文稿 1

2. 在 Word 2010 中按______组合键能使功能区最小化。

A. Alt+F1　　B. Ctrl+F1　　C. Shift+F1　　D. 以上都不是

3. 按下______组合键可在中/英文输入法之间切换。

A. Ctrl+空格　　B. Alt+Shift　　C. Shift+Alt　　D. Alt+Ctrl

4. 按下______组合键可进行全/半角切换。

A. Alt+空格　　B. Shift+Alt　　C. Shift+空格　　D. Alt+Ctrl

5. 以下不属于文本粘贴选项的是______。

A. 保留源格式　　B. 合并格式　　C. 只保留文本　　D. 只保留内容

6. “首字下沉”对话框中，默认的情况是______。

A. “下沉”3 行、“悬挂”3 行　　B. “下沉”2 行、“悬挂”3 行

C. “下沉”3 行、“悬挂”2 行　　D. “下沉”2 行、“悬挂”2 行

7. 在 Word 2010 中，要显示文本的分栏结果则必须在______视图下。

A. 大纲　　B. 页面　　C. 普通　　D. Web 版式

8. Word 2010 有“即点即输”功能，可以在文档的任意空白位置______将光标定位在那里，插入点的位置就是文本输入的位置。

A. 单击　　B. 双击　　C. 拖曳　　D. 右键单击

9. 将图片插入到文档后，需要将环绕方式设置成浮动型才能移动，以下不是浮动型的环绕方式的是_____。

A. 四周型环绕　B. 穿越型环绕　C. 嵌入型　D. 紧密型环绕

10. 默认状态下文档处于“插入”状态，可通过在“Word 选项”对话框设置用_____键控制插入/改写模式。

A. Delete　B. Insert　C. Pause　D. PrtSc

11. “插入题注”在_____的“题注”组中。

A. “开始”选项卡　B. “页面布局”选项卡

C. “引用”选项卡　D. “审阅”选项卡

12. 在_____中可以对中文文字进行“简繁转换”。

A. “视图”选项卡　B. “引用”选项卡　C. “开始”选项卡　D. “审阅”选项卡

13. 在 Word 2010 中不可以对窗口进行_____操作。

A. 全部重排　B. 合并　C. 拆分　D. 切换

14. Word 2010 中的超链接不能链接的是_____。

A. 网页　B. 程序　C. 图片　D. 数据库

15. 若要插入屏幕任何部分的图片，可以使用_____命令。

A. 屏幕截图　B. 屏幕剪辑　C. 插入剪贴画　D. 插入图片

16. 在“排序文字”对话框中可以设置_____。

A. 第一关键字、第二关键字、第三关键字

B. 主要关键字、第二关键字、第三关键字

C. 主要关键字、次要关键字、末位关键字

D. 主要关键字、次要关键字、第三关键字

17. 插入多个图形后，若要多个图形一起移动，则需要对图形进行_____操作。

A. 对齐　B. 排列　C. 换行　D. 组合

18. 以下不属于映像变体的是_____。

A. 紧密映像　B. 半映像　C. 全映像　D. 半紧密映像

19. 在 Word 2010 中，表格内文字的对齐方式有_____种。

A. 6　B. 4　C. 9　D. 3

20. Word 2010 中，按下 Delete 键，可删除_____。

A. 插入点前面的一个字符　B. 插入点前面的所有字符

C. 插入点后面的一个字符　D. 插入点后面的所有字符

21. Word 2010 中单击_____按钮，可以直接使页面宽度与窗口一致。

A. 单页　B. 双页　C. 缩放级别　D. 页宽

22. 在“Word 选项”对话框的左侧列表区选择“高级”选项，在右侧列表区的_____区域，可以更改“最近使用文档”列表中显示的文档数量。

A. 编辑选项　B. 显示文档内容　C. 显示　D. 常规

23. 在“另存为”对话框，不能保存的文件类型是_____。

A. 模板(*.dotx)　B. 纯文本(*.txt)　C. 网页(*.html)　D. 图形(*.dwg)

24. 在“审阅”选项卡的_____组中，单击相应按钮，可以更改用户名。

A. 校对　B. 语言　C. 修订　D. 更改

25. Office 2010 文件夹中的每一个软件都具有帮助功能，按_____键可以获取冠以使用 Office 2010 的帮助。

A. F1　　B. F2　　C. F10　　D. F8

26. Word 2010 提供了_____视图方式。

A. 2　　B. 3　　C. 4　　D. 5

27. 文档因意外原因被强行关闭而再次打开时，窗口上会出现_____。

A. 导航任务窗格　　B. 剪贴画任务窗格

C. 文档恢复任务窗格　　D. 剪贴板任务窗格

28. 按下_____组合键可以在各种汉字输入法之间切换。

A. Ctrl+空格　　B. Ctrl+Shift　　C. Shift+Alt　　D. Alt+Ctrl

29. 选择不连续的文本时，按住_____键不放，拖曳鼠标到要选择的位置。

A. Alt　　B. Ctrl　　C. Shift　　D. Alt+Ctrl

30. Word 2010 创建文档后，若要第一次保存文档，默认的保存类型是_____。

A. Word 文档(*.docx)　　B. Word 模板(*.dotx)

C. 纯文本(*.txt)　　D. Word97-2003 文档(*.doc)

31. 编辑 SmartArt 图形时，将弹出“SmartArt 工具”动态选项卡，其中包括_____。

A. 布局选项卡　　B. 设计和布局选项卡

C. 设计和格式选项卡　　D. 格式、设计、布局选项卡

32. 在 Word 2010 中，若要使文档既能保存 Word 格式，又不带宏病毒，应在另存为对话框的保存类型中选择_____。

A. Word 文档　　B. RTF 格式　　C. 文档模板　　D. 纯文本

33. 将图片插入到文档中后，还需设置环绕方式，默认的方式是_____。

A. 四周型环绕　　B. 紧密型环绕　　C. 穿越型环绕　　D. 嵌入型

34. 关于分栏，以下说法正确的是_____。

A. 分栏时，必须选中所要分栏的段落

B. 分栏时，不能选中所要分栏的段落

C. 为文档最后一段分栏时，不要选中“段落标记”

D. 为文档最后一段分栏时，要选中“段落标记”

35. 在 Word 2010 中，执行“粘贴”操作后_____。

A. 剪贴板中的内容被清空　　B. 剪贴板中的内容不变

C. 选择的对象被粘贴到剪贴板　　D. 选择的对象被录入到剪贴板

36. “插入”选项卡不能插入_____。

A. 图片　　B. 引文　　C. 表格　　D. 剪贴画

37. 以下不属于 Word 2010 文档视图的是_____。

A. 阅读版式视图　　B. Wed 版式视图　　C. 浏览视图　　D. 大纲视图

38. _____不是 Word 2010 中的符号字体。

A. Wingdings　　B. Wingdings1　　C. Wingdings2　　D. Wingding3

39. _____不是 Word 2010 内置的水印。

A. 机密　　B. 紧急　　C. 绝密　　D. 免责声明

40. 若要插入未最小化到任务栏的程序的图片，可以使用_____命令。

A. 屏幕截图　　B. 屏幕剪辑　　C. 插入剪贴画　　D. 插入图片

41. ＿＿不是“导航”任务窗格中的选项卡。

A. 浏览文档中的标题　　B. 浏览文档中的图片
C. 浏览当前搜索的结果　　D. 浏览文档中的页面

42. Word 2010 中，对选定的形状可以填充＿＿。

A. 纯色、渐变、纹理、图片　　B. 阴影、渐变、纹理、图片
C. 纯色、彩色、纹理、图片　　D. 纯色、渐变、彩色、图片

43. Word 2010 中，若选取的文本块中包含多种字号的汉字，则“字号”框中显示＿＿。

A. 尾字的字号　　B. 首字的字号
C. 空白　　D. 文本块中某一个汉字的字号

44. 利用“开始”选项卡的＿＿组，可以打开“边框和底纹”对话框，并在“边框”选项卡中进行设置，完成页眉线的添加和删除。

A. 剪贴板　　B. 样式　　C. 字体　　D. 段落

45. Word 2010 状态栏不包括＿＿。

A. “页面”按钮　　B. “字数统计”按钮　　C. “语言”按钮　　D. “打印”按钮

46. Word 2010 草稿视图中可以显示＿＿。

A. 文字　　B. 页眉页脚　　C. 剪贴画　　D. SmartArt 图形

47. 在信息列表框中单击＿＿按钮，可以打开“MicrosoftWord 兼容性检查器”对话框。

A. 转换　　B. 检查问题　　C. 保护文档　　D. 管理版本

48. “限制格式和编辑”任务窗格，可以完成＿＿。

A. 格式设置限制　　B. 编辑限制　　C. 启动强制保护　　D. 以上都是

49. 在“字数统计”对话框中，通过勾选复选框增加＿＿中的统计信息。

A. 文本框　　B. 脚注　　C. 尾注　　D. 以上都是

50. Word 2010 的文档中可以插入各种分隔符，以下的概念中正确的是＿＿。

A. 编辑的文档较长时，需用插入“分页符”进行分页，否则 Word 默认文档为一页
B. Word 默认文档为一个“节”，若对文档中间某段落设置过分栏，则该文档自动分成 2 个“节”
C. 若将插入点选定在某个段落中，设置分栏的结果是将当前节做了分栏
D. 选定某个段落后，只需插入一个“分栏符”，就可对此段落进行分栏

51. Word 2010 中关于模板的概念，错误的是＿＿。

A. 选定文档中的某些段落，也可用模板来快速进行格式设置
B. 用户可以参照某种模板新建一个文件
C. 用户可以打开模板查看，也可对模板编辑修改
D. 用户可以新建模板

52. 要设置各节不同的页眉页脚，需在第 2 节开始的每一节处点起＿＿按钮后编辑内容。

A. 上一项　　B. 链接到前一条页眉　　C. 下一项　　D. 页面设置

53. 在 Word 文档中基于＿＿，可以创建图表目录。

A. 交叉引用　　B. 段落　　C. 标题　　D. 题注

54. 通过快捷键＿＿，可以实现所选域的更新。

A. Shift+F9　　B. F9　　C. Ctrl+F9　　D. Alt+F9

55. 通过设置＿＿分隔符，可以在 Word 中实现页面之间不同的页眉、页脚格式的设置。

A. 分页　　B. 分节　　C. 分栏　　D. 换行

56. 在 Word 中自定义的样式，在_____的状态下能在其后新建的文档中应用。

A. 选中“自动更正”　B. 选中“纯文本”　C. 选中“添加到模板”　D. 设置快捷键

57. Word 中的域类似于数学中的公式计算，域分为域代码和域结果，域代码类似于公式，位于_____中，域结果类似于公式计算的结果。

A. 花括号{}　　B. 方括号[]　　C. 圆括号()　　D. 尖括号<>

58. Word 中插入总页码的域公式为_____。

A. NumPages　　B. Page　　C. TC　　D. Next

59. 在 Word 中，将插入点移到文档的开始位置，按_____键。

A. Ctrl+End　　B. Home　　C. Ctrl+Home　　D. Alt+Home

60. 怎样用键盘来选定一行文字_____。

A. 将插入点的光标移至此行文字的行首，按下组合键 Ctrl+End

B. 将插入点的光标移至此行文字的行首，按下组合键 Shift+End

C. 将插入点的光标移至此行文字的行首，按下组合键 Alt+End

D. 将插入点的光标移至此行文字的行首，按下组合键 Ctrl+Enter

61. Word 2010 中，启用宏的文档模板类型是_____。

A. dotm　　B. doc　　C. dotc　　D. docx

62. Word 2010 中，默认使用的通用型的普通文档模板是_____。

A. Normal.dotm　　B. Normal.doc　　C. Normal.dotx　　D. Normal.docx

第5章 电子表格处理软件 Excel

第一部分 实验

实验一 建立工作簿

一、实验目的

1. 掌握工作簿文件的建立和打开。
2. 掌握工作簿文件的保存和关闭。

二、实验示例

新建一个空白工作簿文件，以文件名“实验示例 511.xlsx”保存到桌面，然后关闭该工作簿窗口，打开所建立的“实验示例 511.xlsx”，另存为可以在 Excel2003 系统中打开和编辑的文件，以文件名“实验示例 512.xlsx”保存到桌面然后关闭该工作簿。根据“样本模板”中的“个人月预算”模板新建一个工作簿文件，以文件名“我的月预算.xlsx”保存到桌面，再退出 Excel 系统。

操作步骤如下。

（1）启动 Excel2010，选择“文件”选项卡中的“保存”命令，弹出“另存为”对话框，如图 5.1 所示，在对话框位置栏选择“桌面”，文件名输入“实验示例 511”，单击“保存”即可。然后选择“文件”选项卡的“关闭”命令。

（2）在“桌面”找到文件“实验示例 511.xlsx”，双击文件打开该文件，选择“文件”选项卡中的“另存为”命令，弹出“另存为”对话框，在位置栏选择“桌面”，文件名输入“实验示例 512”，保存类型选择“Excel97-2003 工作簿”，单击“保存”即可。

（3）启动 Excel 2010，选择“文件”选项卡中的“新建”选项，在“样本模板”中双击“考勤卡”，新建了一个工作簿文件，如图 5.2 所示。以“考勤卡”为文件名保存该工作簿，然后选择“文件”选项卡的“关闭”命令。

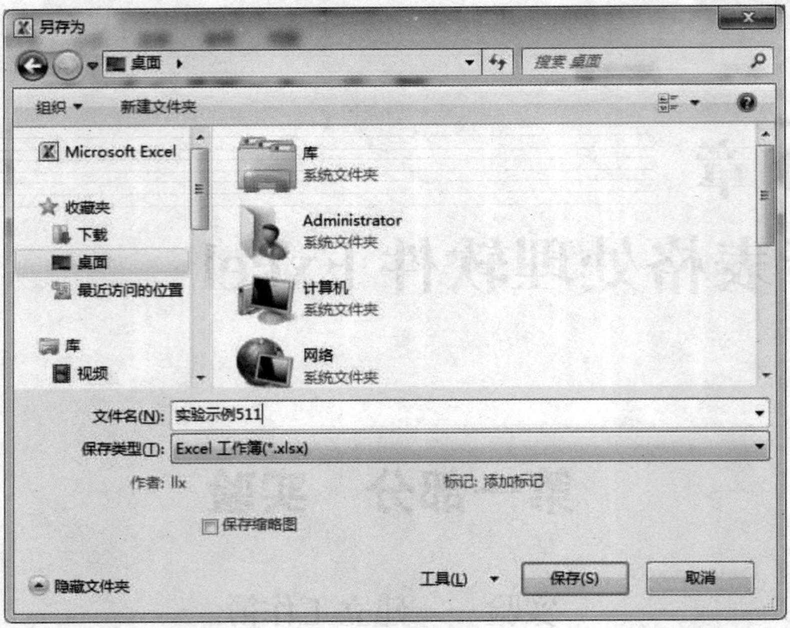

图 5.1 “另存为”对话框

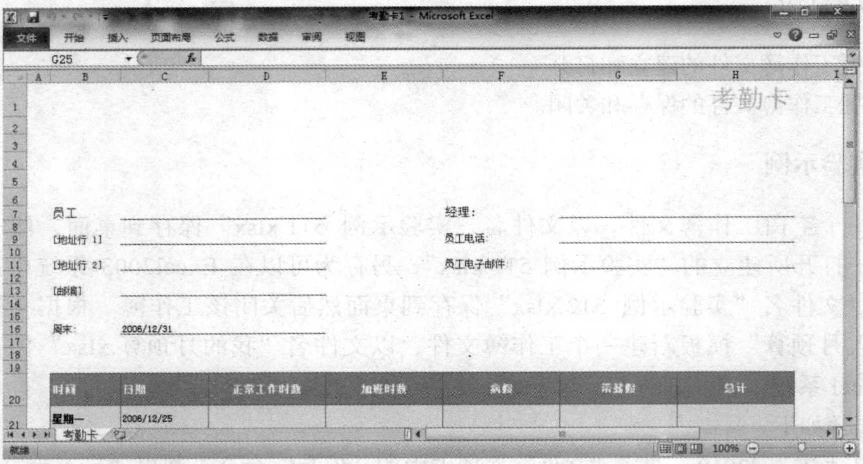

图 5.2 “考勤卡”工作簿

三、上机实验

新建一个空白工作簿文件，以文件名“实验 511.xlsx”保存到桌面，然后关闭该工作簿窗口，打开所建立的“实验 511.xlsx”，另存为可以在 Excel2003 系统中打开和编辑的文件，以文件名“实验 512.xls”保存到桌面然后关闭该工作簿。根据“样本模板”中的“个人月预算”模板新建一个工作簿文件，如图 5.3 所示，以文件名“我的预算.xlsx”保存到桌面，再退出 Excel 系统。

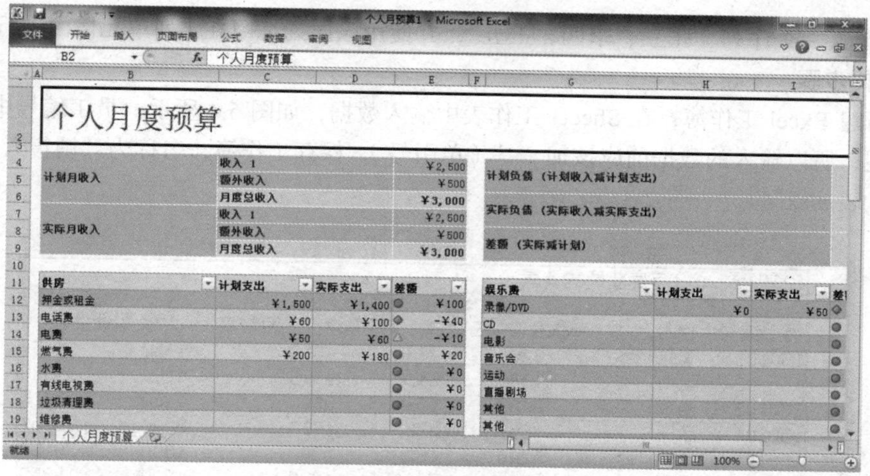

图 5.3 “我的预算”工作簿

实验二 工作表的基本操作

一、实验目的

1. 掌握工作表的编辑方法，包括工作表的插入、复制、移动等操作。
2. 掌握工作表中行、列、单元格的插入、复制和删除操作。
3. 掌握各种数据的录入、自动填充以及自定义序列操作。

二、实验示例

1. 完成内容

（1）新建 Excel 工作簿，输入相应内容后保存该工作簿，名称为“销售人员 2014 年度业绩统计表.xlsx”。

（2）对 Sheet2 工作表重命名，将其改为“销售人员业绩统计表”。

（3）删除工作簿中的 Sheet3 工作表。

（4）复制“销售人员 2014 年度业绩统计表”至当前表之后，并将该表重命名为“练习”。

（5）在“练习”工作表中进行工作表行、列、单元格的插入、复制和删除练习。

- 删除工作表中的第 6 行，删除第 E 列。
- 删除工作表中的 B4 单元格。
- 在 B4 位置插入单元格，并输入内容“王芳”。

（6）插入一张新工作表，并在其上进行各种数据输入的练习和单元格的自动填充。要求如下。

- 在 A1 单元格输入邮政编码 010000，在 A2 单元格输入日期“9 月 2 日”，在 A3 单元格输入$2，在 A4 单元格中输入 1.23E+06。
- 在 B1~B6 单元格输入一个等差级数，第一项为 1，公差为 3。
- 使用序列填充方式，在 D1~D7 单元格输入星期一~星期日。
- 在第 2 行和第 3 行之间插入 2 行，在 C 列和 D 列之间插入 3 列。

- 自定义一个序列“张三、李四、王五”，并使用该序列练习在J列单元格内进行填充。

2. 操作步骤

（1）新建Excel工作簿，在Sheet1工作表中输入数据，如图5.4所示，员工编号中的数据应该为字符型，所以输入的数据前应该加“‘”（单引号），保存工作簿，名称为“销售人员2014年度业绩统计表.xlsx”。

	A	B	C	D	E	F	G
1	销售人员2014年度业绩统计表						
2							2015/1/20
3	员工编号	姓名	一季度	二季度	三季度	四季度	累计业绩
4	150101	李想	3200	2334	4390	4930	14854
5	150102	张力	4280	5430	4398	4280	18388
6	150103	盛放	3465	4560	5300	4490	17815
7	150104	高庆	3657	3780	4320	5000	16757
8	150105	张萍	5740	4320	5200	4890	20150
9	150106	任守一	4563	5600	4890	4800	19853
10	150107	孙佳	4673	5300	5200	4890	20063
11	150108	王祥	2346	3680	4220	3490	13736
12	150109	吴迪	3467	3890	4390	4308	16055
13	150110	万山	3290	4200	4800	3980	16270

图5.4 “销售人员2014年度业绩统计表.xlsx”

（2）双击工作表标签sheet2，在其中输入“销售人员业绩统计表”，按Enter键确认。

（3）单击工作表标签sheet3，选定后右键单击工作表标签，在弹出的快捷菜单中选“删除”命令。若工作表中有数据，则会提示用户确认是否真的删除工作表。

（4）按住Ctrl键的同时拖动“销售人员业绩统计表”标签，到达新的位置后，先释放鼠标左键，再松开Ctrl键，即可复制工作表。对该工作表重命名为“练习”。

（5）选择第六行任一单元格，单击鼠标右键，选择“删除”弹出删除对话框，如图5.5所示，选中“整行”，就可以删除第六行。同样，删除第E列方法类似。选择B4单元格，单击鼠标右键，选择“删除”，弹出删除对话框，如图5.6所示，选择“下方单元格上移”，B4单元格内容就被删除了，结果如图5.7所示。选择B4单元格，在“开始”选项卡下“单元格”组中选“插入”下拉列表中的“插入单元格”，弹出“插入”对话框，选择“活动单元格下移”，如图5.8所示，这样就插入了一个空白单元格，在里面输入内容“王芳”。

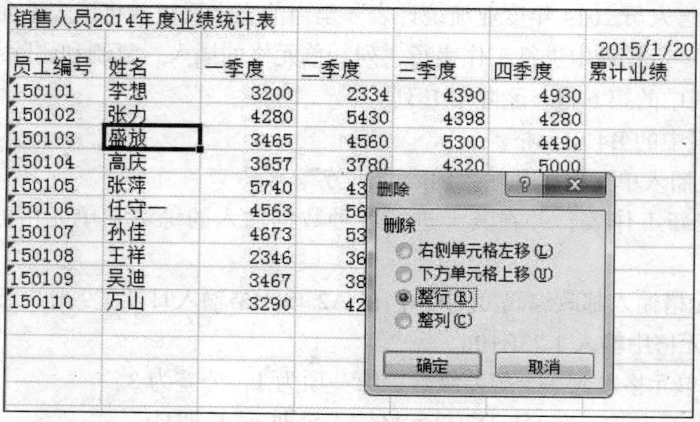

图5.5 “删除”对话框1

图 5.6　“删除”对话框 2

图 5.7　删除单元格结果

图 5.8　“插入”单元格对话框

（6）单击工作表标签右侧的“插入工作表”按钮，自动插入一个新工作表。在新工作表中进行数据输入练习。

● 选中 A1，输入“010000”，在“开始”选项卡下选择“字体”组，打开“字体”对话框，选择“数字”标签中的“特殊”，选择类型“邮政编码”，如图 5.9 所示。选择 A2 单元格，在“开始”选项卡下选择“字体”组，打开“字体”对话框，选择“数字”标签中的“日期”，选择类型“3 月 4 日”，如图 5.10 所示，在单元格 A2 种输入“9 月 2 日”。选中 A3 单元格，如前打开“字体”对话框的“数字”标签，选择“货币”，设置如图 5.11 所示，设置完毕后在单元格 A3 种输入 2 即可。在 A4 单元格中输入 1234567，设置方法类似，如图 5.12 所示。

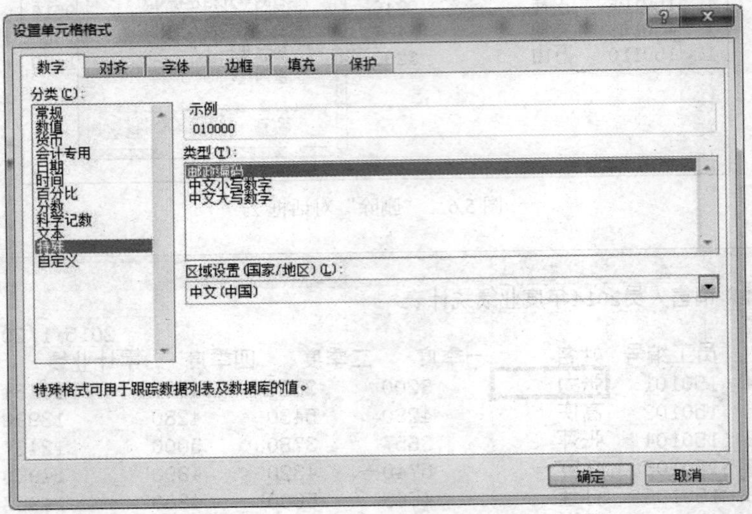

图 5.9 “邮政编码”的设置

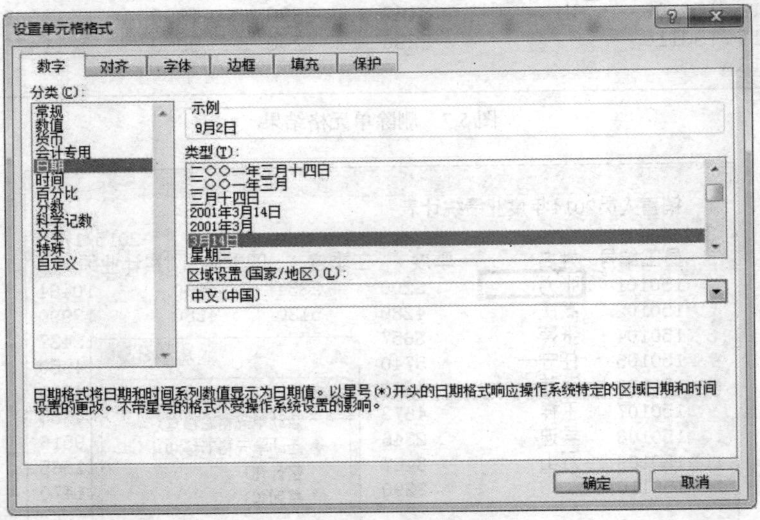

图 5.10 “日期”的设置

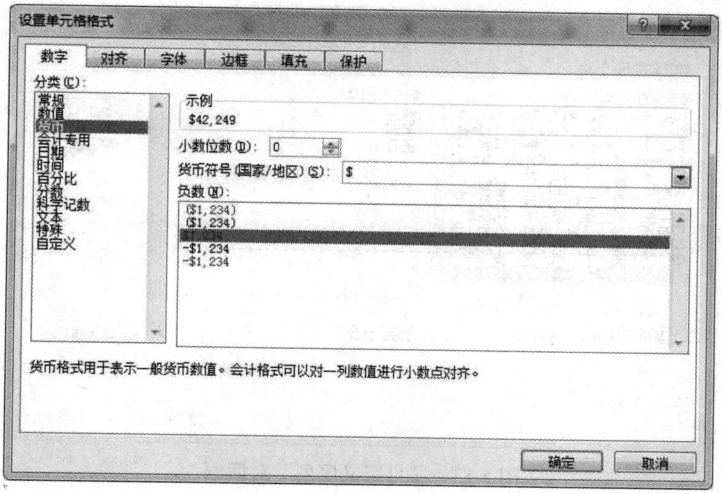

图 5.11　“货币”的设置

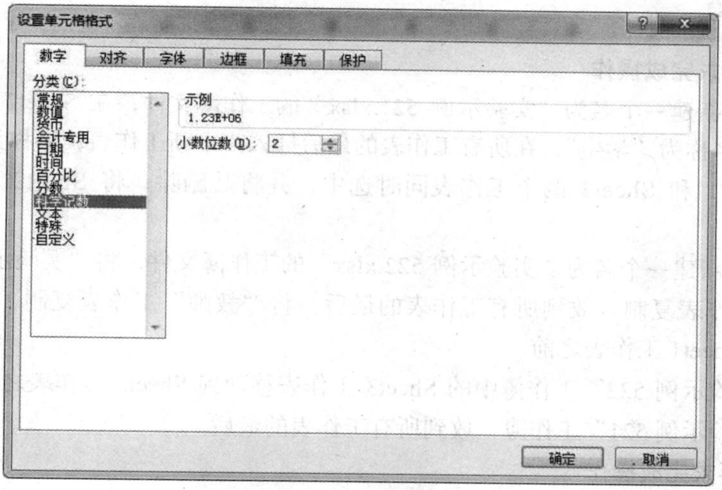

图 5.12　“科学计数”的设置

● 在 B1 单元格中输入 1，在 B2 单元格中输入 4，同时选中 B1 和 B2 单元格，把鼠标移动到 B2 单元格右下角变成黑色实心十字，拖动鼠标至 B6 单元格即可。

● 在 D1 单元格中输入“星期一”，把鼠标移动到单元格右下方变成黑色实心十字时拖动鼠标至 D7 单元格即可。

● 同时选中第 3 行和第 4 行，单击鼠标右键，在弹出快捷菜单中选择“插入”，弹出“插入”对话框，选择“整行”即可。同时选中 D、E、F 列，单击鼠标右键，在弹出快捷菜单中选择“插入”，弹出“插入”对话框，选择“整列”即可。

● 选择“文件”选项卡中的“选项”，在“选项”对话框中，选择“高级”标签下的“编辑自定义列表”按钮，打开“自定义序列“对话框，如图 5.13 所示，在“输入序列”中输入要自定义的序列，每输入完一项，按回车键。输入完成后，单击“添加”按钮，将其添加到左侧的“自定义序列”列表框中。在 J2 单元格中输入“张三”，按填充柄填充即可。

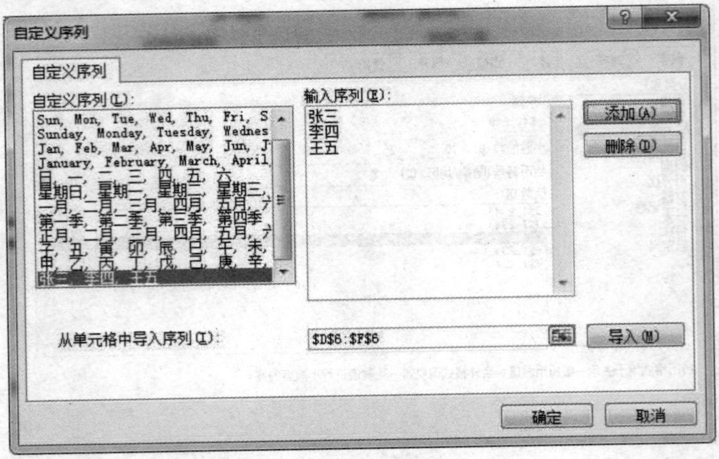

图 5.13 “自定义序列”对话框

三、上机实验

1. 按如下要求完成操作

（1）在 D 盘新建一个名为“实验示例 521.xlsx”的工作簿文件，在 Sheet2 工作表之前插入一个新工作表，名称为“学生”，在所有工作表的最后插入一个新工作表，名称为“成绩”。

（2）将 Sheet1 和 Sheet3 两个工作表同时选中，并将其删除；将 Sheet2 工作表重命名为“教师”。

（3）在 D 盘新建一个名为“实验示例 522.xlsx”的工作簿文件，将“实验示例 521”工作簿中的“学生”工作表复制，放到所有工作表的最后。将“教师”工作表复制，放到“实验示例 522”工作簿的 Sheet1 工作表之前。

（4）将“实验示例 522”工作簿中的 Sheet3 工作表移动到 Sheet2 工作表之前。将 Sheet1 工作表移动到“实验示例 521”工作簿，放到所有工作表的最后。

2. 按如下要求完成操作

（1）新建一个 Excel 工作簿，在 Sheet1 工作表中输入如图 5.14 所示的数据，并将工作簿以文件名“学生成绩表.xlsx”保存到 D 盘。

（2）打开所建立的“学生成绩表”，将它复制到 Sheet2 工作表中，在 Sheet2 表中，将“专业”列移到“物理”列之后，将第 3 行的内容清除。在学号为 6、姓名为“赵云”的前面插入 1 行，输入数据分别为“11、张一、电气、女、98、63、74、235”。将 C10 单元格删除，使右侧的单元格向左移。将第 9 行删除。

（3）把 F2：F12 的数据复制到 I2：I12。在工作表中查找 77，全部替换成 87。

（4）用自动填充的方法向 A14 至 E14 单元格输入等差系列数据：1、3、5、7、9。先定义填充序列：土木、电气、机械、计算机，然后自动填充到 A15 至 E15 单元格。最后结果如图 5.15 所示。

	A	B	C	D	E	F	G	H
1				学生成绩表				
2	学号	姓名	性别	专业	数学	英语	物理	总分
3	1	王丹	女	土木	87	93	88	268
4	2	李浩	男	机械	78	79	87	244
5	3	周斌	男	电气	89	78	85	252
6	4	王晓	女	计算机	85	74	80	239
7	5	孙俪	女	电气	68	75	87	230
8	6	赵云	男	土木	90	79	86	255
9	7	万芳	女	机械	63	77	60	200
10	8	彭明	男	计算机	58	67	70	195
11	9	萧笑	男	计算机	78	88	76	242
12	10	洪峰	男	机械	77	79	90	246
13								

图 5.14　学生成绩表

	A	B	C	D	E	F	G	H	I
1				学生成绩表					
2	学号	姓名	性别	数学	英语	物理	专业	总分	物理
3									
4	2	李浩	男	78	79	87	机械	244	87
5	3	周斌	男	89	78	85	电气	252	85
6	4	王晓	女	85	74	80	计算机	239	80
7	5	孙俪	女	68	75	87	电气	230	87
8	11	张一	女	98	63	74	电气	235	74
9	7	万芳	63	87	60	机械	210		机械
10	8	彭明	男	58	67	70	计算机	195	70
11	9	萧笑	男	78	88	76	计算机	242	76
12	10	洪峰	男	87	79	90	机械	256	90
13									
14	1	3	5	7	9				
15	土木	电气	机械	计算机	土木				

图 5.15　完成结果

实验三　格式化工作表

一、实验目的

1. 掌握数据的格式设置。
2. 掌握用条件格式化数据。
3. 掌握格式复制和删除。

二、实验示例

1. 设置数据格式。

（1）打开前面建立的“学生成绩表”，将“数学”成绩保留一位小数，如图 5.16 所示。

（2）设置第 1 行“学生成绩表”的字体为黑体、24 号字、加粗，合并居中。设置其他行字体为宋体、16 号字，内容水平居中，垂直居中。

（3）为工作表设置如图 5.17 所示的边框。

（4）为表头行设置黄色底纹，第 2 行设置浅绿色底纹，如图 5.17 所示。

（5）将第 1 行的高度设置为 40，第 2 行的高度设置为 35，其他行的高度设置为 25。

（6）将第 1、2 列的宽度设置为 10，其他各列的宽度根据内容自动调整。

学生成绩表							
学号	姓名	性别	专业	数学	英语	物理	总分
1	王丹	女	土木	87.0	93	88	268
2	李浩	男	机械	78.0	79	87	244
3	周斌	男	电气	89.0	78	85	252
4	王晓	女	计算机	85.0	74	80	239
5	孙俪	女	电气	68.0	75	87	230
6	赵云	男	土木	90.0	79	86	255
7	万芳	女	机械	63.0	77	60	200
8	彭明	男	计算机	58.0	67	70	195
9	萧笑	男	计算机	78.0	88	76	242
10	洪峰	男	机械	77.0	79	90	246

图 5.16 “数学”设置结果

图 5.17 样张

2. 将第 2 行的格式复制到第 6 行，然后将第 2 行的格式删除。

3. 将“学生成绩表”中各门课程的成绩中大于 90 分的用“浅红填充色深红色文本”格式，小于 60 分的用“绿填充色深绿色文本”格式条件格式化显示数据。

4. 将“学生成绩表”中的数据全部复制到 Sheet2 工作表中。将 Sheet2 工作表中的数据应用套用格式中的第 2 行第 4 列的格式。

具体操作步骤如下。

1. 打开“学生成绩表”，设置数据格式。

（1）选中 E3：E12，单击“开始”下的“数字”组中“常规”选项卡下“其他数字格式”，打开“设置单元格格式”对话框，在“数字”选项卡的分类中选择“数值”，在右侧的“小数位数”输入 1，如图 5.18 所示，单击“确定”按钮。

（2）设置字体和对齐方式：选中 A1，单击“开始”选项卡下“字体”组，在“字体”选项卡中选择“黑体”，字号选择“24”，再单击“加粗”，单击“确定”按钮。然后选定 A1：H1，单击“开始”选项卡下“对齐方式”组的“合并后居中”。选中 A2：H12，单击“开始”选项卡下“字体”组，在“字体”选项卡中选择“宋体”，字号选择“16”。然后单击“开始”下的“对齐方式”中的“垂直居中”和“居中”即可。

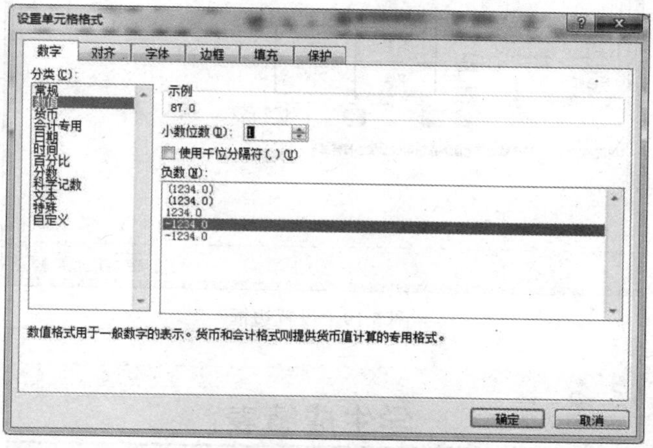

图 5.18 设置单元格格式的“数值”

（3）设置边框：选中 A2：H12，右键单击鼠标，在弹出的快捷菜单中选择“设置单元格格式”，打开“设置单元格格式”对话框，从中选择“边框”选项卡，如图 5.19 所示。在“样式”列表框中选择粗实线，单击“外边框”按钮，即可设置表格的外边框；再在“样式”列表框中选择细实线，单击“内部”按钮，即可设置表格的内部连线，单击“确定”按钮。选中 A2：H2，在如图 5.19 所示的对话框的“样式”列表框中选择双实线，单击“边框”组中的“下框线”按钮，单击“确定”按钮。选中 D2：D12，在如图 5.19 所示的对话框的“样式”列表框中选择双实线，单击“边框”组中“右框线”按钮，单击“确定”按钮。

（4）设置背景色：选中第 1 行，右键单击鼠标，在弹出的快捷菜单中选择“设置单元格格式”，打开“设置单元格格式”对话框，从中选择“填充”选项卡。在“背景色”中选择“黄色”，单击“确定”按钮。选中 A2：H2，在上述的“填充”选项卡的“背景色”中选择“浅绿色”，单击“确定”按钮。

（5）设置行高：选中第 1 行，单击“开始”选项卡下的“单元格”组中的“格式”，选择“行高”，打开“行高”对话框，在对话框中输入 40，然后单击“确定”按钮。选中第 2 行，设置方法同前。选中第 3 行至第 11 行，设置方法同前。

（6）设置列宽：选中第 A、B 列，单击“开始”选项卡下的“单元格”组中的“格式”，选择“列宽”，打开“列宽”对话框，在对话框中输入 10，然后按“确定”按钮即可。选中第 C 列至第 H 列，单击“开始”选项卡下的“单元格”组中的“格式”，选择“自动调整列宽”，效果如图 5.20 所示。

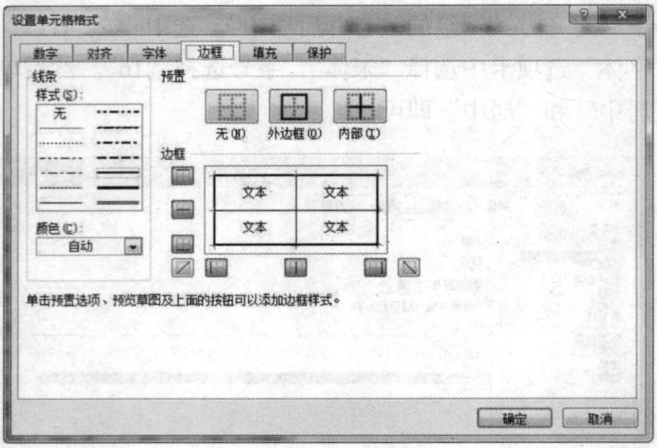

图 5.19　设置边框

	A	B	C	D	E	F	G	H
1	学生成绩表							
2	学号	姓名	性别	专业	数学	英语	物理	总分
3	1	王丹	女	土木	87.0	93	88	268
4	2	李浩	男	机械	78.0	79	87	244
5	3	周斌	男	电气	89.0	78	85	252
6	4	王晓	女	计算机	85.0	74	80	239
7	5	孙俪	女	电气	68.0	75	87	230
8	6	赵云	男	土木	90.0	79	86	255
9	7	万芳	女	机械	63.0	77	60	200
10	8	彭明	男	计算机	58.0	67	70	195

图 5.20　完成结果

2. 选中 A2 单元格，单击“开始”选项卡下“剪贴板”组里的“格式刷”，鼠标指针变成刷子形状，用刷子形指针选中 A5：H5，即可完成格式复制。选中第 2 行，单击“开始”选项卡下“编辑”组中的“清除”，打开“清除”下拉列表框，在列表框中，选择“清除格式”，即可把应用的格式删除。

3. 选择 E3：G12，单击“开始”选项卡下“样式”组中的“条件格式”，打开“条件格式”下拉列表框，在“突出显示单元格规则”的下一级选项中，选择“大于”选项，在“大于”对话框中，分别输入“90”和选择设置为“浅红填充色深红色文本”，然后单击“确定”按钮。设置小于 60 分用“绿填充色深绿色文本”，方法同上。

4. 选中“学生成绩表”工作表中的 A1：H12，单击鼠标右键，在弹出的快捷菜单中选择“复制”，在 Sheet2 工作表的 A1 单元格单击鼠标右键，在弹出的快捷菜单中选择“粘贴”。单击“开始”选项卡下“样式”组中的“套用表格格式”，打开“套用表格格式”下拉列表框。在示例列表框中，选择第 2 行第 4 列的格式，选定的单元格区域按照选择的表格格式进行设置。

三、上机实验

1. 打开工作簿“销售人员 2014 年度业绩统计表”，将 A1：G1 区域的对齐方式设为“合并及居中”，将其字体设置为楷体、字号 20，加粗、颜色为红色，并填充黄色底纹。

2. 将第一行行高设置为 40，其余行行高设置为 25。

3. 将 A3：G13 区域内的单元格中的数字格式设置为“会计数字格式”。

4. 按不同条件显示，将每季度销售额低于 4500 的值用绿色字体加粗显示，销售额高于 5000 的值用红色字体加粗显示。

实验四　公式和函数

一、实验目的

1. 利用公式进行表格数据计算。
2. 掌握公式的绝对引用、相对引用和混合引用。
3. 掌握常用函数。

二、实验示例

1. 创建“一季度销售表”，然后使用公式计算每个月的销售总和、每月的平均销售额。使用复制公式方法，为其他行计算总和、每月平均销售额。

操作步骤如下。

（1）新建一个工作簿，命名为“一季度销售表.xlsx”，在 Sheet1 工作表中创建如图 5.21 所示的表格数据。

（2）在 E2 单元格输入“一季度总和”，A13 单元格输入“月平均销售额”。

（3）计算李想的月平均销售额和一季度总和。在 E3 单元格输入“=B3+C3+D3”，在 A13 单元格输入“=sum(B3:B12)/10”或者“=average(B3:B12)”，如图 5.22 所示。

（4）单击 E3 单元格，使用填充手柄，将公式复制到 E4 到 E12 单元格，使用同样方法，将 B13 单元格公式复制到 C13 到 D13 单元格，结果如图 5.23 所示。

选中 B13 到 D13 单元格，单击鼠标右键，在弹出的菜单中选择“设置单元格格式”选项，弹出“设置单元格格式”对话框。在“数字”标签中选择“数值”，小数位 0 位。

一季度销售表			
姓名	一月	二月	三月
李想	3200	2334	4390
张力	4280	5430	4400
盛放	5300	4360	5300
高庆	3657	3350	4920
张萍	4382	4320	5200
任守一	4600	5480	4600
孙佳	4673	5300	5200
王祥	3255	3982	4220
吴迪	3467	4200	3990
万山	4900	4000	4800

图 5.21　一季度销售表

	A	B	C	D	E
1	一季度销售表				
2	姓名	一月	二月	三月	一季度总和
3	李想	3200	2334	4390	=B3+C3+D3
4	张力	4280	5430	4400	
5	盛放	5300	4360	5300	
6	高庆	3657	3350	4920	
7	张萍	4382	4320	5200	
8	任守一	4600	5480	4600	
9	孙佳	4673	5300	5200	
10	王祥	3255	3982	4220	
11	吴迪	3467	4200	3990	
12	万山	4900	4000	4800	
13	月平均销售额	=SUM(B3:B12)/10			
14					

图 5.22　公式输入

	A	B	C	D	E
1	一季度销售表				
2	姓名	一月	二月	三月	一季度总和
3	李想	3200	2334	4390	9924
4	张力	4280	5430	4400	14110
5	盛放	5300	4360	5300	14960
6	高庆	3657	3350	4920	11927
7	张萍	4382	4320	5200	13902
8	任守一	4600	5480	4600	14680
9	孙佳	4673	5300	5200	15173
10	王祥	3255	3982	4220	11457
11	吴迪	3467	4200	3990	11657
12	万山	4900	4000	4800	13700
13	月平均销售额	4171.4	4275.6	4702	
14					

图 5.23　公式复制结果

2. 公式引用。

建立一张“销售人员情况表”，使用相对引用计算每人一季度销售总和。

操作步骤如下。

（1）打开“一季度销售表”工作簿，在 Sheet2 工作表中创建“销售人员情况表”，如图 5.24 所示。

	A	B	C
1	销售人员情况表		
2	姓名	年龄	一季度销售总和
3	李想	32	
4	张力	23	
5	盛放	26	
6	高庆	28	
7	张萍	36	
8	任守一	43	
9	孙佳	38	
10	王祥	45	
11	吴迪	33	
12	万山	29	
13			

图 5.24　销售人员情况表

（2）在 C3 单元格的值引用“一季度销售表”表中的 E3 单元格内容，我们使用相对地址来实现，输入“=一季度销售表！E3”，输入完成后，利用填充柄将公式复制到单元格 C4 至 C12 中，结果如图 5.25 所示。

图 5.25　不同表间公式复制

三、上机实验

1. 打开工作簿“销售人员 2014 年度业绩统计表”，利用公式统计出每位销售人员的全年销售业绩，值保存在“累计业绩”列内。

2. 将表格增加一列，列标题为“季度平均销售额”。增加两行，行标题分别为“最高销售额”和“最低销售额”。

3. 利用函数求出每位销售人员的季度平均销售额，并求出每个季度的“最高销售额”和“最低销售额”。

实验五　图表

一、实验目的

1. 掌握创建图表的方法。
2. 掌握修改图表的方法。

二、实验示例

创建嵌入式图表。操作步骤如下。

（1）打开前面建立的“学生成绩表.xlsx”。

（2）选择单元格 B2：B12 和 H2：H12。

（3）单击“插入”选项卡的“图表”选项组中右下角的缩放按钮，弹出“插入图表”对话框，如图 5.26 所示。

（4）在对话框中，选择柱形图，在右边的列表中选择“簇状柱形图”，然后单击“确定”按钮，即插入嵌入式图表，如图 5.27 所示。

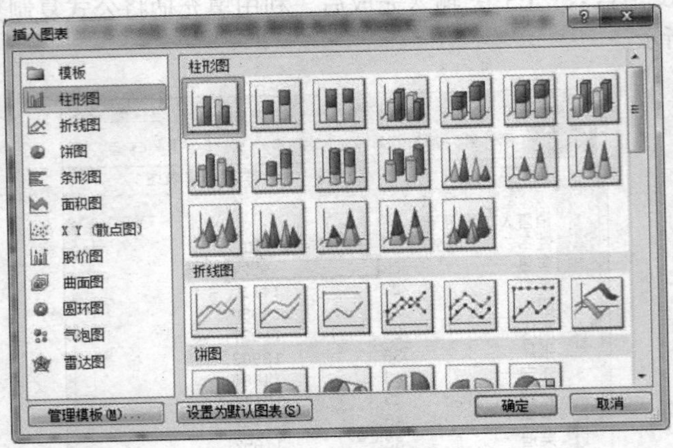

图 5.26　插入图表

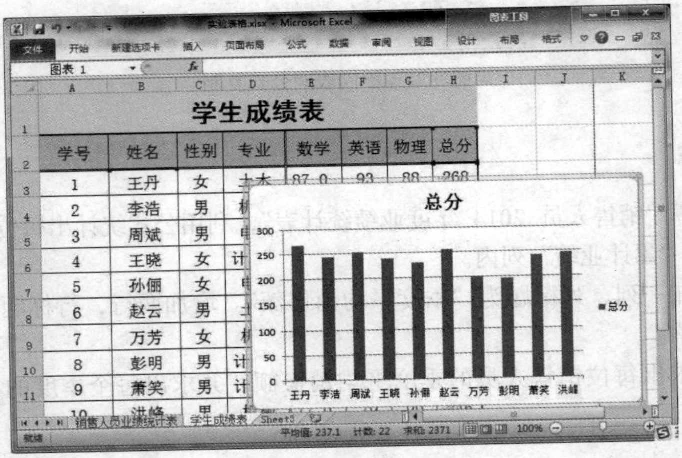

图 5.27　插入嵌入式图表

三、上机实验

1. 打开工作簿“销售人员 2014 年度业绩统计表”，利用 B3：G13 单元格区域内的数据，建立二维簇状柱形图，图表标题为“销售人员业绩统计图”，标题文字为黑体、蓝色、字号 18 磅。

2. 图表区域的格式设置为：填充颜色橙色，边框样式设为宽度 3 磅、圆角，阴影预设为内部上方。

3. 改变图表的大小，并删除图表中的数据序列，将第四季度数据删除。

实验六　数据管理

一、实验目的

1. 掌握数据排序方法。
2. 掌握数据筛选方法。

3. 掌握分类汇总方法

二、实验示例

1. 数据排序：根据英语成绩对表格数据进行降序排序，成绩相同的，学号小的排在前面。操作步骤如下。

（1）打开前面建立的工作簿“学生成绩表.xlsx”，选择需要排序的数据区域，选中从 A2 到 H12 的单元格，然后单击“数据”选项卡“排序和筛选”选项组中的“排序”按钮，弹出“排序”对话框，如图 5.28 所示。

（2）在“主要关键字”下拉列表框中选择“英语”，“排序依据”选择“数值”，“次序”选择“降序”。单击上面的“添加条件”按钮，增加一个“次要关键字”，单击一次“添加条件”按钮增加一个“次要关键字”。对新添加的次要关键字进行设置，选择“学号”，“排序依据”选择“数值”，“次序”选择“升序”。选中对话框右上角的“数据包含标题”复选框。设置情况如图 5.29 所示，然后单击“确定”按钮，排序效果如图 5.30 所示。

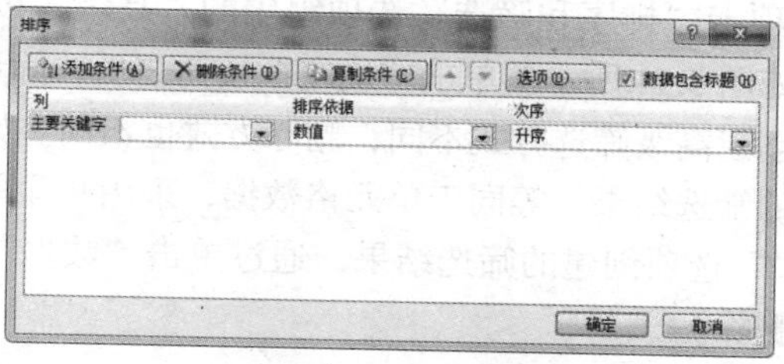

图 5.28　“排序”对话框

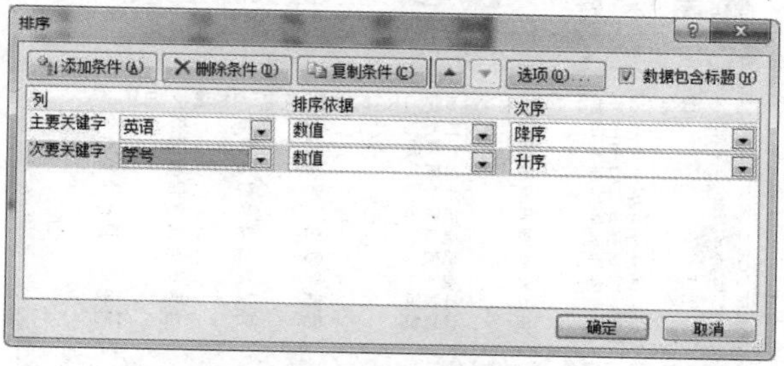

图 5.29　“排序”设置

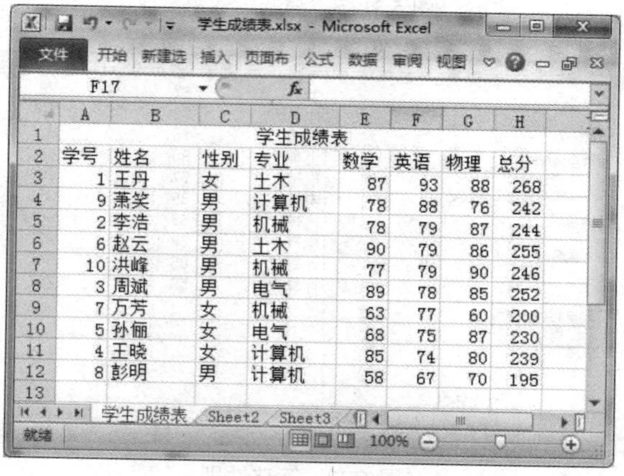

	A	B	C	D	E	F	G	H
1				学生成绩表				
2	学号	姓名	性别	专业	数学	英语	物理	总分
3	1	王丹	女	土木	87	93	88	268
4	9	萧笑	男	计算机	78	88	76	242
5	2	李浩	男	机械	78	79	87	244
6	6	赵云	男	土木	90	79	86	255
7	10	洪峰	男	机械	77	79	90	246
8	3	周斌	男	电气	89	78	85	252
9	7	万芳	女	机械	63	77	60	200
10	5	孙俪	女	电气	68	75	87	230
11	4	王晓	女	计算机	85	74	80	239
12	8	彭明	男	计算机	58	67	70	195
13								

图 5.30　排序结果

2. 数据筛选：使用自动筛选和高级筛选功能筛选数学成绩高于 70 分的所有女同学记录。

操作步骤如下。

（1）将“学生成绩表”内容按照“学号”进行升序排序。

（2）鼠标单击数据区域任一单元格，然后单击“数据”选项卡“排序和筛选”选项组中的“筛选”按钮，表中每个字段右边将出现一个下拉按钮，我们可以通过这些按钮进行筛选设置，具体效果如图 5.31 所示。

（3）我们筛选所有女同学的成绩，可以单击“性别”右边的下拉按钮，出现如图 5.32 所示的下拉列表选项，只选中“女”前面的复选框，然后单击“确定”按钮，将筛选出所有女同学的成绩。

（4）取消自动筛选。单击“数据”选项卡下“排序和筛选”选项组中的“筛选”按钮，“筛选”按钮将退出突出显示状态。此时，表将恢复成未进行数据筛选前的状态。

（5）下面使用高级筛选方法，选出成绩高于 70 分的所有女同学记录。在 D15：E16 这四个单元格中创建筛选条件，具体输入内容如图 5.33 所示。

（6）单击“数据”选项卡“排序和筛选”选项组中的“高级”按钮，将弹出高级筛选对话框，具体设置参数情况，如图 5.34 所示。单击“确定”按钮之后，筛选结果如图 5.35 所示。

（7）删除高级筛选。创建高级筛选方式不同，删除方式也不同。如果是选择“将筛选结果复制到其他位置”选项创建的筛选结果，等同于单元格数据，采用删除单元格数据方法即可；选择“在原有区域显示筛选结果”选项创建的筛选结果，通过单击“数据”选项卡“排序和筛选”选项组中的“清除”按钮来删除。

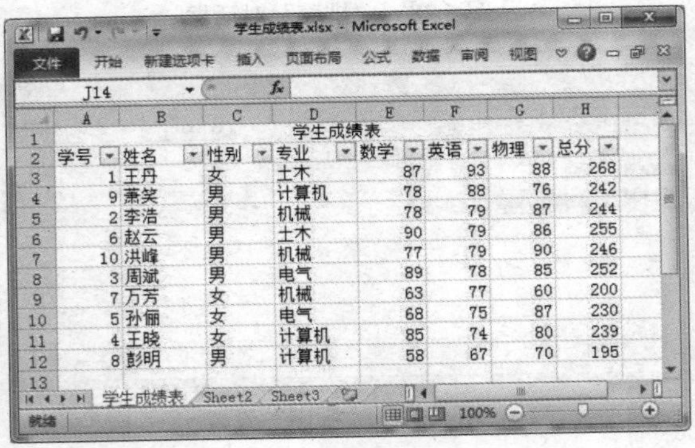

图 5.31　“筛选”效果

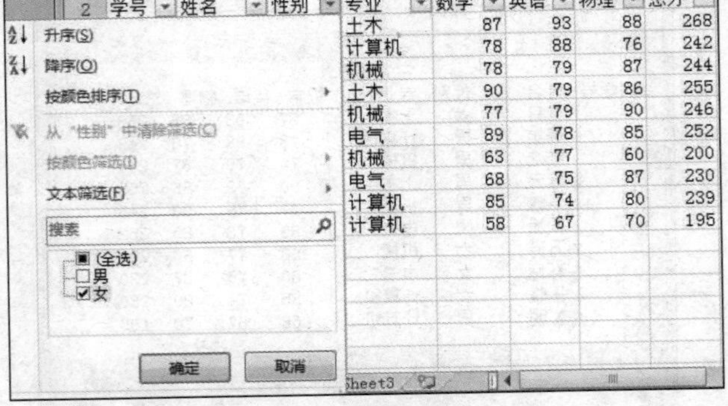

图 5.32　筛选性别

	A	B	C	D	E	F	G	H
1				学生成绩表				
2	学号	姓名	性别	专业	数学	英语	物理	总分
3	1	王丹	女	土木	87	93	88	268
4	9	萧笑	男	计算机	78	88	76	242
5	2	李浩	男	机械	78	79	87	244
6	6	赵云	男	土木	90	79	86	255
7	10	洪峰	男	机械	77	79	90	246
8	3	周斌	男	电气	89	78	85	252
9	7	万芳	女	机械	63	77	60	200
10	5	孙俪	女	电气	68	75	87	230
11	4	王晓	女	计算机	85	74	80	239
12	8	彭明	男	计算机	58	67	70	195
13								
14								
15				性别	数学			
16				女	>70			

图 5.33　高级筛选条件设置

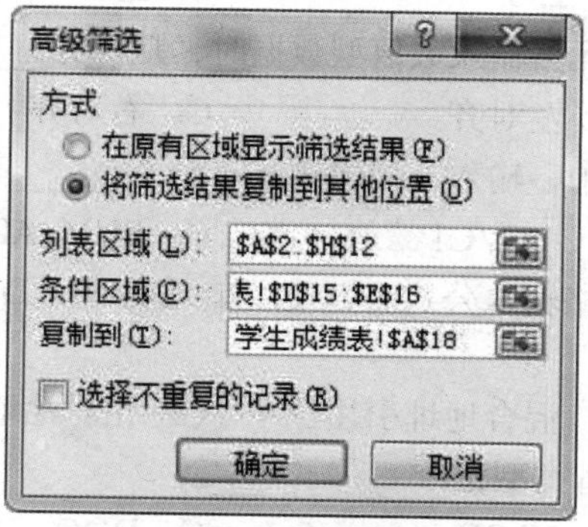

图 5.34　“高级筛选”对话框

	A	B	C	D	E	F	G	H	I
1				学生成绩表					
2	学号	姓名	性别	专业	数学	英语	物理	总分	
3	1	王丹	女	土木	87	93	88	268	
4	9	萧笑	男	计算机	78	88	76	242	
5	2	李浩	男	机械	78	79	87	244	
6	6	赵云	男	土木	90	79	86	255	
7	10	洪峰	男	机械	77	79	90	246	
8	3	周斌	男	电气	89	78	85	252	
9	7	万芳	女	机械	63	77	60	200	
10	5	孙俪	女	电气	68	75	87	230	
11	4	王晓	女	计算机	85	74	80	239	
12	8	彭明	男	计算机	58	67	70	195	
13									
14									
15				性别	数学				
16				女	>70				
17									
18	学号	姓名	性别	专业	数学	英语	物理	总分	
19	1	王丹	女	土木	87	93	88	268	
20	4	王晓	女	计算机	85	74	80	239	
21									

图 5.35　高级筛选结果

三、上机实验

1. 对“学生成绩表.xlsx”的“性别”字段排序，在性别相同的情况下，“总分”降序排列。
2. 筛选出英语成绩大于 75 分的男同学。
3. 对“专业”进行分类汇总，求出各专业“物理”的平均成绩。

第二部分　习题

一、选择题

1. 在 Excel 操作中，某公式中引用了一组单元格，它们是(C3:D7，A1:F1)，该公式引用的单元格总数为____________。

A. 4　　B. 12　　C. 16　　D. 22

2. Excel 工作表最多可有____________列。

A. 65535　　B. 256　　C. 255　　D. 128

3. 在 Excel 中，给当前单元格输入数值型数据时，默认为____________。

A. 居中　　B. 左对齐　　C. 右对齐　　D. 随机

4. 在 Excel 工作表单元格中，输入下列表达式____________是错误的。

A. =(15-A1)/3　　B. =A2/C1　　C. SUM(A2:A4)/2　　D. =A2+A3+D4

5. 当向 Excel 工作表单元格输入公式时，使用单元格地址 D$2 引用 D 列 2 行单元格，该单元格的引用称为____________。

A. 交叉地址引用　　B. 混合地址引用　　C. 相对地址引用　　D. 绝对地址引用

6. Excel 工作簿文件的缺省类型是____________。

A. TXT　　B. XLSX　　C. DOC　　D. WKS

7. 在 Excel 工作表中，不正确的单元格地址是____________。

A. C$66　　B. $C66　　C. C6$6　　D. $C$66

8. 在 Excel 工作表中，在某单元格内输入数值 123，不正确的输入形式是____________。

A. 123　　B. =123　　C. +123　　D. *123

9. Excel 工作表中可以进行智能填充时，鼠标的形状为____________。

A. 空心粗十字　　B. 向左上方箭头　　C. 实心细十字　　D. 向右上方箭头

10. 在 Excel 工作表中，正确的 Excel 公式形式为____________。

A. =B3*Sheet3!A2　　B. =B3*Sheet3$A2　　C. =B3*Sheet3:A2　　D. =B3*Sheet3%A2

11. 在 Excel 工作表中，单元格 D5 中有公式“=$B$2+C4”，删除第 A 列后 C5 单元格中的公式为____________。

A. =$A$2+B4　　B. =$B$2+B4　　C. =SA$2+C4　　D. =$B$2+C4

12. Excel 中有多个常用的简单函数，其中函数 AVERAGE(区域)的功能是____________。

A. 求区域内数据的个数

B. 求区域内所有数字的平均值

C. 求区域内数字的和

D. 返回函数的最大值

13. 在 Excel 工作簿中，有关移动和复制工作表的说法，正确的是____________。

A. 工作表只能在所在工作簿内移动，不能复制

B. 工作表只能在所在工作簿内复制，不能移动

C. 工作表可以移动到其他工作簿内，不能复制到其他工作簿内

D. 工作表可以移动到其他工作簿内，也可以复制到其他工作簿内

14. 在 Excel 中，日期型数据"2003 年 4 月 23 日"的正确输入形式是________。

A. 23-4-2003　　B. 23.4.2003　　C. 23，4，2003　　D. 23:4:2003

15. 在 Excel 工作表中，单元格区域 D2:E4 所包含的单元格个数是________。

A. 5　　B. 6　　C. 7　　D. 8

16. 假设在 A3 单元格存有一公式为 SUM(B$2:C$4)，将其复制到 B48 后，公式变为______。

A. SUM(B$50:B$52)　　B. SUM(D$2:E$4)

C. SUM(B$2:C$4)　　D. SUM(C$2:D$4)

17. 在 Excel 工作表的某单元格内输入数字字符串"456"，正确的输入方式是______。

A. 456　　B. '456　　C. =456　　D. "456"

18. 在 Excel 中，关于工作表及为其建立的嵌入式图表的说法，正确的是________。

A. 删除工作表中的数据，图表中的数据系列不会删除

B. 增加工作表中的数据，图表中的数据系列不会增加

C. 修改工作表中的数据，图表中的数据系列不会修改

D. 以上三项均不正确

19. 在 Excel 工作表中，单元格 C4 中有公式"=A3+$C$5"，在第三行之前插入一行之后，单元格 C5 中的公式为________。

A. =A4+$C$6　　B. =A4+$C$5　　C. =A3+$C$6　　D. =A3+$C$5

20. 若在数值单元格中出现一连串的"###"符号，希望正常显示则需要________。

A. 重新输入数据　　B. 调整单元格的宽度

C. 删除这些符号　　D. 删除该单元格

21. 一个单元格内容的最大长度为______个字符。

A. 64　　B. 128　　C. 225　　D. 256

22. 需要______而变化的情况下，必须引用绝对地址。

A. 在引用的函数中填入一个范围时，为使函数中的范围随地址位置不同

B. 把一个单元格地址的公式复制到一个新的位置时，为使公式中单元格地址随新位置

C. 把一个含有范围的公式或函数复制到一个新的位置时，为使公式或函数中的范围不随新置不同

D. 把一个含有范围的公式或函数复制到一个新的位置时，为使公式或函数中范围随新位置不同

23. 假设 B1 为文字"100"，B2 为数字"3"，则 COUNT(B1:B2) 等于________。

A. 103　　B. 100　　C. 3　　D. 1

24. 为了区别"数字"与"数字字符串"数据，Excel 要求在输入项前添加______符号来确认。

A. ″　　B. '　　C. #　　D. @

25. 在同一个工作簿中区分不同工作表的单元格，要在地址前面增加______来标识。

A. 单元格地址　　B. 公式　　C. 工作表名称　　D. 工作簿名称

二、填空题

1. 电子表格由行列组成的________构成，行与列交叉形成的格子称为________。

2. 系统默认一个工作簿包含________张工作表，一个工作簿内最多可以有个工作表。

3. 在工作簿__________左边一列的 1、2、3 等阿拉伯数学，表示工作表的__________；工作簿窗口顶行的 A、B、C 等字母，表示工作表的__________。

4. 活动单元是__________的单元格，活动单元格带__________。

5. 单击工作表左上角的__________，则整个工作表被选中。

6. 在工作表中输入的数据分为__________和__________。

7. 公式是指由__________、__________、__________、__________及组成的序列，公式总是以__________开头。

8. 在数据编辑框中将显示三个工具按钮，×为________，√为________，=为________。

9. 当输入的数据位数太长，一个单元格放不下时，数据将自动改为__________。

10. 要查看公式的内容，可单击单元格，在打开的__________内显示出该单元格的公式。

11. 选中一个单元格后，在该单元格的右下角有一个黑色小方块，就是__________。

12. 公式被复制后，公式中参数的地址发生相应的变化。叫__________。

13. 公式被复制后，参数的地址不发生变化，叫__________。

14. 相对地址与绝对地址混合使用，称为__________。

15. 如果双击__________的右边框，则该列会自动调整列宽，以容纳该列最宽数据。

16. 工作表的格式化包括__________的格式化和__________的格式化。

17. 如果单元格宽度不够，无法以规定格式显示数值时，单元格用__________填满。只要加大单元格宽度，数值即可显示出来。

18. 单元格内数据对齐方式的默认方式为：文字靠________对齐，数值靠________对齐。

19. Excel 2010 主界面窗口中编辑栏上的“fx”按钮用来向单元格插入________。

20. 当向 Excel 2010 工作簿文件中插入一张电子工作表时，默认的表标签中的英文单词为________。

第6章 演示文稿处理软件 PowerPoint

第一部分 实验

实验一 演示文稿的创建和编辑

一、实验目的

1. 了解创建、保存演示文稿的方法。
2. 掌握幻灯片的插入、删除等操作。
3. 掌握编辑幻灯片内容的方法。

二、实验示例

新建一个空白演示文稿，将其保存在 D 盘下，命名为“我的大学.pptx”。

操作步骤如下。

（1）启动 PowerPoint 2010，将自动建立一个空演示文稿，默认名为“演示文稿 1”，单击“文件”选项卡的“保存”按钮，在弹出的“另存为”对话框中选择保存位置，并输入文件名为“我的大学”。

（2）在幻灯片普通视图中，在左边窗格的“幻灯片”选项卡下选择插入幻灯片的位置，然后单击鼠标右键，在弹出的快捷菜单中选择“新建幻灯片”，如图 6.1 所示。重复该步骤，添加另外三张幻灯片。

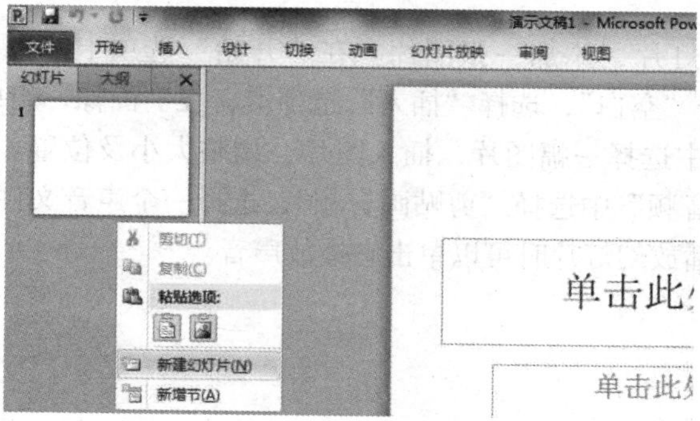

图 6.1 “新建幻灯片”对话框

（3）选择第一张幻灯片，在标题栏中输入“我的大学”，字体设为“楷体_GB2312”、大小为66 磅，红色字体。副标题为你的名字、班级，字体为“宋体”，大小为 32 磅，黑色，加粗，如图 6.2 所示。

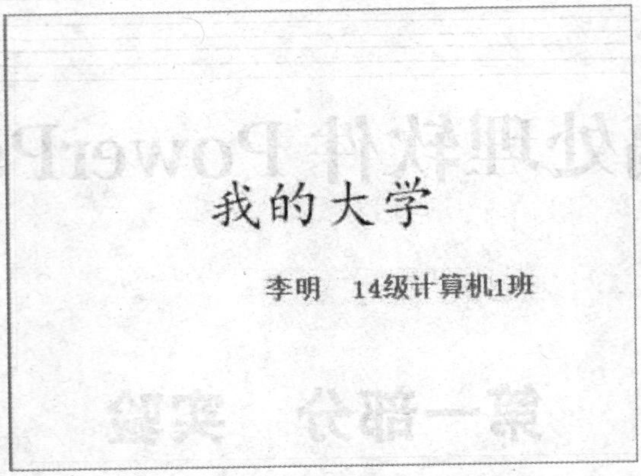

图 6.2　第一张幻灯片

（4）选择第二张幻灯片，在“开始”选项卡的“幻灯片”组中单击“版式”，在版式列表中单击“空白”，然后在幻灯片中添加一个文本框，向其中输入文本。选择“插入”选项卡，在“文本”组单击文本框，在幻灯片上添加一个横排文本框，输入文字，介绍自己的大学。设置文本的字号为 32，设置颜色为“深蓝”，并调整文本框位置，如图 6.3 所示。

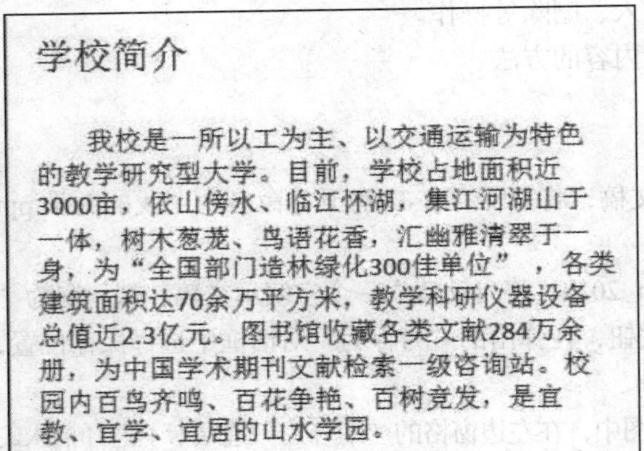

图 6.3　第二张幻灯片

（5）选择第三张幻灯片，添加一张图片。在“开始”选项卡的“幻灯片”组中单击“版式”，在版式列表中单击“空白”，选择“插入”选项卡，在“图像”组中单击“图片”，在弹出的“插入图片”对话框中选择一幅图片，插入图片，调整大小及位置。然后单击“插入”选项卡，在“媒体”组的“音频”中选择“剪贴画音频”，选择一个声音文件，如图 6.4 所示，幻灯片上出现了一个喇叭，播放幻灯片时可以单击它播放声音。

图 6.4 第三张幻灯片

（6）选择第四张幻灯片，插入艺术字“再见”。在“插入”选项卡下“文本”组中选择“艺术字”下的“渐变填充-蓝色强调文字颜色 1”，在幻灯片中会出现一个编辑框，在其中输入文字“再见”，设置字号为 66，字体为宋体，选择背景填充为纹理“新闻纸”，如图 6.5 所示。

图 6.5 第四张幻灯片

三、上机实验

1. 启动 PowerPoint 2010，建立演示文稿，如图 6.6 所示，并以“演示文稿实验 1-1.pptx”保存在 D 盘的姓名文件夹中。要求如下。

（1）选择空白版式。

（2）插入艺术字，文字为“计算机基础”，艺术字样式为“填充-白色，渐变轮廓-强调文字颜色 1”。文本效果为“发光”下的“红色，5pt 发光”。

（3）插入文本框，文字为“计算机教研室”，宋体，24 磅，字体颜色红色。

（4）幻灯片背景填充为“竖虚线”。

图 6.6 “演示文稿实验 1-1”样张

2. 新建一个演示文稿，如图 6.7 所示，以文件名“演示文稿实验 1-2.pptx”保存在 D 盘姓名文件夹中，然后完成如下操作。

（1）将第一张默认的幻灯片删除。

（2）插入一张空白幻灯片。

（3）在空白幻灯片中插入一横排文本框，设置文字内容为“个人基本资料”，字体为“隶书”，字号为“36”，字形为“加粗倾斜”，字体效果为“阴影”。

（4）设置幻灯片背景填充纹理为“粉色面巾纸”。

（5）在幻灯片中添加任意一个剪贴画。

图 6.7　“演示文稿实验 1-2”样张

3. 新建一个演示文稿，如图 6.8 所示，以文件名“演示文稿实验 1-3.pptx”保存在 D 盘姓名文件夹中，然后完成如下操作。

（1）设置第一张幻灯片为“空白”版式，应用设计主题“跋涉”。

（2）在幻灯片中插入第二行第二列样式的艺术字。

（3）设置文字内容为“个人爱好和兴趣”，字体为“华文新魏”，字号为“48”，“加粗”。

（4）设置艺术字形状样式为“细微效果-褐色，强调颜色 5”。

（5）在幻灯片中插入 SmartArt 图形，布局为“基本流程”，颜色为“彩色范围-强调文字颜色 2 至 3”，样式为“砖块场景”，在文本中分别输入“音乐”“读书”“旅行”。

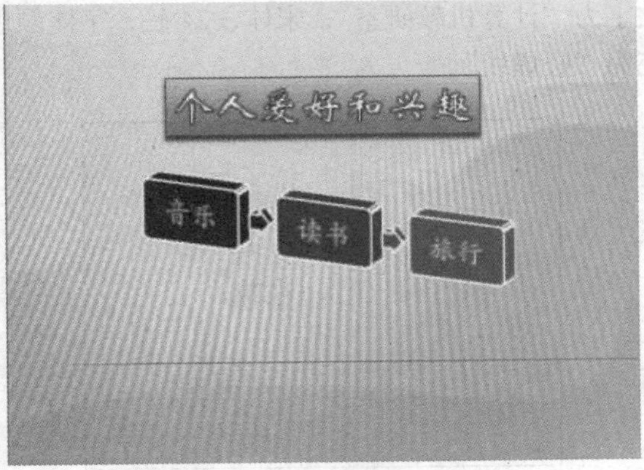

图 6.8　“演示文稿实验 1-3”样张

实验二　演示文稿的美化

一、实验目的

1. 掌握母版、版式、主题的应用。
2. 掌握幻灯片不同背景的设置。
3. 掌握艺术字的使用。

二、实验示例

1. 建一个演示文稿，添加一张幻灯片，将两张幻灯片的背景设置为：纹理、再生纸。

（1）第一张幻灯片，在其中添加一个文本框，输入文字“我的祖国”，“宋体”，48 号字，设置动画：自底部飞入。

（2）第一张幻灯片切换，设置为：水平百叶窗，换片方式为单击鼠标时。

（3）第二张幻灯片中，添加一张图片，设置动画为：形状，缩小，方框。插入一个矩形，添加动作为“单击鼠标超链接到第一张”。

操作步骤如下。

（1）启动 PowerPoint 2010，建立一个空白演示文稿，在“开始”选项卡的“幻灯片”组中单击“版式”，在版式列表中单击“空白”，选择“插入”选项卡，在“文本”组单击文本框，在幻灯片上添加一个横排文本框，输入文字“我的祖国”，字体设置为“宋体”，字号大小为“48”，字体颜色为“红色”。在“动画”选项卡下“动画”组中选择“飞入”，在“效果选项”中选择方向为“自底部”，如图 6.9 所示。

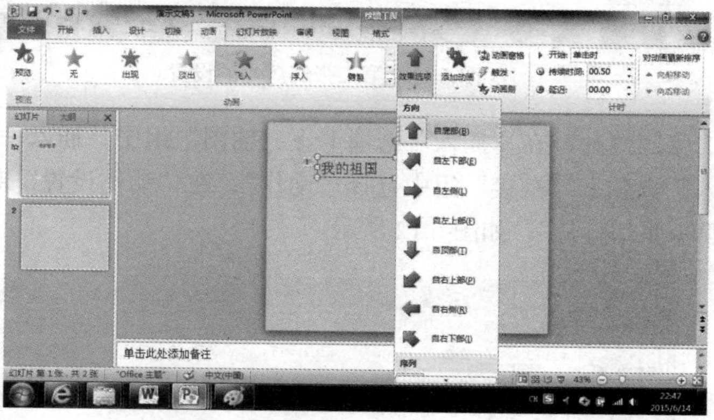

图 6.9　设置动画

（2）选中第一张幻灯片，在“切换”选项卡下“切换到此幻灯片”组中选择“百叶窗”，在“效果选项”中选择“水平”。在“计时”组中的“换片方式”下的“单击鼠标时”复选框前打上勾，如图 6.10 所示。

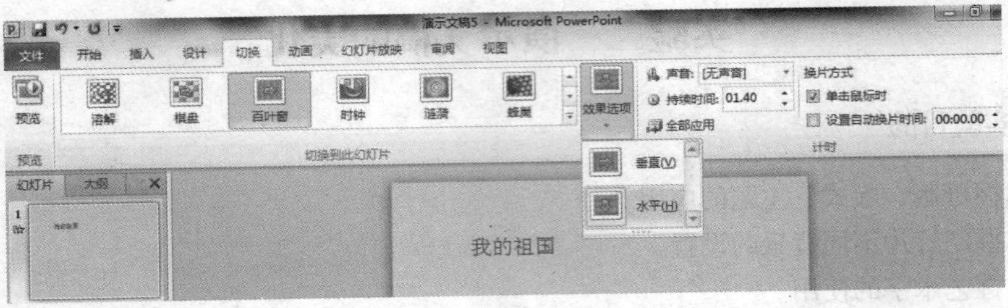

图 6.10　第一张幻灯片的设置

（3）选中第二张幻灯片，同（1）把版式改为“空白”，在“插入”选项卡“图像”组中，选择“图片”，弹出“插入图片”对话框，选择一幅图片，单击“插入”按钮即可。选中图片，在“动画”选项卡下“动画”组中选择“形状”，在“效果选项”中，方向为“缩小”，形状为“方框”，如图 6.11 所示。

图 6.11　第二张幻灯片的设置

（4）选中第二张幻灯片，在“插入”选项卡下“插图”组中，插入一个形状“矩形”，选中该图形，在“插入”选项卡“链接”组中选择“动作”，在“动作设置”对话框中选择“超链接到”列表选项“第一张幻灯片”，如图 6.12 所示。

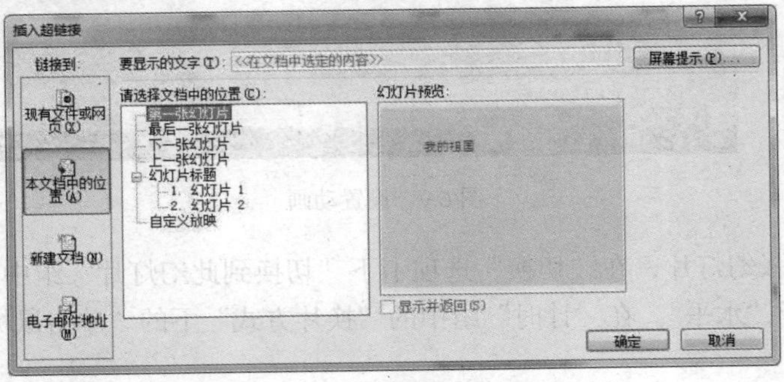

图 6.12　“插入超链接”对话框

2. 建立一个演示文稿，添加两张幻灯片。第一张幻灯片插入一个三行二列的表格，在表格的下方插入一段视频文件。第二张幻灯片中，在幻灯片的左下角插入一个 SmartArt 图形：基本循环，并设置形状效果为“预设 9”。

操作步骤如下。

（1）启动 PowerPoint 2010，建立一个空白演示文稿，在“开始”选项卡的“新建幻灯片”组中添加一张空白幻灯片。

（2）选中第一张幻灯片，把版式设为“空白”，在“插入”选项卡“表格”组单击“表格”插入一个三行二列的表格。在“插入”选项卡“媒体”组选择“视频”，如图 6.13 所示。

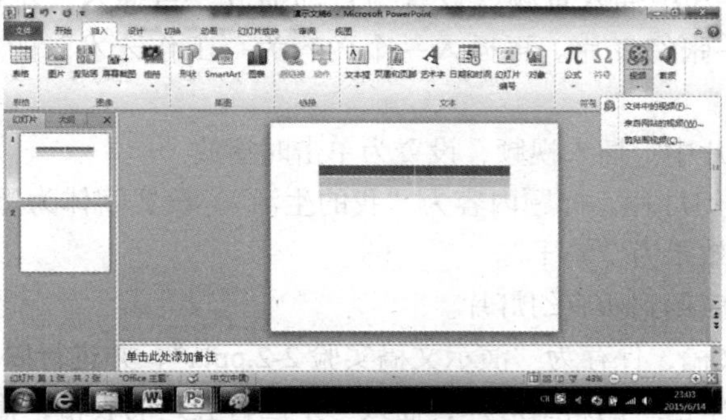

图 6.13　“视频”下拉列表

（3）选中第二张幻灯片，在“插入”选项卡的“插图”组，单击 SmartArt，弹出“选择 SmartArt 图形”对话框，选择“循环”下面的“基本循环”，如图 6.14 所示，单击“确定”按钮后，幻灯片中出现了图形，选中图形，在“SmartArt 工具”下的“格式”选项卡“形状样式”组中，选择“形状效果”，在“预设”中选择“预设 9”，如图 6.15 所示。

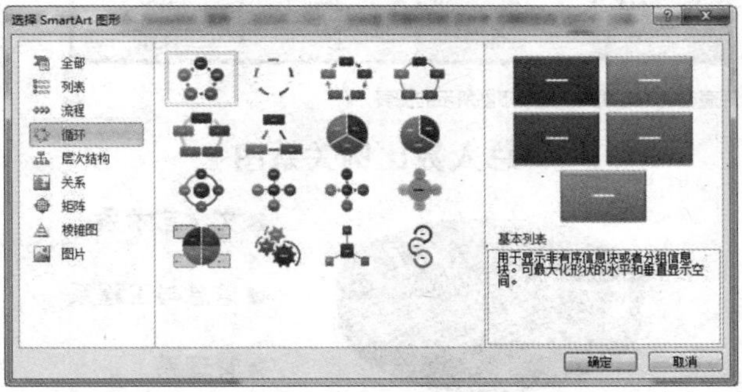

图 6.14　“选择 SmartArt 图形”对话框

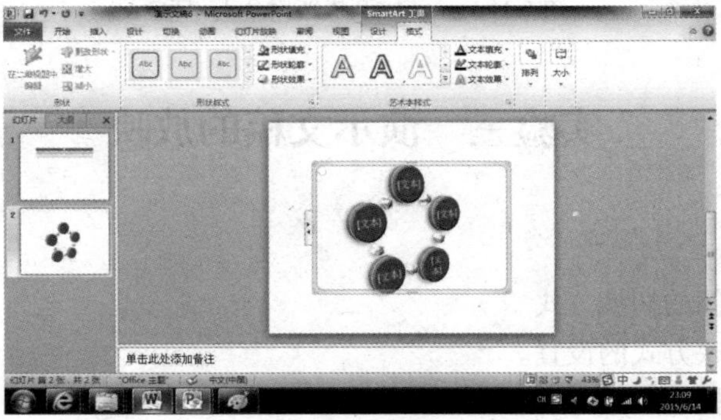

图 6.15　插入 SmartArt 图形效果

三、上机实验

1. 新建一个演示文稿，保存为“演示文稿实验 2-1.pptx,”并进行如下设置。

（1）建立一个演示文稿，插入三张幻灯片。

（2）在第一张幻灯片中插入电脑中的图片两张，并调整它们的大小及位置，使其美观，为图片 1 添加进入效果为“浮入”，为图片 2 添加强调效果为“脉冲”。

（3）在第二张幻灯片中插入音频，设置为自动播放。再插入一个内容为“生活艺术”的艺术字，超链接到第一张幻灯片。再插入一个内容为“工作艺术”的艺术字，超链接到第三张幻灯片。

（4）在第三张幻灯片中上插入视频，设置为单击时播放。

（5）再插入第四张幻灯片，标题内容为“我的生活”，设置字体为黑体，颜色为红色，字体为粗体。为其添加退出效果为“轮子”。

（6）选择一种主题应用到所有幻灯片。

2. 新建一个演示文稿，保存为“演示文稿实验 2-2.pptx”，并进行以下设置。

（1）插入版式为“空白”的新幻灯片，插入一个四行五列的表格，输入如下内容，并设置字体为“黑体”，字号“12 磅”，水平、垂直居中，外边框颜色深红，3 磅实线，内边框颜色紫色，3 磅虚线，表格样式“中度样式 2-强调 1”效果如图 6.16 所示。

（2）在表格的下方插入一张如图 6.16 所示的图表。

部门信息	学员人数（男生）	学员人数（女生）	总人数
文学艺术系	564	486	1050
信息与工程系	885	369	1254
管理系	358	623	981

在表格的下方插入一张如下图所示的图表

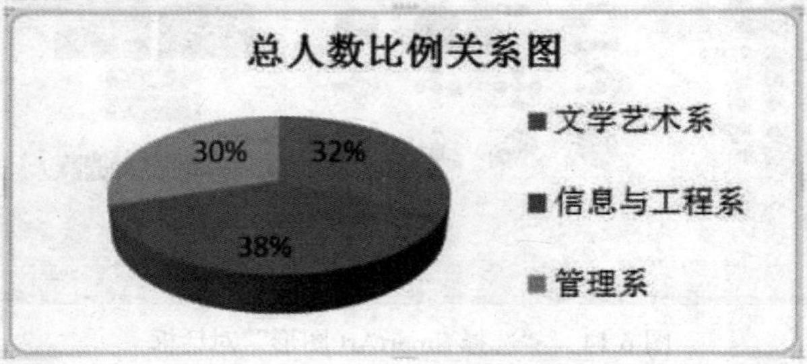

图 6.16 “演示文稿实验 2-2”样张

实验三 演示文稿的放映

一、实验目的

1. 掌握幻灯片之间的切换方式。
2. 掌握幻灯片放映方式的设置。
3. 掌握幻灯片的播放方法。

二、实验示例

新建一个演示文稿，具体要求如下。

（1）打开之前创建的“我的大学.pptx”演示文稿，设置第一张幻灯片的标题内容进入屏幕时的方式为“弹跳”。

（2）所有幻灯片切换时采用“溶解”方式，每两秒切换一次幻灯片，取消“单击鼠标时”切换幻灯片。

（3）放映方式为在展台上全屏幕浏览。

操作步骤如下。

（1）选择第一张幻灯片，选中标题框，单击“动画”选项卡下“动画”组下“弹跳”，如图6.17所示。

图 6.17　设置动画“弹跳”

（2）选择“切换”选项卡下“切换到此幻灯片”组下“溶解”，在“计时”组中取消“单击鼠标时”的选项，在“设置自动换片时间”选项框前打勾，并设置时间为 2 秒。再单击“全部应用”，如图 6.18 所示。

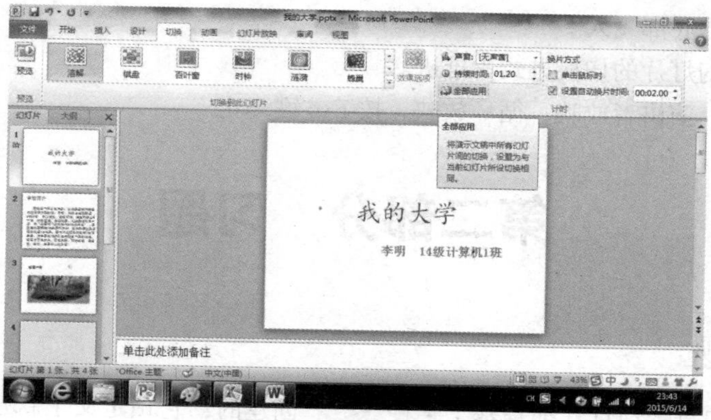

图 6.18　幻灯片切换设置

（3）在“幻灯片放映”选项卡下“设置”组中单击“设置幻灯片放映”，打开“设置放映方式”对话框，选择“放映类型”为“在展台浏览”，如图 6.19 所示。

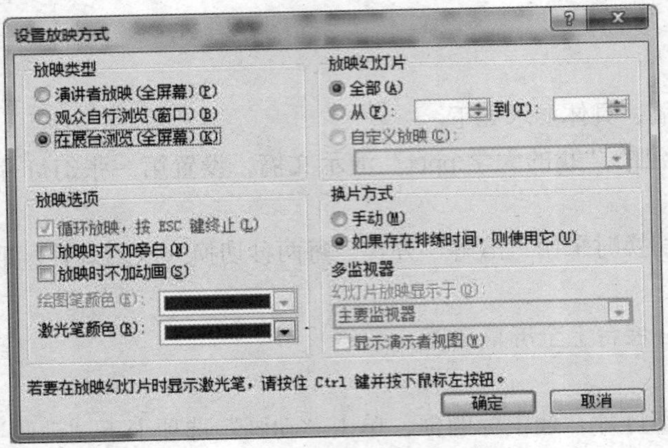

图 6.19 “幻灯片放映方式”对话框

三、上机实验

1. 创建一个新的演示文稿，保存为“演示文稿实验 3-1.pptx”，并进行如下设置。

（1）设置第一张幻灯片的标题框内容进入屏幕时的方式为自底部飞入。

（2）所有幻灯片切换时采用垂直随机线条方式，每 3 秒切换一次幻灯片，取消“单击鼠标时”切换幻灯片。

（3）放映方式为演讲者放映。

2. 创建一个新的演示文稿，保存为“演示文稿实验 3-2.pptx”，并进行如下设置。

（1）插入第一张版式为只有标题的幻灯片，第二张版式为标题和文本的幻灯片，第三张版式为垂直排列标题和文本的幻灯片，并输入相应主题内容。

（2）在第一张幻灯片上插入自选图形（星与旗帜下的横卷形），输入文字。

（3）设置所有幻灯片的背景为褐色大理石。

（4）设置文本格式为华文细黑，32 号，加粗，行距为 2 行。

（5）设置第一张幻灯片的各个自选图形的填充颜色为无，字体为隶书，48 号。

（6）设置动画效果：第一个自选图形自左侧飞入，随后第二个自选图形自动自右侧飞入，第三个自选图形自动自底部飞入。

（7）设置全部幻灯片的切换方式为推进。

（8）放映类型：演讲者放映；循环放映，按 Esc 键终止。

第二部分　习题

一、选择题

1. 演示文稿中每张幻灯片都是基于某种______创建的，它预定义了新建幻灯片的各种占位符布局情况。

A. 视图　　B. 版式　　C. 母版　　D. 模板

2. 下列操作中，不能退出 PowerPoint 2010 的操作是______。
A. 单击“文件”下拉菜单中的“关闭”命令
B. 单击“文件”下拉菜单中的“退出”命令
C. 按快捷键[Alt]+[F4]
D. 双击 PowerPoint 2010 窗口的控制菜单图标
3. 在 PowerPoint 2010 中，若需将幻灯片从打印机输出，可以用下列快捷键______。
A. [Shift]+[P] B. [Shift]+[L] C. [Ctrl]+[P] D. [Alt]+[P]
4. PowerPoint 2010 文件的扩展名是______。
A. .pptx B. .pot C. .pps D. .docx
5. 在幻灯片的放映过程中要中断放映，可以直接按______键。
A. [Alt]+[F4] B. [Ctrl]+[X] C. [Esc] D. [End]
6. 要使幻灯片在放映时能够自动播放，需要为其设置______。
A. 预设动画 B. 排练计时 C. 动作按钮 D. 录制旁白
7. 当保存演示文稿时，出现“另存为”对话框，则说明______。
A. 该文件保存时不能用该文件原来的文件名
B. 该文件不能保存
C. 该文件未保存过
D. 该文件已经保存过
8. 在 PowePoint 中，功能键[F7]的功能是______。
A. 打开文件 B. 拼写检查 C. 打印预览 D. 样式检查
9. 在 PowePoint 中，功能键[F5]的功能是______。
A. 打开文件 B. 观看放映 C. 打印预览 D. 样式检查
10. 不能作为 PowerPoint 2010 演示文稿的插入对象是______。
A. 图表 B. Excel 工作簿 C. 图像文档 D. Windows 操作系统
11. 在 PowerPoint 2010 中需要帮助时，可以按功能键______。
A. [F1] B. [F2] C. [F7] D. [F8]
12. 幻灯片的切换方式是指______。
A. 在编辑新幻灯片时的过渡形式
B. 在编辑幻灯片时切换不同视图
C. 在编辑幻灯片时切换不同的设计模板
D. 在幻灯片放映时两张幻灯片间过渡形式
13. 在 PowerPoint 2010 中，安排幻灯片对象的布局可选择______来设置。
A. 应用设计模板 B. 幻灯片版式 C. 背景 D. 配色方案
14. 在 PowerPoint 2010 中，可通过______按钮改变幻灯片中插入图表的类型。
A. 数据表 B. 绘图 C. 文档结构图 D. 图表类型
15. 在 PowerPoint 2010 中，文字区的插入条光标存在，证明此时是______状态。
A. 移动 B. 文字编辑 C. 复制 D. 文字框选取
16. 在演示文稿编辑中，若要选定全部对象，可按快捷键______。
A. [Shift]+[A] B. [Ctrl]+[A] C. [Shift]+[C] D. [Ctrl]+[C]

17. 在 PowerPoint 2010 中，不能对个别幻灯片内容进行编辑修改的视图方式是______。

A. 大纲视图　　B. 幻灯片浏览视图

C. 幻灯片视图　　D. 以上三项均不能

18. PowerPoint 2010 中，下列关于表格的说法错误的是_______。

A. 可以向表格中插入新行和新列

B. 不能合并和拆分单元格

C. 可以改变列宽和行高

D. 可以给表格添加边框

19. 在 PowerPoint 2010 的_______下，可以用拖动方法改变幻灯片的顺序。

A. 幻灯片视图　　B. 备注页视图

C. 幻灯片浏览视图　　D. 幻灯片放映

20. "插入艺术字"按钮位于"插入"选项卡的______组上。

A. 表格　　B. 图像　　C. 文本　　D. 符号

21. 在 PowerPoint 2010 中，使用______选项卡中的"背景样式"设置幻灯片的背景。

A. 开始　　B. 插入　　C. 设计　　D. 切换

22. 在 PowerPoint 2010 中，用文本框在幻灯片中添加文本时，在插入选项卡的______组中选择插入文本框。

A. 图像　　B. 文本　　C. 插图　　D. 表格

23. 在 PowerPoint 2010 中，在幻灯片的占位符中添加的文本有______要求。

A. 只要是文本形式就行　　B. 文本中不能包含有数字

C. 文本中不能含有中文　　D. 文本必须简短

24. 在 PowerPoint 2010 中，有关选择幻灯片的文本叙述，错误的是______。

A. 单击文本区，会显示文本控制点

B. 选择文本时，按住鼠标不放并拖动鼠标

C. 文本选择成功后，所选幻灯片中的文本变成反白

D. 文本不能重复选定

25. 在 PowerPoint 2010 中，设置文本的字体时，下列选项中不属于效果选项的是______。

A. 下划线　　B. 闪烁　　C. 加粗　　D. 阴影

26. 在 PowerPoint 2010 中，设置文本的段落格式的项目时，在段落组中选择______。

A. 字体　　B. 项目符号和编号　　C. 字体对齐方式　　D. 行距

27. 在 PowerPoint 2010 中，插入图片操作在"插入"选项卡中选择______。

A. 图片　　B. 文本框　　C. 视频　　D. 表格

28. 下列不是 PowerPoint 2010 母版种类的是______。

A. 放映母版　　B. 幻灯片母版　　C. 讲义模板　　D. 备注模板

29. 若在幻灯片浏览视图下按[Ctrl]+[A]组合键，然后再按下[Backspace]键，则______。

A. 没有发生什么　　B. 所有幻灯片被影藏

C. 所有幻灯片都被删除　　D. 演示文稿被关闭

30. 在 PowerPoint 2010 中，幻灯片可以______。

A. 在投影仪上放映　　B. 在计算机屏幕上放映

C. 打印成幻灯片使用　　D. 以上三种均可以完成

31. 在______中，不能进行文字编辑与格式化。

A. 幻灯片视图　　B. 大纲视图

C. 幻灯片浏览视图　　D. 普通视图

32. 在当前演示文稿中要删除一张幻灯片，采用______方式是错误的。

A. 在幻灯片视图，选择要删除的幻灯片，单击“文件|删除幻灯片”命令

B. 在幻灯片浏览视图，选中要删除的幻灯片，按 Del 键

C. 在大纲视图，选中要删除的幻灯片，按 Del 键

D. 在幻灯片视图，选择要删除的幻灯片，单击“编辑|剪切”命令

33. 以下______菜单项是 PowerPoint 特有的。

A. 视图　　B. 工具　　C. 幻灯片放映　　D. 窗口

34. 某一文字对象设置了超级链接后，不正确的说法是______。

A. 在演示该页幻灯片时，当鼠标指针移到文字对象上会变成“手”形

B. 在幻灯片视图窗格中，当鼠标指针移到文字对象上会变成“手”形

C. 该文字对象的颜色会以默认的配色方案显示

D. 可以改变文字的超级链接颜色

35. 自定义动画时，以下不正确的说法是______。

A. 各种对象均可设置动画　　B. 动画设置后，先后顺序不可改变

C. 同时还可配置声音　　D. 可将对象设置成播放后隐藏

36. 在幻灯片中，若将已有的一幅图片放置层次标题的背后，则正确的操作方法是：选中“图片”对象，单击“叠放次序”命令中______。

A. 置于顶层　　B. 置于底层　　C. 置于文字上方　　D. 置于文字下方

37. 对某张幻灯片进行了隐藏设置后，则______。

A. 幻灯片视图窗格中，该张幻灯片被隐藏了

B. 在大纲视图窗格中，该张幻灯片被隐藏了

C. 在幻灯片浏览视图状态下，该张幻灯片被隐藏了

D. 在幻灯片演示状态下，该张幻灯片被隐藏了

38. 在幻灯片视图窗格中，在状态栏中出现了“幻灯片 2/7”的文字，则表示______。

A. 共有 7 张幻灯片，目前只编辑了 2 张

B. 共有 7 张幻灯片，目前显示的是第 2 张

C. 共编辑了七分之二张的幻灯片

D. 共有 9 张幻灯片，目前显示的是第 2 张

39. 关于幻灯片页面版式的叙述，不正确的是______。

A. 幻灯片的大小可以改变

B. 幻灯片应用模板一旦选定，就不可改变

C. 同一演示文稿中允许使用多种版式

D. 同一演示文稿不同幻灯片的配色方案可以不同

40. 在演示文稿中，在插入超级链接中所链接的目标，不能是______。

A. 另一个演示文稿　　B. 同一演示文稿的某一张幻灯片

C. 其他应用程序的文档　　D. 幻灯片中的某个对象

二、填空题

1. 演示文稿幻灯片有________、________、________、________等视图。

2. 幻灯片的放映有________种方法。

3. 将演示文稿打包的目的是________。

4. 艺术字是一种________对象，它具有________属性，不具备文本的属性。

5. 在幻灯片的视图中，向幻灯片中插入图片，选择________菜单的图片命令，然后选择相应的命令。

6. 在放映时，若要中途退出播放状态，应按________功能键。

7. 演示文稿储存以后，默认的文件扩展名是______。

8. 按行列显示并可以直接在幻灯片上修改其格式和内容的对象是______。

9. 在 PowerPoint 中，能够观看演示文稿的整体实际播放效果的视图模式________。

10. 退出 PowerPoint 的快捷键是________。

11. 用 PowerPoint 应用程序所创建的用于演示的文件称为________，其扩展名为________。

12. PowerPoint“视图”这个名词表示______。

13. 幻灯片中占位符的作用是______。

14. 在“设置放映方式”对话框中，有三种放映类型，分别为________、________、________。

15. 在 PowerPoint 中，幻灯片通过大纲形式创建和组织______。

16. 状态栏位于窗口的底部，它显示当前演示文档的部分______或________。

17. 创建文稿的方式有________、________、________。

18. 使用 PowerPoint 演播演示文稿要通过________或________屏幕展现出来。

19. 幻灯片上可以插入______多媒体信息。

20. ________就是将幻灯片上的某些对象，设置为特定的索引和标记。

21. 幻灯片播放时换片方式有________和________。

22. 自定义动画中启动动画事件有________和________。

23. PowerPoint 的“超级链接”命令可实现______。

24. 如果将演示文稿置于另一台不带 PowerPoint 系统的计算机上放映，那么应该对演示文稿进行______。

25. 在_____视图模式下可对幻灯片进行插入，编辑对象的操作。

26. 在_____视图方式下能实现在一屏显示多张幻灯片。

27. 演示文稿保存方式有________和________。

28. 文本框有________和________两种类型。

29. 在空白幻灯片中不可以直接插入______。

30. 要给幻灯片做超级链接要使用到________命令。

第7章 数据结构与算法

第一部分　知识要点

一、基本要求

1. 掌握算法的基本概念。
2. 掌握数据结构的基本概念与基础操作。
3. 掌握常用排序与查找算法。

二、考核内容

1. 算法

（1）算法是指解题方案的准确完整的描述。程序的编制不可能优于算法的设计。

（2）算法复杂度

① 算法时间复杂度是指执行算法所需要的计算工作量，可用执行算法过程中所需的基本运算执行次数来度量。

② 算法空间复杂度是指执行算法所需要的内存空间。

2. 数据结构

（1）数据结构是指相互关联的数据元素的集合。

（2）数据的存储结构是指在对数据进行处理时，各数据元素在计算机中的存储关系。

（3）顺序存储是指将逻辑上相邻的结点存储在物理位置相邻的存储单元中，结点之间的逻辑关系由存储单元的邻接关系来体现。

（4）链式存储是指不要求逻辑上相邻的结点在物理位置上相邻，结点之间的关系是由附加的指针字段来表示。

（5）数据的逻辑结构反映了数据元素之间的逻辑关系，数据的存储结构是数据的逻辑结构在计算机存储空间中的存放形式。同一种逻辑结构的数据可以采用不同的存储结构。

（6）数据结构的分类

① 线性结构。要求：有且仅有一个根结点；每个结点最多只有一个前驱、最多只有一个后继。常见的线性结构有线性表、栈、队列和线性链表。

② 非线性结构。要求：不满足线性结构条件的数据结构。常见的非线性结构有树、二叉树

和图。

（7）在具有相同特征的数据元素集合中，各元素之间存在着某种关系，这种关系反映了该集合中数据元素所具有的一种结构，将这种数据之间的关系用直接前驱与直接后继来简单的描述即可，没有直接前驱的结点称为根结点。

3. 栈与队列

（1）栈及其基本运算

① 栈是限定在一端进行插入和删除运算的线性表。允许插入与删除操作的一端称为栈顶，不允许插入与删除操作的一端称为栈底。栈是遵循“先进后出”或“后进先出”的原则来组织数据的，即栈顶元素总是最后被插入的元素，栈底元素总是被最先插入的元素。

② 栈的基本运算：插入元素（入栈）、删除元素（退栈）、将栈顶元素赋给变量（读栈顶）。

③ 栈的存储方式：顺序栈和链式栈。

（2）队列及其基本运算

① 队列是指允许在一端（队尾）进行插入、在另一端（对头）进行删除的线性表。队尾指针（rear）指向队尾元素，队头指针（front）指向对头（对头元素的前一个位置）。

② 队列是采用“先进先出”或“后进后出”的线性表。

③ 队列运算：入队运算（从队尾插入一个元素）、退队运算（从对头删除一个元素）。

④ 循环队列：是指将队列存储空间的最后一个位置绕到第一个位置，形成逻辑上的环状空间，供队列循环使用。从头指针（front）指向的后一个位置直到队尾指针（rear）指向的位置之间，所有的元素均为队列中的元素。其中元素的个数为：rear-front。

4. 线性链表

（1）线性表的链式存储结构称为线性链表，是一种物理存储单元上的非连续、非顺序的存储结构，数据元素之间的逻辑顺序是通过链表中的指针链接来实现的。

（2）链式存储方式的结点组成：数据域（用于存放数据元素的值）、指针域（用于存放指针，用于指向该结点的前一个或后一个结点）。

（3）线性表的分类：单链表、双向链表、循环链表。

① 单链表：每个结点只有一个指针域，由此指针只能找到其后继结点，而不能找到其前序结点。

② 双向链表：对于线性链表中的每个结点设置两个指针，一个左指针（指向前序结点）和一个右指针（指向后继结点）。

③ 循环链表：在链表中增加一个表头结点，其数据域为任意或根据需要设置，指针域指向线性表的第一个元素的结点，而头指针指向表头结点；最后一个结点的指针域不为空，而是指向表头结点。所有结点的指针构成一个环状链。

5. 树与二叉树

（1）树的基本概念

树是非线性结构，所有数据元素之间具有明显的层次特征。每个结点只有一个前驱（父结点），没有前驱的结点只有一个（根结点）；每个结点可以由多个后续（子结点），没有后续的结点称为叶子结点。

① 结点的度：一个结点所拥有的后继的个数。

② 树的度：所有结点中最大的度。

③ 树的深度：树的最大层次。

（2）二叉树及基本性质

① 二叉树是一种非线性结构，特点：非空二叉树只有一个根结点、每个结点最多有 2 棵子树（左子树和右子树）

② 二叉树的基本性质

性质 1：在二叉树的第 k 层上，最多有 2^{k-1}（$k \geq 1$）个结点。

性质 2：深度为 m 的二叉树最多有 2^m-1 个结点。

性质 3：任意一棵二叉树中，度为 0 的结点（叶子结点）比度为 2 的结点多 1 个。

性质 4：具有 n 个结点的二叉树，其深度至少为〔log_2n〕+1，其中〔log_2n〕表示取整。

（3）满二叉树与完全二叉树

① 满二叉树：除了最后一层，其他每层的所有结点都有 2 个子结点。

② 完全二叉树：除了最后一层，每层的结点均达到最大值；在最后一层上只缺右边的若干结点。度为 1 的结点的个数为 0 或 1。

（4）二叉树遍历

二叉树遍历：是指不重复的访问二叉树中的所有结点。

① 前序遍历（DLR）：若二叉树为空，则结束并返回；否则，依次访问根结点、遍历左子树、遍历右子树（在遍历左右子树时，仍然依次访问根结点、遍历左子树、遍历右子树）。

② 中序遍历（LDR）：若二叉树为空，则结束并返回；否则，依次访问遍历左子树、根结点、遍历右子树（在遍历左右子树时，仍然依次访问遍历左子树、根结点、遍历右子树）。

③ 后序遍历（LRD）：若二叉树为空，则结束并返回；否则，依次访问遍历左子树、遍历右子树、根结点（在遍历左右子树时，仍然依次访问遍历左子树、遍历右子树、根结点）。

6. 排序

排序是指将一组数据按照递增或递减的顺序重新排列成有序序列。

排序的种类：交换排序（冒泡排序法、快速排序法），插入排序（直接插入排序法、希尔排序法），选择排序（直接选择排序法、堆排序法），合并排序。

（1）交换排序

① 冒泡排序法：相邻元素进行比较，不满足条件时进行交换。时间复杂度为 $n(n-1)/2$。

② 快速排序法：选择枢轴元素，通过交换划分为 2 个子序列。时间复杂度为 $O(n\log_2 n)$。

（2）插入排序

① 直接插入排序法：将待排序的元素看成为一个有序表和一个无序表，将无序表中元素插入到有序表中，时间复杂度为 $n(n-1)/2$。

② 希尔排序法：分割成若干子序列后分别进行直接插入排序，时间复杂度为 $O(n^{1.5})$。

（3）选择排序

① 直接选择排序法：扫描整个线性表，从中选出最小的元素，将它交换到表的前端，时间复杂度为 $n(n-1)/2$。

② 堆排序法：选建堆，将堆顶元素与堆中最后一个元素交换，再调整为堆，时间复杂度为 $O(n\log_2 n)$。

（4）合并排序

合并排序：将两个或多个有序表合并成一个新的有序表，时间复杂度为 $O(n\log_2 n)$。

各种排序算法的优缺点：没有某一种排序算法绝对是最好的，在不同情况下，需要选择不同的排序算法，下面列出部分情况下可选用的排序算法。

① 当数据为正序时，可选用直接插入排序法、冒泡排序法、快速排序法。

② 当 n 较小时，可选用直接插入排序法或直接选择排序法；当记录规模较小时，直接插入排序法更好。当记录规模较大时，由于直接选择移动的记录少于直接插入的记录，选择直接选择排序法较为合适。

③ 当 n 较大时，则应选用时间复杂度为 $O(n\log_2 n)$ 的排序法，如快速排序法、堆排序法、合并排序法。

④ 当待排序的关键字是随机分布时，快速排序法的平均时间最短。

⑤ 若需要排序稳定，则可选用合并排序法。

第二部分　习题

一、选择题

1. 下列叙述中正确的是_____。

A. 线性表的链式存储结构与顺序存储结构所需要的存储空间是相同的

B. 线性表的链式存储结构所需要的存储空间一般要多于顺序存储结构

C. 线性表的链式存储结构所需要的存储空间一般要少于顺序存储结构

D. 线性表的链式存储结构与顺序存储结构在存储空间的需求上没有可比性

2. 下列叙述中正确的是_____。

A. 栈是一种先进先出的线性表　　B. 队列是一种后进先出的线性表

C. 栈与队列都是非线性结构　　D. 以上三种说法都不对

3. 下列关于栈叙述正确的是_____。

A. 栈顶元素最先能被删除　　B. 栈顶元素最后才能被删除

C. 栈底元素永远不能被删除　　D. 栈底元素最先被删除

4. 下列叙述中正确的是_____。

A. 在栈中，栈中元素随栈底指针与栈顶指针的变化而动态变化

B. 在栈中，栈顶指针不变，栈中元素随栈底指针的变化而动态变化

C. 在栈中，栈底指针不变，栈中元素随栈顶指针的变化而动态变化

D. 以上说法都不正确

5. 某二叉树共有 7 个结点，其中叶子结点只有 1 个，则该二叉树的深度为（假设根结点在第 1 层）_____。

A. 3　　B. 4　　C. 6　　D. 7

6. 下列叙述中正确的是_____。

A. 算法就是程序　　B. 设计算法时只需要考虑数据结构的设计

C. 设计算法时只需要考虑结果的可靠性　　D. 以上三种说法都不对

7. 下列叙述中正确的是_____。

A. 有一个以上根结点的数据结构不一定是非线性结构

B. 只有一个根结点的数据结构不一定是线性结构

C. 循环链表是非线性结构

D. 双向链表是非线性结构

8. 下列关于二叉树的叙述中，正确的是_____。

A. 叶子结点总是比度为 2 的结点少一个

B. 叶子结点总是比度为 2 的结点多一个

C. 叶子结点数是度为 2 的结点数的两倍

D. 度为 2 的结点数是度为 1 的结点数的两倍

9. 下列叙述中正确的是_____。

A. 循环队列是队列的一种链式存储结构

B. 循环队列是队列的一种顺序存储结构

C. 循环队列是非线性结构

D. 循环队列是一种逻辑结构

10. 下列关于线性链表的叙述中，正确的是_____。

A. 各数据结点的存储空间可以不连续，但它们的存储顺序与逻辑顺序必须一致

B. 各数据结点的存储顺序与逻辑顺序可以不一致，但它们的存储空间必须连续

C. 进行插入与删除时，不需要移动表中的元素

D. 以上说法均不正确

11. 一棵二叉树共有 25 个结点，其中 5 个是叶子结点，则度为 1 的结点数为_____。

A. 16　　B. 10　　C. 6　　D. 4

12. 下列选项中，哪个不是一般算法应该有的特征_____。

A. 无穷性　　B. 可行性　　C. 确定性　　D. 有穷性

13. 下列关于栈的叙述中正确的是_____。

A. 在栈中只能插入数据，不能删除数据

B. 在栈中只能删除数据，不能插入数据

C. 栈是先进后出(FILO)的线性表

D. 栈是先进先出(FIFO)的线性表

14. 设有下列二叉树：

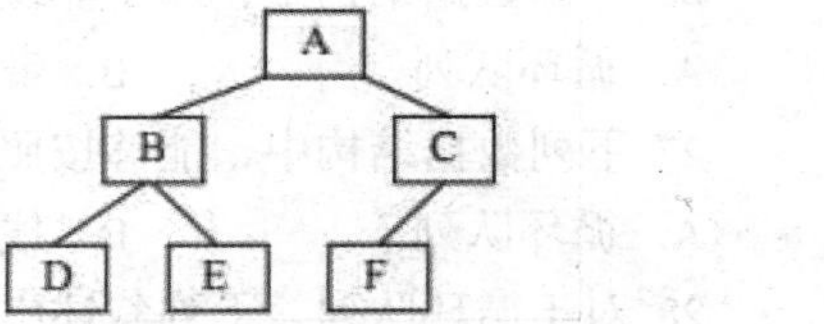

对此二叉树中序遍历的结果为_____。

A. ACBDEF　　B. DEBFCA

C. ABDECF　　D. DBEAFC

15. 算法的有穷性是指_____。

A. 算法程序的运行时间是有限的　　B. 算法程序所处理的数据量是有限的

C. 算法程序的长度是有限的　　D. 算法只能被有限的用户使用

16. 对长度为 n 的线性表排序，在最坏情况下，比较次数不是 $n(n-1)/2$ 的排序方法是_____。

A. 快速排序　　B. 冒泡排序　　C. 直接插入排序　　D. 堆排序

17. 下列关于栈的叙述正确的是_____。

A. 栈按“先进先出”组织数据　　B. 栈按“先进后出”组织数据

C. 只能在栈底插入数据　　D. 不能删除数据

18. 一个栈的初始状态为空。现将元素 1、2、3、4、5、A、B、C、D、E 依次入栈，然后再依次出栈，则元素出栈的顺序是_____。

A. 12345ABCDE　　B. EDCBA54321　　C. ABCDE12345　　D. 54321EDCBA

19. 下列叙述中正确的是_____。

A. 循环队列有队头和队尾两个指针，因此，循环队列是非线性结构

B. 在循环队列中，只需要队头指针就能反映队列中元素的动态变化情况

C. 在循环队列中，只需要队尾指针就能反映队列中元素的动态变化情况

D. 循环队列中元素的个数是由队头指针和队尾指针共同决定

20. 在长度为 n 的有序线性表中进行二分查找，最坏情况下需要比较的次数是_____。

A. $O(n)$　　B. $O(n^2)$　　C. $O(\log_2 n)$　　D. $O(n\log_2 n)$

21. 下列叙述中正确的是_____。

A. 顺序存储结构的存储一定是连续的，链式存储结构的存储空间不一定是连续的

B. 顺序存储结构只针对线性结构，链式存储结构只针对非线性结构

C. 顺序存储结构能存储有序表，链式存储结构不能存储有序表

D. 链式存储结构比顺序存储结构节省存储空间

22. 下列叙述中正确的是_____。

A. 栈是“先进先出”的线性表

B. 队列是“先进后出”的线性表

C. 循环队列是非线性结构

D. 有序线性表既可以采用顺序存储结构，也可以采用链式存储结构

23. 支持子程序调用的数据结构是_____。

A. 栈　　B. 树　　C. 队列　　D. 二叉树

24. 某二叉树有 5 个度为 2 的结点，则该二叉树中的叶子结点数是_____。

A. 10　　B. 8　　C. 6　　D. 4

25. 下列排序方法中，最坏情况下比较次数最少的是_____。

A. 冒泡排序　　B. 简单选择排序　　C. 直接插入排序　　D. 堆排序

26. 下列数据结构中，属于非线性结构的是_____。

A. 循环队列　　B. 带链队列　　C. 二叉树　　D. 带链栈

27. 下列数据结构中，能够按照“先进后出”原则存取数据的是_____。

A. 循环队列　　B. 栈　　C. 队列　　D. 二叉树

28. 对于循环队列，下列叙述中正确的是_____。

A. 队头指针是固定不变的

B. 队头指针一定大于队尾指针

C. 队头指针一定小于队尾指针

D. 队头指针可以大于队尾指针，也可以小于队尾指针

29. 算法的空间复杂度是指__________。

A. 算法在执行过程中所需要的计算机存储空间

B. 算法所处理的数据量

C. 算法程序中的语句或指令条数

D. 算法在执行过程中所需要的临时工作单元数

第8章 程序设计基础

第一部分　实验

实验一　结构化程序设计

一、实验目的

1. 了解结构化程序设计的特点。
2. 熟悉C语言程序的编辑、编译、连接和运行过程。
3. 了解C语言程序的开发环境。
4. 了解C语言程序的结构。
5. 掌握C语言中顺序、选择和循环结构的常用语句。

二、实验示例

1. C语言程序运行的步骤

编写下列C语言程序并运行该程序。

【例8.1】计算并输出两个整数之和。

源程序代码如下。

```
#include <stdio.h>
void main()
{     inta,b,sum;
      a=34;b=56;      sum=a+b;
      printf("a= %d  b= %d \n",a,b);        /*    输出变量a和b的值    */
      printf("a+b= %d\n",sum);              /*    输出a+b的值sum    */
}
```

C语言是一门结构化程序设计的高级语言，为了使计算机能够执行高级语言源程序，必须先用一种称为“编译程序”的软件，将源程序翻译成二进制形式的“目标程序”，然后再将该目标程序与系统的函数库以及其他目标程序连接起来，形成可执行的目标程序。

编写好一个C语言源程序后，如何上机运行呢？在草稿纸上编写好一个C语言程序后，要经过这样几个步骤最终运行：在一个 C 语言开发环境里（或者记事本也可以）输入并编辑源程序；用编译器对源程序进行编译，得到目标程序；将目标程序与库函数和其他目标程序连接，得到可执行的目标程序；运行可执行的目标程序。整个流程如图 8.1 所示。

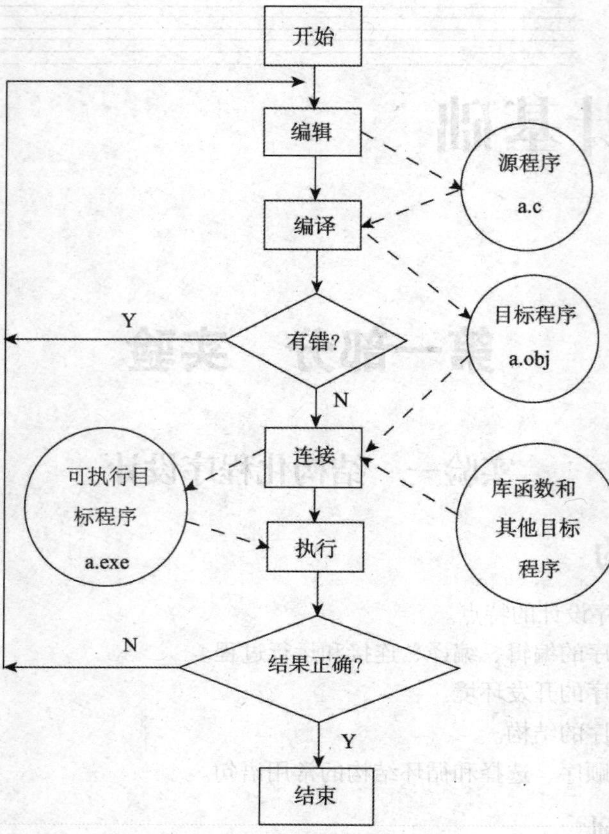

图 8.1 C 语言程序执行流程

在图 8.1 所示的流程中，其中实线表示操作流程，虚线表示文件的输入输出。例如通过记事本或 C 语言开发环境将例 8.1 所示的程序输入并编辑后以“a.c”文件名保存为 C 语言源程序，然后在 C 语言开发环境中对源程序 a.c 进行编译，得到目标程序文件 a.obj，再将目标程序与系统提供的库函数进行连接，得到可执行程序 a.exe，最后运行可执行目标程序 a.exe 即可看到如图 8.2 所示的运行结果。

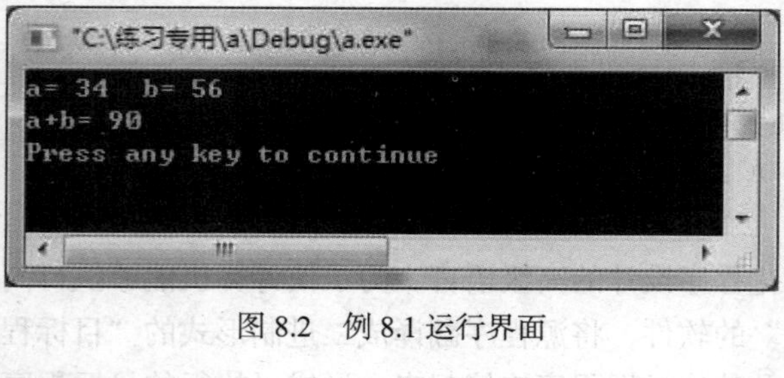

图 8.2 例 8.1 运行界面

2. C 语言程序的开发环境

为了编译、连接和运行 C 语言程序，必须有相应的 C 语言编译系统。目前使用的大多数不是单独的编译系统，而是使用把程序的编辑、编译、连接和运行等操作全部集中在一个界面上进行处理的集成开发环境（Integrated Development Environment，IDE），这样操作更方便、直观。

C 语言程序设计集成开发环境有很多，有 Turbo C、Turbo C ++、Microsoft Visual C++、Borland C++和 Dev-C++等十几种，其中最常用的有 Turbo C 2.0 和 Microsoft Visual C++ 6.0。

Turbo C 2.0 是美国 Borland 公司开发的基于 DOS 环境的，在进入 Turbo C 集成环境后，不能用鼠标进行操作，主要通过键盘选择菜单的方式来操作，使用起来不太方便，其操作界面如图 8.3 所示。

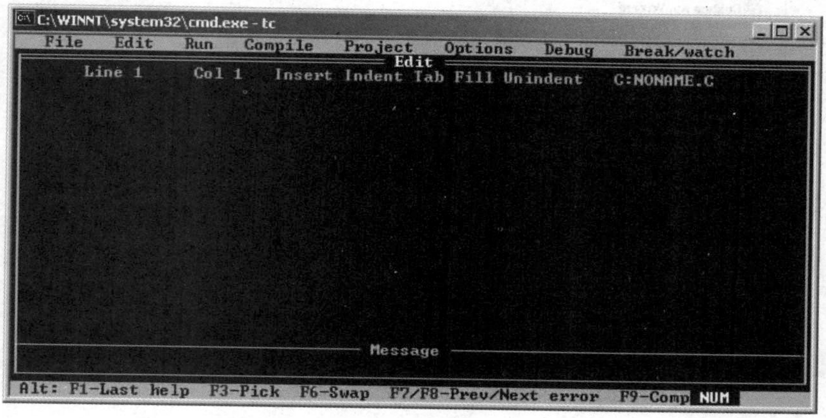

图 8.3　Turbo C 2.0 操作界面

Visual C++ 6.0 简称 VC 或者 VC 6.0，是 Microsoft 公司推出的一款基于 Windows 操作系统的 C++可视化集成开发环境。由于 C++是从 C 语言发展而来的，C++对 C 程序是兼容的，因此也可以用 C++的集成开发环境来对 C 程序进行处理。Visual C++ 6.0 有中文版和英文版，二者使用方法相同。本节介绍的是 Visual C++ 6.0 中文版，其主窗口如图 8.4 所示。

在 Visual C++ 6.0 主窗口的顶部是主菜单栏，共包含 9 个菜单项，分别是：文件、编辑、查看、插入、工程、组建、工具、窗口和帮助。每个主菜单项都有相应的命令，操作的很大部分工作是在主菜单栏中完成的。

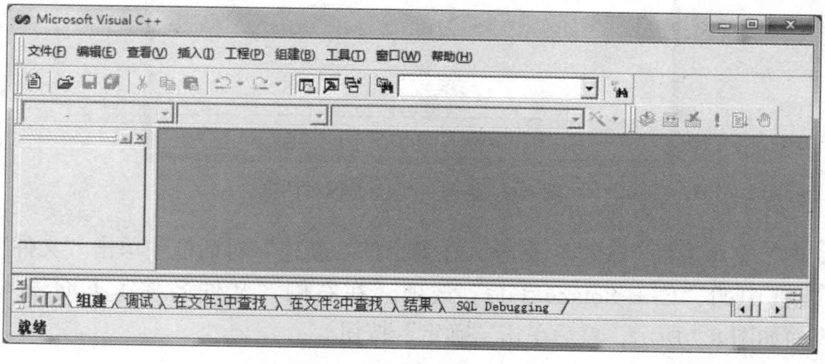

图 8.4　Visual C ++ 6.0 主窗口

要在 VC 6.0 中运行例 8.1 所示的 C 语言程序程序，操作方法如下。

（1）建立C语言源程序

单击 VC 6.0 主窗口的“文件”菜单下的“新建”命令，在弹出的如图 8.5 所示的“新建”对话框中单击“工程”选项卡，再单击选中列表框下方的“Win32 Console Application”（Win32 控制台应用程序），然后在右侧的“工程名称”下面填好工程的名称（如“a”）并选择好保存的位置，最后单击“确定”按钮。

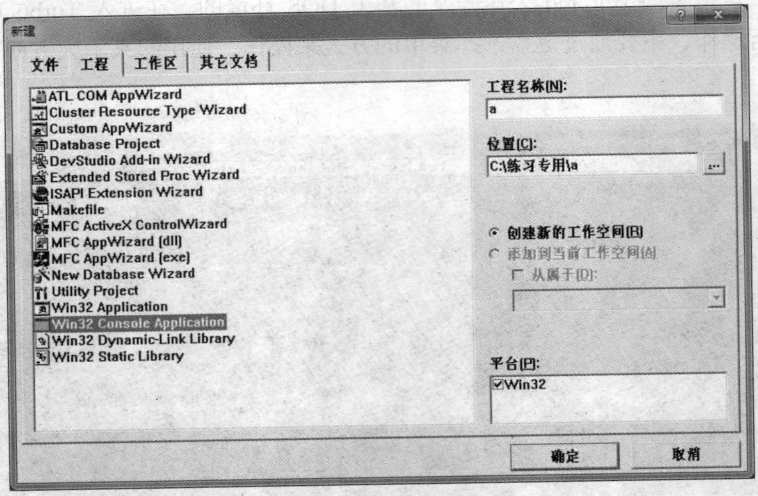

图 8.5 “新建”对话框

在之后弹出的如图 8.6 所示界面中选择默认的“一个空工程”选项后，单击“完成”按钮。之后将弹出“新建工程信息”对话框，单击“确定”。

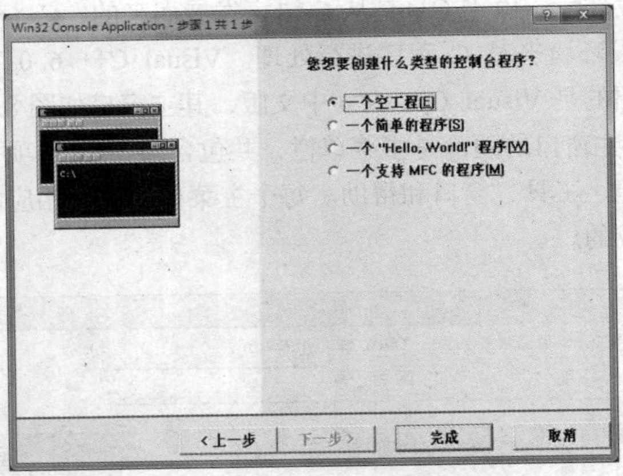

图 8.6 新建一个空工程对话框

单击“文件”菜单下的“新建”命令，在弹出的“新建”对话框中单击“文件”选项卡，再单击选中列表框中的“C++ Source File”选项，在右侧“文件名称”下面输入文件名（如“a”），操作界面如图 8.7 所示，然后单击“确定”按钮。

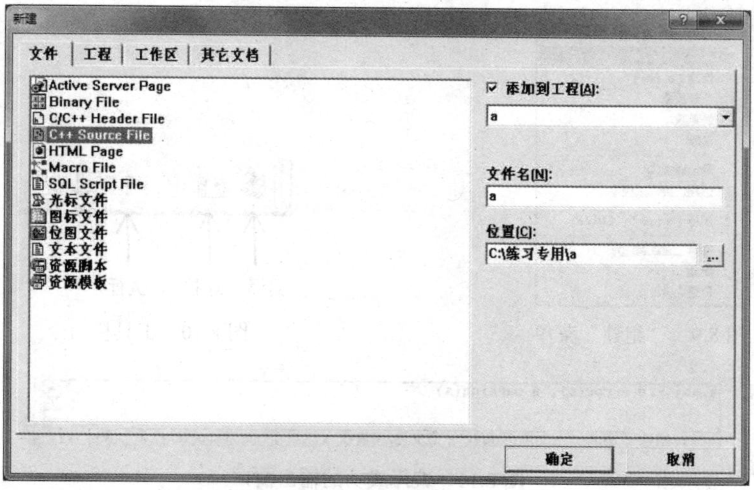

图 8.7 新建源程序对话框

在之后出现的 VC 6. 0 界面中，可以在其中的“程序编辑器”部分输入例 8. 1 的源程序，然后单击工具栏上的“保存”按钮进行保存。输入源程序之后的界面如图 8.8 所示。其中绿色的部分为程序的注释，注释只是一个说明，是不运行的。

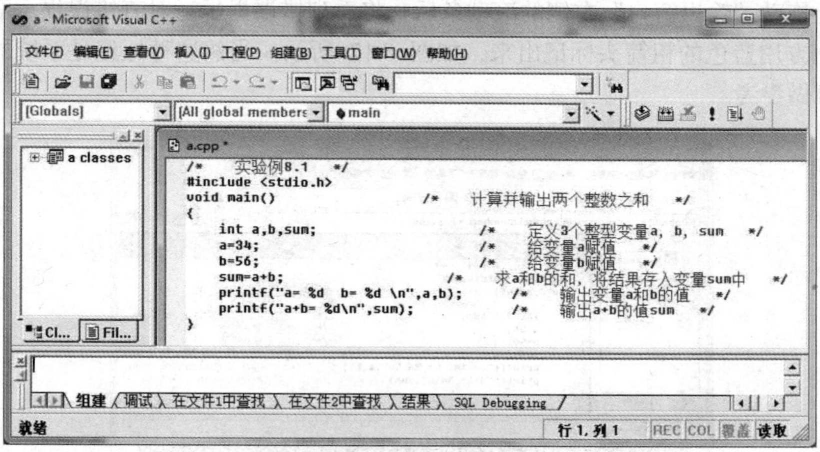

图 8.8 建立例 8.1 的源程序操作界面

（2）对源程序进行编译

源程序建立之后，要对其进行编译。

单击“组建”菜单下的“编译”命令或者工具栏上的“编译”按钮或者按组合键 Ctrl+F7 即可对源程序进行编译。“组建”菜单下的命令如图 8.9 所示，工具栏上相应的命令如图 8.10 所示。

编译成功后，将得到目标程序“a. obj”。编译结果将在主窗口下方的“输出窗口”显示，如图 8.11 所示。

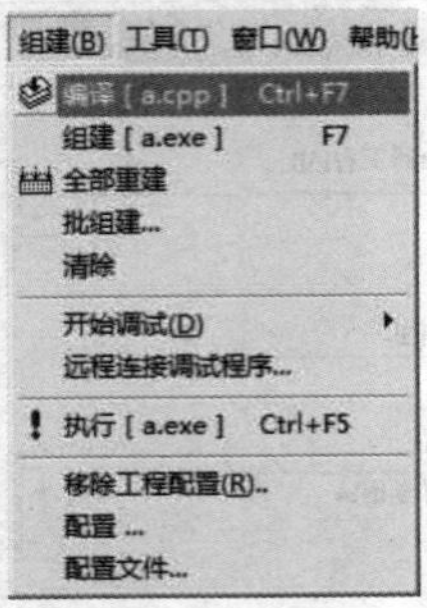

图 8.9 “组建”菜单

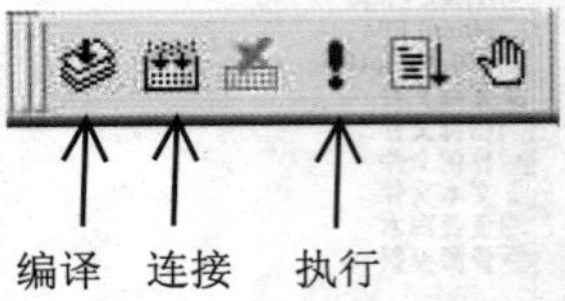

图 8.10 工具栏命令

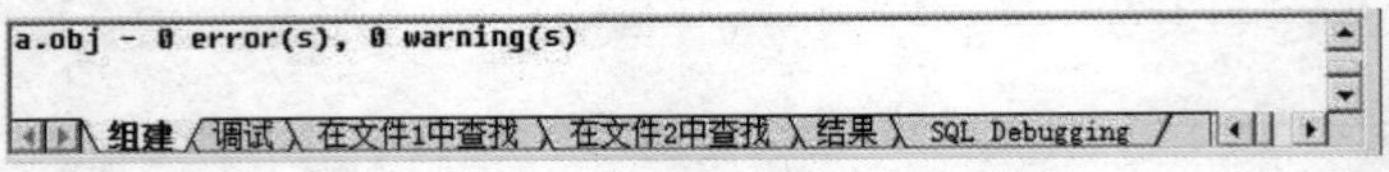

图 8.11 编译成功的输出窗口

图 8.11 所示的界面显示“a. obj - 0 error(s), 0 warning(s)”，说明源程序没有错误，可以继续连接和运行。若编译之后显示有错误，可以拖动“输出窗口”右侧的滚动条向上翻动，查看错误的提示，返回源程序进行修改，直到没有错误之后再进行下一步操作。

若例 8.1 的源程序在输入时，最后一个 printf 语句后面的分号忘记输入，编译后将提示有 1 个错误，向上拖动“输出窗口”右侧的滚动条后，将看到错误提示。对着错误提示双击，将在源程序出错的地方用蓝色的粗箭头标记出来，如图 8.12 所示。当然这种标记是系统的判断，不一定准确，只可做参考。

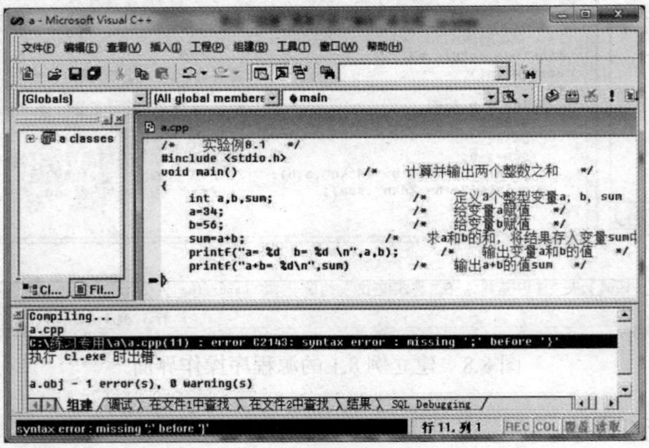

图 8.12 编译出错的输出窗口

（3）对目标程序进行连接

编译之后，可单击图 8.9 所示“组建”菜单下的“组建”命令或者图 8.10 所示工具栏上的“连接”按钮或者按 F7 键对目标程序进行连接。“组建”命令和“连接”命令意思是一样的。连接成功后，输出窗口将显示如图 8.13 所示的连接结果。连接成功后，将得到可执行目标程序“a. exe”。

图 8.13 连接成功的输出窗口

（4）运行可执行目标程序

对于连接成功之后的程序，可单击图 8.9 所示“组建”菜单下的“执行”命令或者图 8.10 所示工具栏上的“执行”按钮或者按组合键 Ctrl+F5 进行运行。例 8.1 运行的界面如图 8.2 所示。若运行结果不正确，依然要返回到源程序进行修改，直到结果正确为止。

3. C 语言程序的结构

【例 8.2】随机输入两个整数，计算并输出它们之差。

源程序代码如下：

```
#include<stdio.h>                          /*预编译命令*/
void main()                                /*函数头*/
{                                          /*{函数体开始标志*/
    int a,b,s;                             /*定义 3 个整型变量 a，b，s*/
    printf("输入两个整数 a，b\n");          /*输出提示信息*/
    scanf("%d%d",&a,&b);                   /*输入 2 个整数 a，b*/
    s=a-b;                                 /*计算 a、b 的和存入 s 中*/
    printf("a-b=%d\n",s);                  /*输出变量 s 的值*/
}                                          /*}函数体结束标志*/
```

程序的运行界面如图 8.14 所示。

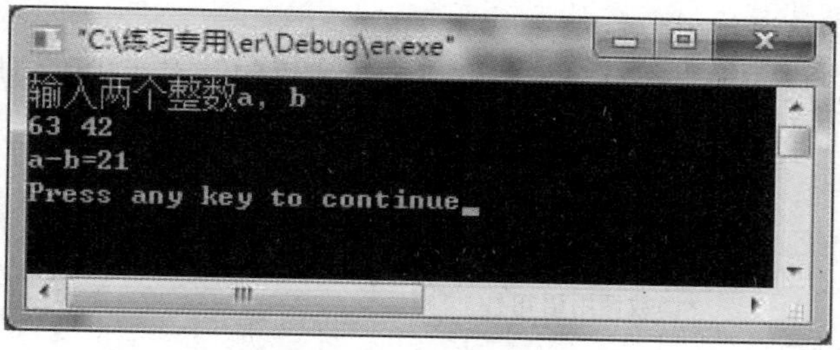

图 8.14　例 8.2 的运行界面

对 C 语言程序的结构说明如下。

（1）C 程序由函数构成（C 语言是函数式的语言，函数是 C 程序的基本单位），每一个函数完成独立的功能，其中至少有一个主函数（main 函数）。

（2）main 函数是每个 C 程序执行的起始点。

（3）一个函数由函数首部和函数体两部分组成。

函数首部是一个函数的第一行。函数首部的格式如下：

```
返回值类型　函数名([参数 1 类型参数名 1],[,…,参数 n 类型参数名 n])
```

注意：函数可以没有参数，但是后面的一对小括号不能省略，这是格式的规定。

函数体是函数首部下用一对花括号{}括起来的部分。如果函数体内有多个{}，最外层是函数体的范围。函数体一般包括声明部分和执行部分，格式如下：

```
{
[声明部分]
[执行部分]
}
```

在声明部分定义本函数所使用的变量。执行部分由若干条语句组成命令序列（可以在其中调用其他函数）。

（4）C 程序书写规格自由。语句以分号结束；一行可以写几条语句，一条语句也可以写成多行。

（5）可以使用/**/对 C 程序中的任何部分进行注释。注释部分不执行。

（6）C 语言本身不提供输入/输出语句，输入/输出的操作通过调用 C 的标准库函数来实现。C 的标准函数库中提供许多用于标准输入和输出的库函数（如 scanf、printf 等），使用这些标准输入和输出库函数时，要用预编译命令“#include”将有关的“头文件”包括到用户源文件中。在调用标准输入输出库函数时，文件开头应有以下预编译命令：

```
# include   <stdio.h>
```

加入预编译命令后，编译之后进行连接时，系统会把用户编写的源程序的目标程序和标准函数库中找到的库函数目标程序连接起来。

4. 顺序结构常用语句

结构化程序设计的三大结构分别是顺序结构、选择结构和循环结构。

顺序结构是最简单的一种程序结构，是一种按程序的书写顺序依次执行的结构。在 C 语言中，它通常由说明语句、表达式语句、函数调用语句和输入输出语句组成，一般也出现在选择结构或循环结构的语句体内，总之整个程序都存在顺序结构。

（1）表达式语句和空语句

任何一个表达式，后面加一个分号就能够成表达式语句。表达式语句是 C 语言程序中最常用的语句。例如：

```
sum=a+b;                /*赋值表达式语句*/
++i;                    /*算术表达式语句*/
printf("%d",a);         /*函数调用语句*/
```

上述语句都是表达式语句。

在表达式语句中，如果没有表达式只有分号，即

```
;
```

则是一个空语句。空语句在语法上是一个语句，但不执行任何操作。

（2）复合语句

在顺序结构中，语句常常以复合语句的形式出现在程序中。复合语句是指由两条或两条以上的语句用花括号{}括起来的语句序列。如果该语句序列中含有说明语句，这样的复合语句又称为分程序。复合语句在语法上作为一条语句，可以出现在任何单一语句可以出现的地方。复合语句的形式如下：

```
{
[说明语句部分]
执行语句部分
}
```

其中，说明语句可以没有，如果有则放在执行语句的前面。例如，下面的复合语句实现交换两个变量的值：

```
{
int  temp;
temp=a;
```

```
a=b;
b=temp;
}
```

该语句中定义的变量 temp，只在本复合语句内有效。

（3）简单的格式输出函数——printf 函数

格式：

```
printf（格式控制字符串，输出表列）
```

功能：向计算机系统默认的输出设备输出若干个任意类型的数据。

说明：

① 格式控制字符串

格式控制字符串包括两种数据，一种是普通字符，这些字符在输出时照原样输出；另一种是格式转换说明符，用于控制要输出的内容以何种方式进行输出显示，格式转换说明符由“%”开始，并以一个格式字符结束。

例如：

```
printf("a=  %d   ,b=  %d  \n",  a,b);
```

其中格式控制字符串中“%d”和“\n”是格式转换说明符，其他为普通字符，包括“a=”、“ ,b=”和空格。

在输出时，对不同类型的数据要使用不同的格式字符。常用的有以下几种。

- d 或 i 格式符。按十进制整数型数据的实际长度输出。
- f 格式符。用小数形式显示浮点小数。
- c 格式符。用来输出一个字符。
- s 格式符。用来输出一个字符串。

② 输出表列

“输出表列”是需要输出的一些数据。可以是表达式，各个数据之间用逗号隔开。

以下的 printf 函数都是合法的：

```
printf("I  am  a  student.\n");
printf("%d",3+2);
```

一般情况下，格式转换说明符与输出项个数相同。

如果格式转换说明符的个数大于输出项的个数，则多余的格式将输出不定值。如果格式转换说明符的个数小于输出项的个数，则多余的输出项不输出。

（4）简单的格式输入函数——scanf 函数

格式：

```
scanf（格式控制字符串，地址表列）
```

功能：从标准输入设备（键盘）输入若干个任意类型的数据。

说明：

① 格式控制字符串的含义和 printf 函数一样。

② 地址表列是由若干变量的地址组成的列表，参数之间用逗号隔开。函数 scanf 要求必须

指定用来接收数据的地址，否则，虽然编译程序不会出错，但会导致数据不能正确地读入指定的内存单元。对普通变量而言，可以在变量前使用“&”符号，用于取变量的地址，而对于指针变量而言，直接使用指针变量名称即可。

③ 输入数据的分隔符的指定如下。

●一般以空格、TAB 或回车符作为分隔符（在格式控制符之间为空格、TAB 或无任何符号时）。

●其他字符作为分隔符：格式控制字符串中两个格式控制符之间的字符为上述三种字符以外的字符时，输入数据时要原样输入。

例如，输入语句“scanf(“%d, %d”, &a, &b);”，要想在输入数据后使 a=3，b=4，则应输入“3, 4”。

【例 8.3】从键盘输入圆的半径，求圆的面积。

源程序代码如下：

```
#define  PI  3.1415926              /*   定义常量圆周率   */
#include  <stdio.h>
void  main()
{      float  r,s;                  /*   定义两个浮点型变量   */
       printf("please  input  radius:\n  r=");        /*   输入半径前的提示   */
       scanf("%f",&r);                                 /*   输入浮点型数据到变量 r 中   */
       s=PI*r*r;                                       /*   计算圆的面积   */
printf("area=%f\n",s);                  /*   以浮点数形式输出计算结果   */
}
```

当输入半径为 3 时，程序的运行结果如图 8.15 所示。

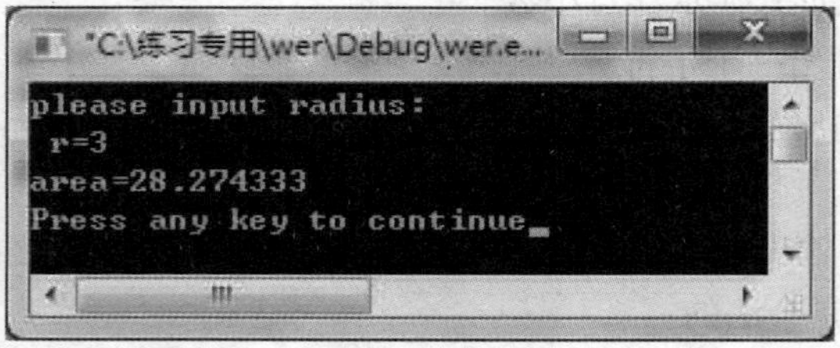

图 8.15　例 8.3 的运行界面

【例 8.4】计算三角形的面积。

源程序代码如下：

```
#include  <stdio.h>
#include  <math.h>    /*   预编译库函数 math.h，求平方根 sqrt 函数属于该库   */
void  main()
{      float  a,b,c,p,s;                 /*   定义 4 个浮点型变量   */
       a=3.0;     b=4.0;     c=5.0;      /*   一行写多条语句   */
       p=a+b+c;   p/=2;
       s=sqrt(p*(p-a)*(p-b)*(p-c));      /*   计算三角形面积   */
       printf("s=%f\n",s);               /*   输出结果   */
}
```

5. 选择结构语句

对于要先做判断再选择的问题就要使用选择结构（也称为分支结构）。选择结构的执行是依据一定的条件选择执行路径，而不是严格按照语句出现的物理顺序。

在 C 语言中，选择结构分支条件通常用关系表达式或逻辑表达式来表示，实现程序流程的语句由 C 语言的 if 语句或 switch 语句来完成。

（1）if 语句

if 语句分为单分支结构、双分支结构和多分支结构。

① 单分支结构

```
if（表达式）语句 s
```

语句 s 可以是一条单语句，也可以是复合语句。若是复合语句，一定要用花括号{}括起来，否则运行结果将和预期不符。

② 双分支结构

```
if（表达式）语句 s1    else 语句 s2
```

如计算某个数的绝对值，可编写程序：

```
if(x<0) y=-x;    else     y=x;
```

③ 多分支结构

```
if（表达式 1）语句 s1
else if（表达式 2）语句 s2
…
else if（表达式 n）语句 sn
else 语句 sn+1
```

【例 8.5】单分支 if 语句举例。

源程序代码如下：

```
#include <stdio.h>
void main( )
{  int a=4, b=3, c=5, t=0;
     if (a<b) t=a; a=b; b=t;
     if (a<c) t=a; a=c; c=t;
     printf ( "%d  %d  %d\n" , a, b, c);
}
```

程序运行输出结果为：

```
5    0    3
```

分析：

程序第一行在定义 a、b、c、t 四个变量的同时进行了初始化。接下来第一个 if 语句的表达式 a<b 为假，if 其后的语句“t=a;”不执行。值得注意的是“a=b; b=t;”不属于 if 的语句，将被执行，执行后 a 值为 3，b 值为 0；然后第二个 if 语句的表达式 a<c 为真，则执行语句“t=a;”，t 值变为 3，接着执行“a=c;”，a 值变为 5，再接着执行“c=t;”，c 值变为 3；因此，输出结果为：5　0　3。

若两个 if 语句分别改为下列形式：

```
if (a<b) {t=a; a=b; b=t;}
if (a<c) {t=a; a=c; c=t;}
```

则程序运行结果为:

```
5   3   4
```

(2) switch 语句

switch 语句形式如下:

```
switch (表达式)
{  case    常量表达式 1:语句 1; break;
   case    常量表达式 2:语句 2; break;
   …
   case    常量表达式 n:语句 n ; break;
   default            :  语句 n+1; break;
}
```

【例 8.6】switch 语句。根据输入判断成绩等级。

源程序代码如下:

```
#include <stdio.h>
void main()
{
      int grade;
      printf("Please input grade(1~5):");     /*    输入成绩档次 1~5    */
      scanf("%d",&grade);
      switch(grade)
      { case 1: printf("优秀\n"); break;
        case 2: printf("良好\n"); break;
        case 3: printf("中等\n"); break;
        case 4: printf("及格\n"); break;
        case 5: printf("不及格\n");break;
        default: printf("非法等级\n"); break;
      }
}
```

运行时,若输入 1,则显示“优秀”;输入 1~5 以外的数,则显示“非法等级”。

6. **循环结构语句**

在 C 语言中,循环结构语句有 while 语句、do…while 语句和 for 循环语句。

【例 8.7】循环结构语句。从键盘输入一个正整数,计算其阶乘。

源程序代码如下:

```
#include  <stdio.h>
void main()
{   int i=1,sum=1,n;
     printf("Please input n:");
     scanf("%d",&n);
     while ( i<=n )
          {  sum=sum*i ;
```

```
        i++;
    }
    printf("sum=%d\n",sum);
}
```

运行时若输入 5，将显示：

```
sum=120
```

三、上机实验

1. 编写 C 语言程序，输入某学生的高数、英语和计算机 3 门课程的成绩，计算并输出该学生的总成绩和平均成绩。
2. 从键盘输入一个整数，计算并输出其绝对值。
3. 编程计算 1～100 的奇数和。
4. 编程计算 1～100 的偶数和。

实验二　面向对象程序设计

一、实验目的

1. 了解可视化面向对象程序设计的过程。
2. 熟悉 Visual Basic 6.0 的集成开发环境。
3. 掌握建立、编辑和运行 Visual Basic 应用程序的过程。
4. 了解常用控件的使用。

二、实验示例

在 Visual Basic 6.0 中，建立一个简单的应用程序的步骤如下：

（1）分析问题，设计算法；

（2）设计应用程序用户界面；

（3）对象属性的设置；

（4）编写程序代码；

（5）调试运行程序；

（6）保存程序文件。

【例 8.8】建立一个简单的 VB 程序，运行界面如图 8.16 所示。

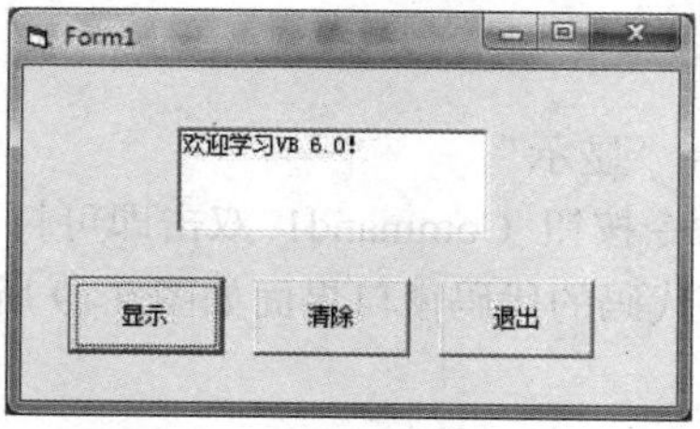

图 8.16　例 8.8 的运行界面

这道题比较简单，第 1 步设计算法可以省略，其他步骤操作如下。

（1）从“开始”菜单启动应用程序“Microsoft Visual Basic 6.0 中文版”。在系统弹出的“新建工程”对话框的默认的“新建”选项卡中使用默认的选项“标准 EXE”，单击“打开”按钮即可进入如图 8.17 所示的 VB 的可视化集成开发环境。

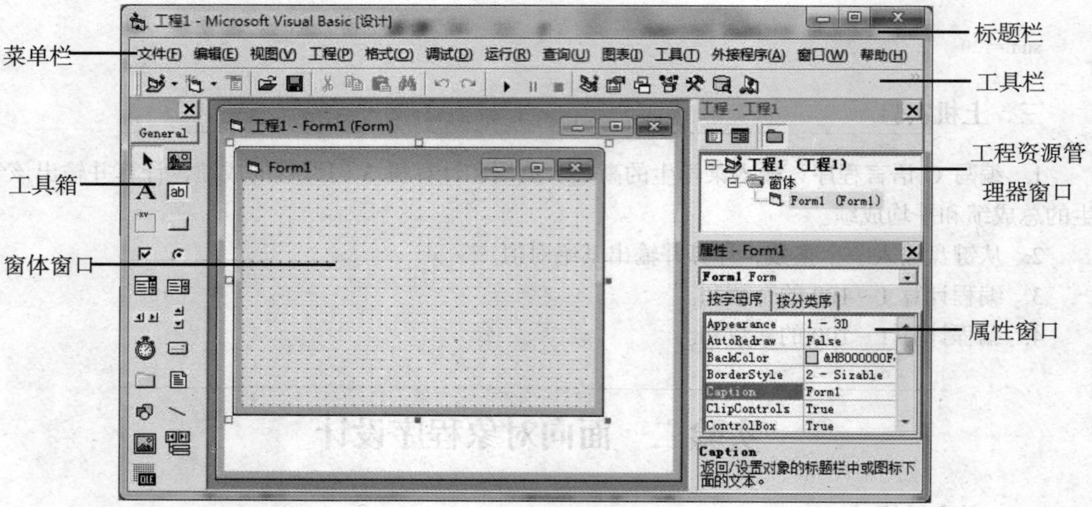

图 8.17 VB 的集成开发环境

（2）根据题目运行界面，要在窗体上放置 4 个控件对象，名称分别是 Text1、Command1、Command2 和 Command3。放置的方法是在“工具箱”中选中对应的控件，然后在窗体窗口上拖动画出控件。应用程序界面设置如图 8.18 所示。

（3）设置对象的属性。对象的属性设置如表 8.1 所示。

表 8.1 例 8.8 属性设置

控件名	属性名	属性值
Command1	Caption	显示
Command2	Caption	清除
Command3	Caption	退出

可以通过两种方法设置对象的属性。

① 在设计阶段利用属性窗口直接设置对象的属性，方法是先选中控件，再在属性窗口找到该控件对应的属性名，然后将属性名右侧的属性值修改。

② 在程序代码中通过赋值语句来实现，其格式为：

对象名.属性名＝属性值

例如：Command1. caption=“显示”

（4）编写程序代码。对着命令按钮 Command1 双击即可打开代码窗口，在代码窗口输入正确的程序代码。输入完整的程序代码的代码窗口界面如图 8.19 所示，其中绿色字体的是注释。

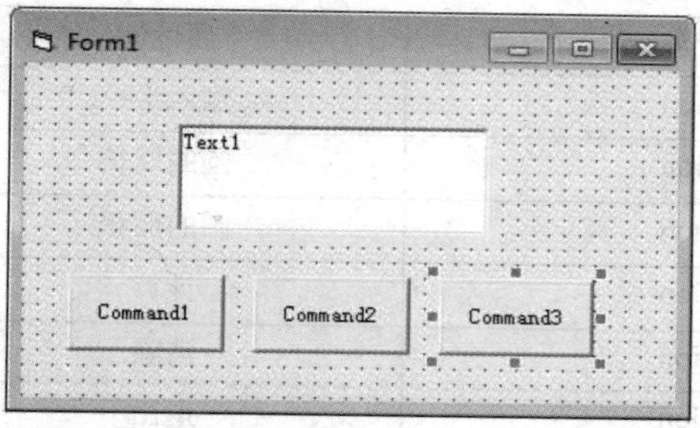

图 8.18　例 8.8 的设计界面

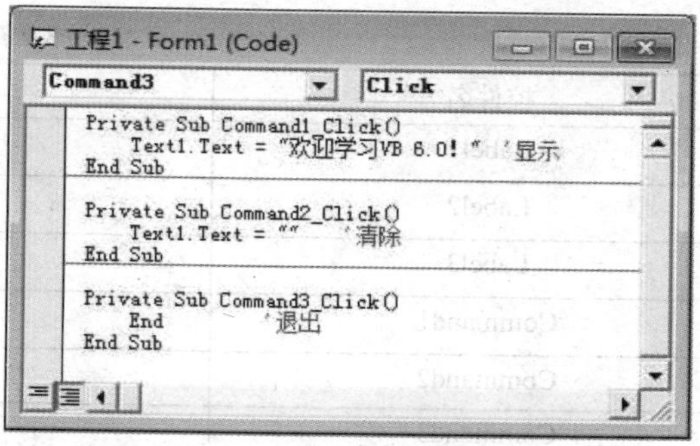

图 8.19　例 8.8 的代码编写

（5） 调试运行程序。单击“运行”菜单下的“启动”命令、单击工具栏上的“▸”启动按钮或者按 F5 键都可运行程序。若运行过程发现有错误，系统会显示错误提示并且中断运行，用户可以修改直至完全正确后再运行。

本题的运行情况如下：单击“显示”按钮，将在文本框 Text1 中显示“欢迎学习 VB 6. 0！”；单击“清除”按钮将清除文本框中的内容；单击“退出”按钮将退出程序的运行。

要注意，运行程序时系统并不会自动依次单击一遍“显示”“清除”和“退出”按钮后自动退出运行。VB 是事件驱动的编程机制，VB 程序的执行步骤如下：

① 启动应用程序，装载和显示窗体；

② 窗体（或窗体上的控件）等待事件的发生；

③ 事件发生时，执行对应的事件过程；

④ 重复执行步骤②和③；

⑤ 直到遇到“END”结束语句结束程序的运行或按“结束”强行停止程序的运行。

（6） 保存程序文件。选择“文件”菜单下的“保存工程”命令，VB 将依次保存窗体文件和工程文件。操作界面如图 8.20 和图 8.21 所示。

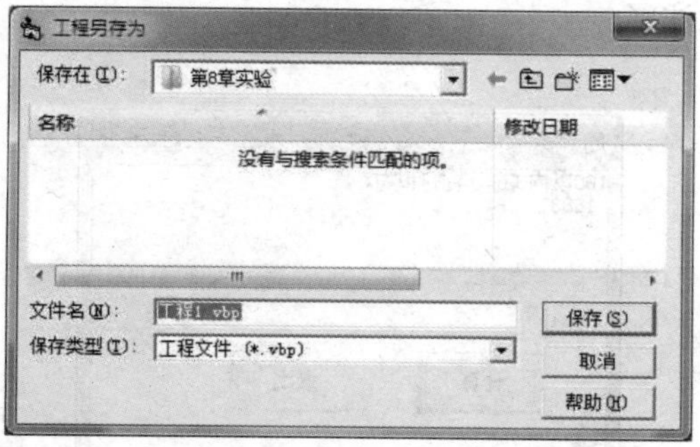

图 8.20　保存工程文件

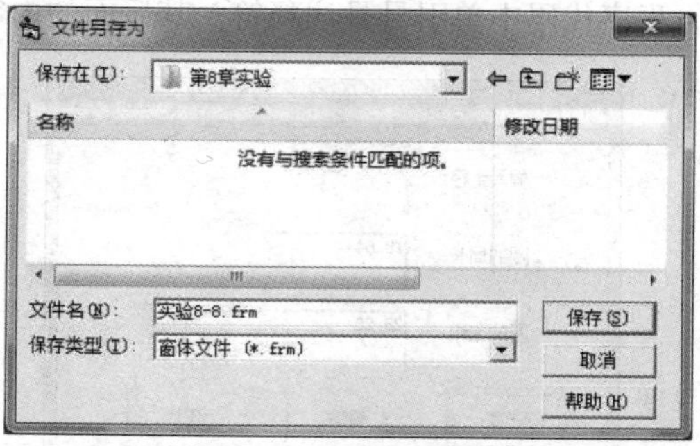

图 8.21　保存窗体文件

【例 8.9】根据输入的半径，编程计算圆的周长和面积，运行界面如图 8.22 所示。

运行时在“输入半径”标签旁的文本框 Text1 中输入半径，然后单击“计算”按钮进行计算并在文本框 Text2 和 Text3 中显示结果。“输入半径”之类的提示通过工具箱上的标签控件 Label 来实现。

对象的属性设置如表 8.2 所示。

表 8.2　　　　例 8.9 属性设置

控件名	属性名	属性值
Label1	Caption	输入半径
Label2	Caption	圆的周长
Label3	Caption	圆的面积
Command1	Caption	计算
Command2	Caption	清除
Command3	Caption	退出

程序代码如下：

```
Private Sub Command1_Click()
    Dim r As Single, zc As Single, mj As Single  '定义3个单精度类型变量
    r = Text1.Text          '获取Text1中输入的半径，放入变量r中
    zc = 2 * 3.14 * r       '计算圆的周长并存入变量zc中
    mj = 3.14 * r ^ 2       '计算圆的面积并存入变量mj中
    Text2.Text = zc         '在Text2中显示周长
    Text3.Text = mj         '在Text3中显示面积
End Sub
Private Sub Command2_Click()    '清除程序
    Text1.Text = ""             '将文本框Text1的内容清空
    Text2.Text = ""
    Text3.Text = ""
End Sub
Private Sub Command3_Click()    '退出程序
    End
End Sub
```

程序代码中单引号是注释符，其后面的内容为注释。

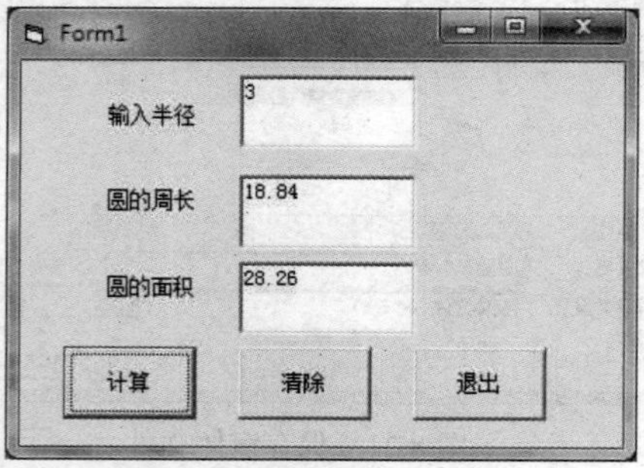

图 8.22　例 8.9 的运行界面

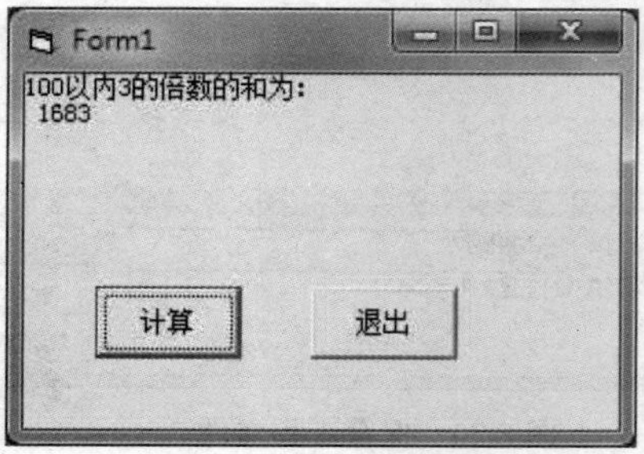

图 8.23　例 8.10 的运行界面

【例 8.10】计算 100 以内 3 的倍数的和，运行界面如图 8.23 所示。

此题界面设计比较简单，属性设置列表略。“计算”按钮 Command1 的程序代码如下：

```
Private Sub Command1_Click()    '循环结构和选择结构的结合运用
    Dim i As Integer, s As Integer
    s = 0
    For i = 1 To 100
```

```
        If i Mod 3 = 0 Then s = s + i   '若 i 是 3 的倍数，则累加，否则不累加
    Next i
    Print "100 以内 3 的倍数的和为："   '结果显示之前的提示
    Print s                            '在窗体上显示结果
End Sub
```

三、上机实验

1. 判断在文本框 Text1 中输入的年份是否为闰年。程序运行界面如图 8.24 所示。

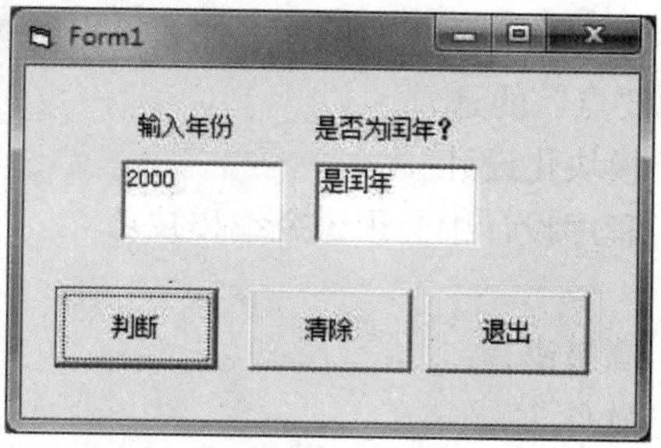

图 8.24　第 1 题的运行界面

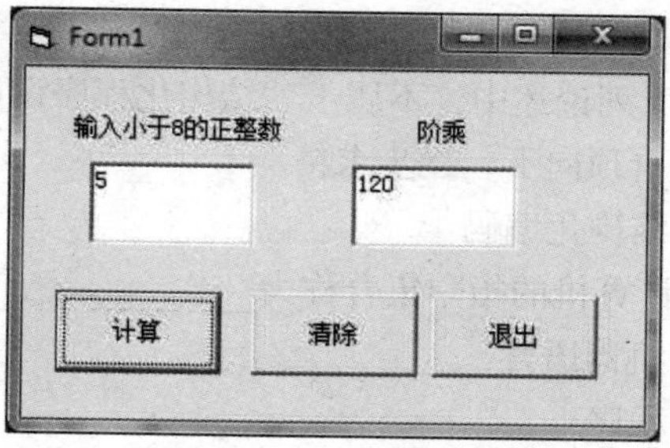

图 8.25　第 2 题的运行界面

判断第 y 年是否为闰年，将结果在 Text2 中显示，应使用双分支 If 语句，语句如下：

```
If (y Mod 4 = 0 And y Mod 100 <> 0) Or (y Mod 400 = 0) Then
    Text2.Text = "是闰年"
Else
    Text2.Text = "不是闰年"
End If
```

2. 在文本框 Text1 中输入一个小于 8 的正整数，计算其阶乘并在 Text2 中显示。程序运行界面如图 8.25 所示。

"计算"按钮的程序如下：

```
Private Sub Command1_Click()
    Dim n As Integer, i As Integer, s As Integer
    n = Text1.Text
    s = 1
    For i = 1 To n
        s = s * i
    Next i
    Text2.Text = s
End Sub
```

3. 编程计算 1 ~ 100 的奇数和，界面自行设计。
4. 编程计算 1 ~ 100 的偶数和，界面自行设计。

第二部分 习题

一、选择题

1. 结构化程序设计的三种基本结构是________。

A. 顺序结构、选择结构、过程结构　　B. 顺序结构、选择结构、循环结构

C. 递归结构、循环结构、选择结构　　D. 选择结构、递归结构、输入输出结构

2. 下列论述中，不属于“结构化程序设计思想要点”的是________。

A. 自顶向下，逐步求精　　B. 模块化设计

C. 结构化编码　　D. 程序设计中必须讲究编程技巧

3. 计算机的指令集合称为________。

A. 机器语言　　B. 高级语言

C. 程序　　D. 软件

4. 下面叙述正确的是________。

A. 由于机器语言执行速度快，所以现在人们还是喜欢用机器语言编写程序

B. 使用了面向对象的程序设计方法就可以扔掉结构化程序设计方法

C. GOTO 语句控制程序的转向方便，所以现在人们在编程时喜欢使用 GOTO 语句

D. 使用了面向对象的程序设计方法，在具体编写代码时仍需要使用结构化编程技术

5. 用高级语言编写的程序称为________。

A. 源程序　　B. 编译程序

C. 目标程序　　D. 可执行程序

6. 对于汇编语言的评述不正确的是________。

A. 汇编语言采用一定的助记符来代替机器语言中的指令和数据，又称为符号语言

B. 汇编语言运行速度快，适用编制实时控制应用程序

C. 汇编语言有解释型和编译型两种

D. 机器语言、汇编语言和高级语言是计算机语言发展的三个阶段

7. 计算机能直接执行的程序是________。

A. 源程序　　B. 机器语言程序

C. 汇编语言程序　　D. 高级语言程序

8. 下面________语言是解释性语言。

A. FORTRAN　　B. C

C. Pascal　　D. Basic

9. 属于面向对象的程序设计语言的是________。

A. COBOL　　B. FORTRAN

C. C++　　D. Pascal

10. 汇编程序的任务是________。

A. 将汇编语言编写的程序转换为目标程序

B. 将汇编语言编写的程序转换为可执行程序

C. 将高级语言编写的程序转换为目标程序

D. 将高级语言编写的程序转换为可执行程序

11. 早期的程序设计存在不少问题，在下列问题中有一个并不是早期程序员常见的问题，它是________。

A. 程序员过分依赖技巧和天分，不太注重所编写程序的结构

B. 程序中的控制随意跳转，不加限制地使用 goto 语句

C. 无固定程序设计方法

D. 对问题的抽象层次不够深入

12. 结构化程序设计主要强调的是________。

A. 程序的规模　　B. 程序的易读性

C. 程序的执行效率　　D. 程序的可移植性

13. 对建立良好的程序设计风格，下面描述正确的是________。

A. 程序应简单、清晰、可读性好　　B. 符号的命名只要符合语法就好

C. 要充分考虑程序的执行效率　　D. 程序的注释可有可无

14. 在面向对象程序设计方法中，一个对象请求另一对象为其服务的方式是通过发送____。

A. 命令　　B. 口令

C. 调用语句　　D. 消息

15. 下列概念中，不属于面向对象方法的是________。

A. 对象　　B. 类

C. 继承　　D. 过程调用

16. ________意味着一个操作在不同的类中可以有不同的实现方式。

A. 多态性　　B. 继承性

C. 类的可复用　　D. 信息隐蔽

17. 下列不属于面向对象技术的基本特征的是________。

A. 封装性　　B. 继承性

C. 多态性　　D. 模块性

18. 面向对象程序设计将描述事物的数据和________封装在一起，作为一个相互依存、不可分割的整体来处理。

A. 信息　　B. 对数据的操作

C. 数据抽象　　D. 消息模块

19. 下列关于面向对象方法的优点，描述不正确的是________。

A. 可重用幸好　　B. 可维护性好

C. 以数据操作为中心　　D. 与人类习惯的思维方式比较一致

20. 软件按功能分可分为系统软件、应用软件和支撑软件。下面属于系统软件的是_____。

A. 编辑软件　　B. 操作系统

C. 图像处理软件　　D. 多媒体软件

21. 按照结构化程序设计的原则和方法，下列叙述中正确的是________。

A. 语言中所没有的控制结构，可以随意表达

B. 基本结构在程序设计中不允许嵌套

C. 在程序中不要使用 goto 语句
D. 选用的结构只准有一个入口和一个出口

22. 下面不属于软件设计原则的是________。
A. 抽象　　B. 模块化
C. 自底向上　　D. 信息隐蔽

23. 软件工程的出现是由于________。
A. 程序设计方法学的影响　　B. 软件产业化的需要
C. 软件危机的出现　　D. 计算机的发展

24. 开发软件所需高成本和产品的低质量之间有着尖锐的矛盾，这种现象称做________。
A. 软件投机　　B. 软件危机
C. 软件工程　　D. 软件产生

25. 下列不属于软件工程的 3 个要素的是________。
A. 工具　　B. 过程
C. 方法　　D. 环境

26. 软件生命周期是指________。
A. 软件从编程开始，经过调试直至交付使用的全过程
B. 软件从编程、测试和使用，直到维护结束的全过程
C. 软件从定义、需求分析和编程，直到最后完成的全过程
D. 软件从开发、使用和维护，直到最后退役的全过程

27. 软件生命周期中所花费用最多的阶段是________。
A. 软件维护　　B. 软件测试
C. 软件编码　　D. 详细设计

28. 软件开发的结构化生命周期方法将软件生命周期划分成阶段________。
A. 定义、开发、运行维护　　B. 设计、编程、测试
C. 总体设计、详细设计、编程调试　　D. 需求分析、功能定义、系统设计

29. 在软件生命周期中，能准确地确定软件系统必须做什么和必须具备哪些功能的阶段是________。
A. 概要设计　　B. 需求分析
C. 详细设计　　D. 可行性分析

30. 软件工程的理论和技术性研究的内容主要包括软件开发技术和________。
A. 消除软件危机　　B. 实现软件可重用
C. 软件工程管理　　D. 程序设计自动化

31. 开发软件时对提高开发人员工作效率至关重要的是________。
A. 操作系统的资源管理功能　　B. 先进的软件开发工具和环境
C. 程序人员的数量　　D. 计算机的并行处理能力

32. 在软件生产过程中，需求信息的给出是________。
A. 程序员　　B. 项目管理者
C. 软件用户　　D. 软件分析设计人员

33. 需求分析阶段的任务是确定________。
A. 软件开发方法　　B. 软件开发工具

C. 软件系统功能　　D. 软件开发费用

34. 下列不属于结构化分析的常用工具的是________。

A. 数据流图　　B. 数据字典

C. 判定树　　D. PAD 图

35. 下列叙述中，不属于软件需求规格说明书的作用的是________。

A. 便于开发人员进行需求分析

B. 便于用户、开发人员进行理解和交流

C. 反映出用户问题的结构，可以作为软件开发工作的基础和依据

D. 作为确认测试和验收的依据

36. 在软件开发中，下面任务不属于设计阶段的是________。

A. 定义需求并建立系统模型　　B. 数据结构设计

C. 给出系统模块结构　　D. 定义模块算法

37. 在结构化方法中，软件功能分解属于下列软件开发中的阶段是________。

A. 需求分析　　B. 总体设计

C. 详细设计　　D. 编程调试

38. 在软件测试设计中，软件测试的主要目的是________。

A. 实验性运行软件　　B. 证明软件正确

C. 发现软件错误而执行程序　　D. 找出软件中全部错误

39. 下列不属于静态测试方法的是________。

A. 代码检查　　B. 白盒测试法

C. 静态结构分析　　D. 代码质量度量

40. 完全不考虑程序的内部结构和内部特征，而只是根据程序功能导出测试用例的测试方法是________。

A. 黑盒测试法　　B. 白盒测试法

C. 错误推测法　　D. 安装测试法

41. 为了提高测试的效率，应该________。

A. 随机选取测试数据

B. 取一切可能的输入数据作为测试数据

C. 完成编码以后制定软件的测试计划

D. 集中对付那些错误群集的程序

42. 下列叙述中，说法正确的是________。

A. 测试和调试工作必须由程序编制者自己完成

B. 测试用例和调试用例必须完全一致

C. 一个程序经调试改正错误后，一般不必再进行测试

D. 上述三种说法都不对

43. 软件调试的目的是________。

A. 发现错误　　B. 改正错误

C. 改善软件的性能　　D. 挖掘软件的潜能

44. 下列不属于软件调试技术的是________。

A. 强行排错法　　B. 回溯法

C. 集成测试法　　　　　　　　　　　　D. 原因排除法

45. 下列叙述中正确的是________。

A. 软件交付使用后需要进行维护

B. 软件一旦交付使用就不需要再进行维护

C. 软件交付试用后其生命周期就结束

D. 软件维护是指修复程序中被破坏的指令

46. 从工程管理的角度，软件设计一般分为两步完成，分别是________。

A. 数据设计和接口设计　　　　　　　　B. 软件结构设计和数据设计

C. 概要设计和详细设计　　　　　　　　D. 过程设计和数据设计

47. 软件工程与计算机科学性质不同，软件工程着重于________。

A. 理论研究　　　　　　　　　　　　　B. 建造软件系统

C. 原理和理论　　　　　　　　　　　　D. 原理探寻

48. 软件生命周期的第一个阶段是________。

A. 软件分析阶段　　　　　　　　　　　B. 软件设计阶段

C. 软件运行阶段　　　　　　　　　　　D. 软件维护阶段

49. 软件可行性分析着重确定系统的目标和规模，对功能、性能以及约束条件的分析应属于下列中的________。

A. 经济可行性　　　　　　　　　　　　B. 技术可行性

C. 操作可行性　　　　　　　　　　　　D. 开发可行性

50. 结构化分析方法是面向________的自顶向下逐步求精进行需求分析的方法。

A. 目标　　　　　　　　　　　　　　　B. 功能

C. 数据流　　　　　　　　　　　　　　D. 对象

51. 面向数据流的软件设计方法，一般是把数据流图中的数据流划分为________两种流，再将数据流图映射为软件结构。

A. 数据流和事务流　　　　　　　　　　B. 变换流和事务流

C. 信息流和控制流　　　　　　　　　　D. 变换流和数据流

52. 可行性分析研究的目的是________。

A. 争取项目　　　　　　　　　　　　　B. 开发项目

C. 项目值得开发与否　　　　　　　　　D. 规划项目

53. 软件经济可行性研究的范围包括________。

A. 资源有效性　　　　　　　　　　　　B. 管理制度

C. 开发风险　　　　　　　　　　　　　D. 效益分析

54. 软件初步用户手册在________阶段编写。

A. 需求分析　　　　　　　　　　　　　B. 可行性研究

C. 软件概要设计　　　　　　　　　　　D. 软件详细设计

55. 软件需求分析阶段最重要的技术文档是________。

A. 项目开发计划　　　　　　　　　　　B. 设计说明书

C. 需求规格说明书　　　　　　　　　　D. 可行性分析报告

56. 结构化分析方法的基本思想是________。

A. 自顶向下逐步求精　　　　　　　　　B. 自底向上逐步抽象

C. 自底向上逐步分解　　D. 自顶向下逐步抽象

57. 软件详细设计的主要任务是确定每个模块的________。

A. 外部接口　　B. 算法和使用的数据结构

C. 功能　　D. 编程

58. 为了使程序能在不同的机器上运行，程序应具有较好的________。

A. 可重用性　　B. 可维护性

C. 可移植性　　D. 实用性

59. 软件需求分析阶段的工作，可以分为四个方面：需求获取、需求分析、编写需求规格说明书以及________。

A. 阶段性报告　　B. 需求评审

C. 总结　　D. 都不正确

60. 下面关于软件测试说法正确的是________。

A. 经过测试没有发现错误说明程序正确

B. 测试的目标是为了证明程序没有错误

C. 成功的测试是没有发现错误的测试

D. 成功的测试是发现了迄今尚未发现的错误的测试

二、填空题

1. Visual Basic 是一种________的程序设计语言，采用了________的编程机制。

2. C 语言是一种________的程序设计语言。

3. 各种程序设计语言的基本成分主要是四种，分别是________、________、________和________。

4. 黑盒测试完全不考虑程序的内部结构和处理过程，只是对程序的每一个________进行测试。

5. 软件测试的步骤主要包括________、________、________和________。

6. ________的任务是发现并改正程序中的错误。

7. ________是需求分析阶段的最后结果。

8. ________的任务是为软件结构图中的每一个模块确定实现算法和局部数据结构，用选定的表达工具表示算法和数据结构的细节。

9. 从是否需要执行被测软件的角度，软件测试可以分为________和________。从功能划的角度，可以分为________和________。

10. 计算机求解问题的一般步骤包括分析问题、建立模型、________、________、________、________和________。

第 9 章 计算机网络基础

第一部分 实验

实验一 网页浏览器的使用

一、实验目的

1. 掌握 IE 浏览器的基本使用方法。
2. 掌握收藏网页及整理收藏夹的方法。
3. 掌握 IE 浏览器的选项设置方法。

二、实验示例

1. 使用 IE 浏览网页

使用 IE 打开某个网页的主要办法有如下几种。

（1）直接在地址栏中输入要浏览网页的网址（即 URL 地址）。

（2）利用网页中的超级链接浏览网页。

（3）使用导航按钮浏览。

用历史记录访问网页，单击 IE 浏览器工具栏窗口右侧的“★”工具按钮，出现“历史记录”列表，如图 9.1 所示，可以查看访问过的网页记录。单击【查看】列表按钮，可以在四种查看方式中进行选择：按日期、按站点、按访问次数、按今天的访问顺序。

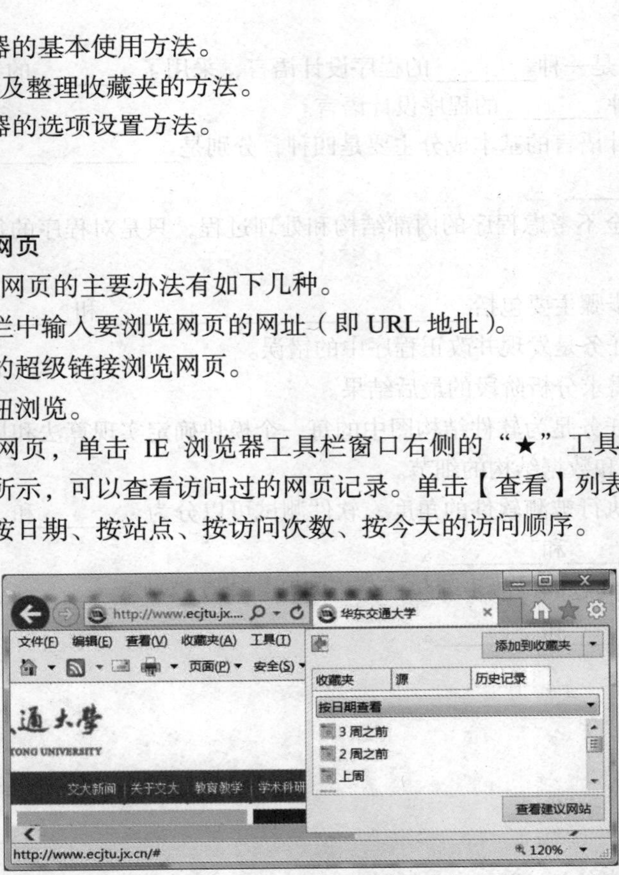

图 9.1 IE 历史记录栏

若要访问新浪的主页，则可以在 IE 地址栏输入网站的地址：http://sina.com.cn/，然后单击地址栏右边的“转到”按钮或按回车键，新浪的主页如图 9.2 所示。

在网页中，若鼠标指向某些文字或图形后变成手形图标，则表示该文字或图形为一个超链接，单击鼠标，即可进入该链接所指向的网页。

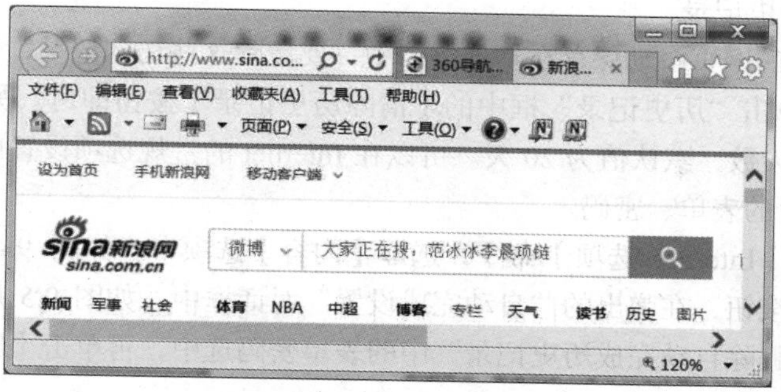

图 9.2　新浪主页

2．IE 浏览器的选项设置

单击【工具】→【Internet 选项】菜单项，打开【Internet 选项】对话框，如图 9.3 所示。在【常规】选项卡中，可进行一些基本选项的设置；选择【高级】选项卡，则可对浏览器的更多高级选项内容进行设置。

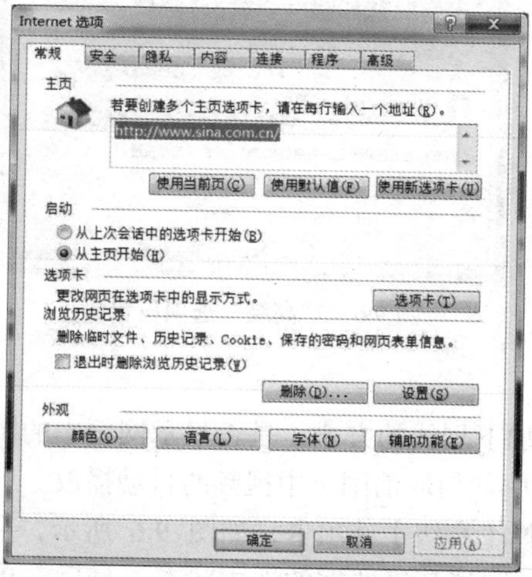

图 9.3　Internet“常规”选项设置

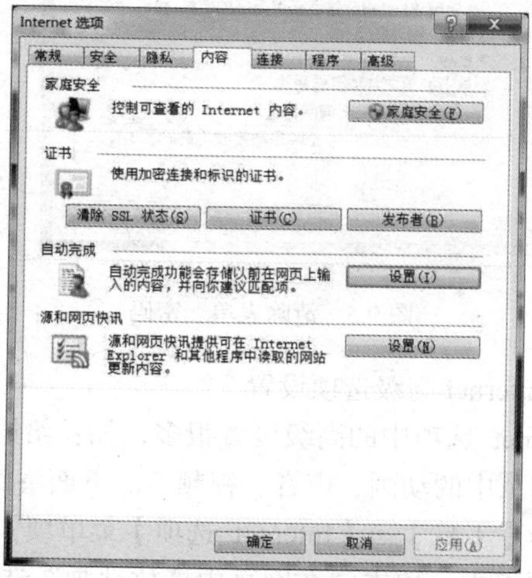

图 9.4　Internet“内容”选项设置

（1）更改浏览器的起始主页

在“主页”框中设置每次启动 IE 浏览器后的初始页面，可以设置为任意的网址，默认为空白页。在已经打开新浪主页的前提下，若要将其设置为主页，可以通过在图 9.3 所示界面的地址栏中输入新浪主页地址，也可以通过使用地址栏下方的“使用当前页”按钮来实现。

（2）删除浏览网页的临时文件

通过浏览器浏览网页时，构成网页的文件会先保存在一个固定的临时缓冲区中。随着上网时间的延长，临时缓冲区里的文件越来越多，占用硬盘空间也越多。因此，需要定时清理 Internet 临时文件夹里的文件。

单击图 9.3 所示界面的“Internet 临时文件”框中的【删除文件】命令按钮，即可删除硬盘上保存的 Internet 临时文件。单击【设置】命令按钮，可以修改 Internet 临时文件夹所占用磁盘空间的大小。

（3）清除上网记录

① 清除浏览的历史记录

IE 将一些浏览过的网页自动保存在本地机器中，要清除这些访问记录，只需在图 9.3 所示的“常规”选项卡中，单击“历史记录”框中的【清除历史记录】按钮即可。另外，可以更改网页保存在历史记录中的天数，默认值为 20 天。可以在 Internet 的常规选项设置中进行修改。

② 清除上网产生的表单、密码

执行【工具】→【Internet 选项】命令，选择【内容】选项卡，如图 9.4 所示。单击“自动完成”栏的【设置】按钮，在弹出的“自动完成设置”对话框中，如图 9.5 所示。单击【表单】前复选按钮，选择“删除自动完成历史记录”中的表单密码选中，再单击【删除】即可。

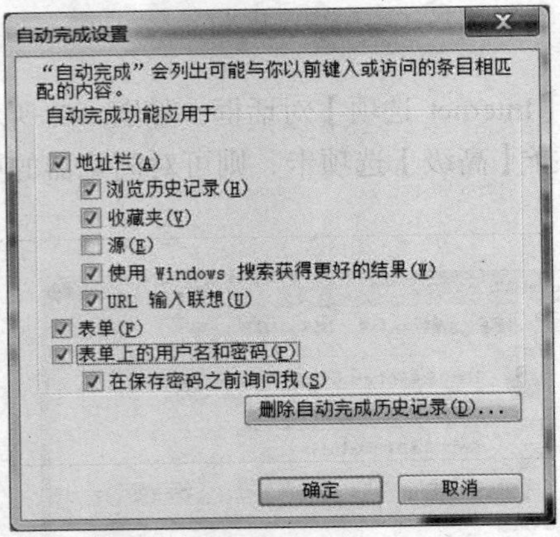

图 9.5　清除表单、密码

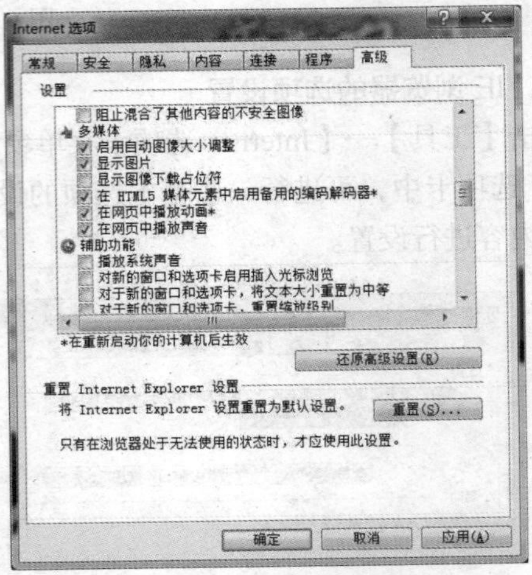

图 9.6　“高级”选项设置

③ Internet 高级选项设置

Internet 选项中的高级设置很多，如：给链接加下划线的方式，是否显示网页中的图片，是否播放网页中的动画、声音、视频等。下面举例说明如何取消网页中视频的自动播放。

单击【工具】→【Internet 选项】菜单项，选择【高级】选项卡，如图 9.6 所示，在“多媒体”选项组中，单击“在网页中播放动画”选项，取消其复选框的选中状态。最后，单击【确定】按钮即可。

3．收藏夹的使用

将某个打开的网站保存到收藏夹有以下三种方法。

（1）单击 IE 浏览器的【收藏】→【添加到收藏夹】菜单项。

（2）单击工具栏【收藏】按钮，在左边打开的收藏夹窗口中单击【添加】按钮。

（3）按 Ctrl + D 快捷键收藏该网页。

对收藏夹还可以进行创建文件夹、删除链接、对链接重命名、将链接移动至另一个文件夹等操作。

4. 保存网页信息

（1）保存整个页面

打开网页后，单击【文件】→【另存为】命令，将网页保存到磁盘上。

（2）保存网页上的图片

在打开的网页中，在要存盘的图片上右键单击，选择【图片另存为】命令，选择保存路径，输入文件名，最后单击【保存】按钮。

（3）保存目标链接

可以在不打开此链接的情况下，将链接目标保存到硬盘。将光标移到要保存的超级链接上，单击鼠标右键，选择【目标另存为】命令，弹出“文件下载”对话框，紧接着出现“另存为”对话框，选择保存路径，输入文件名，最后单击【保存】按钮。

（4）保存网页上的文字

拖动鼠标，选定要保存的文字块。选择【编辑】→【复制】命令，把选定的文字块复制到剪贴板中，切换到其他应用程序(Word、记事本、写字板)，执行【编辑】→【粘贴】命令。

三、上机实验

1. 访问华东交通大学的主页（http://www.ecjtu.jx.cn）。将此网页收入收藏夹中，取名为“华东交通大学”，并允许 IE 浏览器在脱机方式下访问华东交通大学的主页。
2. 将当前网页保存至本地硬盘的“我的文档”中，文件名为 fhws.html。
3. 在华东交通大学主页上找 2 个图片保存到桌面上，文件主名分别为：a1 和 a2，文件扩展名默认。
4. 打开搜狐网的主页（http://www.sohu.com），并将其设置为 IE 浏览器的默认主页。
5. 在收藏夹中创建一个名为“资讯收藏”的新文件夹，把刚加入收藏夹的两个链接移至该文件夹。
6. 为加快 Web 的显示速度，设置在显示网页时不播放声音、动画和视频以及图片对象。设置完成后，单击工具栏的【刷新】按钮，查看效果。
7. 恢复网页中图片的显示设置，单击工具栏的【刷新】按钮，查看效果。
8. 清除上网产生的临时文件和历史记录，并把保存的历史文件天数设置为 5 天，将 Internet 临时文件夹占用的磁盘空间大小设置为 20MB，并清除上网产生的表单、密码。

实验二 搜索引擎

一、实验目的

1. 掌握搜索引擎的使用方法。
2. 通过搜索引擎搜寻指定信息。

二、实验示例

现代社会早已进入了网络时代，利用互联网帮助我们解决在学习和生活中遇到的问题，已经成为了现代人必须掌握的一项基本技能。如何通过搜索引擎在海量的网络世界中快速、准确地找到我们需要的信息则是这项技能的最高要求。我们对网络已有所接触，不少学生可能也使用过搜索引擎，但事实上许多同学对搜索引擎的基础知识和使用方法还只是一知半解，因此，通过学习对搜索引擎有一个简单的了解，并掌握搜索引擎基本的使用方法显得非常及时和必要。

1. 常用搜索引擎

（1）百度

百度是中国互联网用户最常用的搜索引擎，每天完成上亿次搜索；也是全球最大的中文搜索引擎，可查询数十亿中文网页。缺点是百度商业味太重，搜索的关键字的首页基本都被竞价排名出价高的企业占据了，很难找到需要的真正自然搜索的结果，百度的搜索排名技术不够权威；页面布局不合理，页面没有充分利用；更新时间迅速的优势没有充分发挥。

（2）Google 谷歌

Google 的使命是整合全球范围的信息。它全球最大的搜索引擎，如果搜索国外的信息，那么它是首选，如果企业的主要目标客户在国外，那么，选择 Google 更为合适。

其他搜索引擎市场占有率很低，还难以和百度，谷歌相抗。但是 soso 和搜狗有自己独有的用户。

（3）导航

“导航搜索”的发展目标是充分依托网络信息资源、专业人才和技术力量等整体优势，建设一个技术一流、功能一流、服务一流的大型综合搜索引擎，提供商机、网页、图片、论坛、音乐、视频等搜索服务。

（4）雅虎

Yahoo!全球性搜索技术（YST，Yahoo!SearchTechnology）是一个涵盖全球 120 多亿网页（其中雅虎中国为 12 亿）的强大数据库，拥有数十项技术专利、精准运算能力，支持 38 种语言，近 10, 000 台服务器，服务全球 50%以上互联网用户的搜索需求。

2. 基本搜索

如果让你查询有关国歌的信息，你会怎么做?

首先对要查询的信息进行准确定位，确定要找的信息是国歌歌词、歌曲、作者还是诞生过程等，准确定位后，再选择对应查找类型（网页、图片、MP3、视频、地图等），最后筛选关键字输入后进行查找。

实例：查询中秋节的来历信息。

思考并回答此例的关键字是什么。关键词可以有多个吗？如果可以，输入时有什么要求呢?分析：此例的关键词可以是“中秋节来历”，或查找与“中秋节”和“来历”同时有关的信息，当我们要使用多关键字进行搜索时，各个关键字之间需用空格分开，起到并且的意思，不需要使用符号“AND”或“+”。百度会提供符合全部查询条件的资料，并把最相关的网页排在前列，如图 9.7 所示。

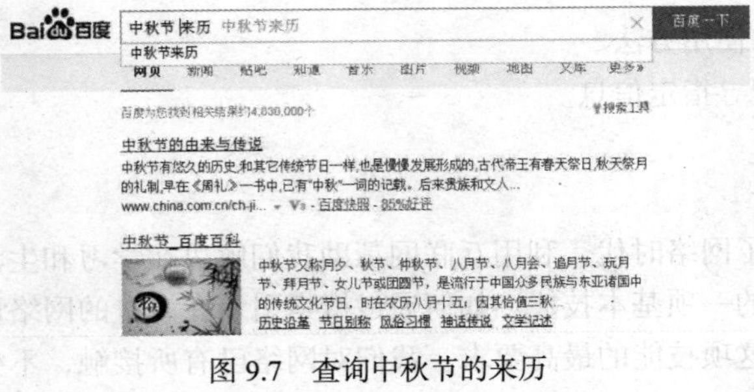

图 9.7　查询中秋节的来历

3. 并行搜索

实例：要查询“中国新年”或“外国新年”的相关信息。

分析：使用“A|B”来搜索“或者包含词语 A，或者包含词语 B”的网页。无需分两次查询，只要输入[中国新年|外国新年]搜索即可。百度会提供跟“|”前后任何字词相关的资料，并把最相关的网页排在前列。

4. 消除无关资料

实例：要搜寻关于“武侠小说”，但不含“古龙”的资料，如图 9.8 所示。

分析：有时候，排除含有某些词语的资料有利于缩小查询范围。百度支持“-”功能，用于有目的地删除某些无关网页，但减号之前必须留一空格。

可使用如下查询：[武侠小说—古龙]

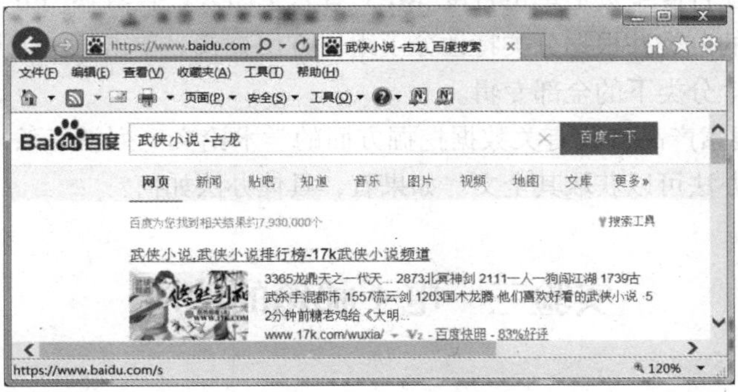

图 9.8 查询[武侠小说—古龙]

5. 双引号与书名号的使用

实例：查询上海科技大学的相关信息和小说《手机》的相关信息。

（1）使用全文搜索当关键字较长时搜索引擎会进行拆分查询，查询结果不理想，使用双引号可让搜索引擎对关键词不拆分查询。此例中的关键词“上海科技大学”如果不加双引号，搜索结果被拆分，效果不是很好，但加上双引号后，获得的结果就全是符合要求的了。

（2）书名号是百度独有的一个特殊查询语法。在其他搜索引擎中，书名号会被忽略，而在百度，中文书名号是可被查询的。加上书名号的查询词，有两层特殊功能，一是书名号会出现在搜索结果中；二是被书名号扩起来的内容，不会被拆分。书名号在某些情况下特别有效果，例如，查名字很通俗和常用的那些电影或者小说。比如，查电影“手机”，如果不加书名号，很多情况下出来的是通信工具——手机，而加上书名号后，《手机》结果就都是关于电影方面的了。

6. 百度快照的使用

当我们需要查看一个搜索结果但又无法打开该网页时，可以使用“百度快照”来帮忙。百度搜索引擎已先预览过各网站，拍下了网页的快照，为用户储存了大量的应急网页。单击每条搜索结果后的“百度快照”，可查看该网页的快照内容。百度快照不仅下载速度极快，而且搜索用的关键词均已用不同颜色在网页中标明。

7. 布尔逻辑运算符：AND 和 OR

许多搜索引擎都允许在搜索中使用两个不同的布尔逻辑运算符：AND 和 OR。想搜索所有同时包含单词“hot”和“dog”的 Web 站点，只需要在搜索引擎中输入如下关键字：

hot AND dog

搜索将返回以热狗(hotdog)为主题的 Web 站点，但还会返回一些奇怪的结果，如谈论如何在一个热天(hot day)让一只狗(dog)凉快下来的Web站点。

如果想要搜索所有包含单词“hot”或单词“dog”的 Web 站点，只需要输入下面的关键字：hot OR dog

搜索会返回与这两个单词有关的 Web 站点，这些 Web 站点的主题可能是热狗(hot dog)、狗，也可能是不同的空调在热天(hot day)使您凉爽、辣酱(hotchilli sauces)或狗粮等。

三、上机实验

1. 请根据“取次花丛懒回顾”这一诗句，利用搜索引擎找到该诗的著者及全文。要求提供所利用的查询工具及写明简单的查询步骤、结果所在的网址，提供著者、著者朝代及全诗。

2. 百度 MP3：在百度主页上单击百度 MP3 音乐掌门人，查看热门分类频道，里面展示了音乐掌门人比较热门的分类并根据分类特性分了组，方便查找。单击某一个具体的分类名称，如邓丽君，就能看到这个分类下的全部专辑。

3. 请利用学术搜索产品查找有关数据挖掘方面的学术论文。列举三条以上检索结果的文摘记录，并回答有没有办法可以获取其全文。如果有，具体办法如何？

实验三　电子邮箱的使用

一、实验目的

1. 了解申请电子邮箱的一般步骤。
2. 知道电子邮件发送和接收的过程。
3. 了解邮件客户端软件收发电子邮件的优劣。
4. 学会设置 OutlookExpress 软件收取邮件。

二、实验示例

“E-mail”即电子邮件，是通过网络传递的“信件”，传递速度快，只需要几秒到几分钟。要想收发电子邮件，需要先注册一个电子邮箱。电子邮箱是网络服务提供商（如新浪、搜狐）在它的邮件服务器上提供的一定大小的存储空间，相当于计算机硬盘上的一个文件夹。电子邮箱分为免费和收费两种。

每个电子邮箱都有属于它自己唯一的一个地址。电子邮箱地址由三部分组成：第一部分，是用户名，一般用自己名字的拼音作为用户名，但是有重名的现象，所以常把自己名字的拼音加上几位具有特殊意义的数字作为用户名，在同一个网站，用户名是唯一的；第二部分，是“@”符号，在英文输入法状态下，按住“Shift”键的同时，再按一下主键盘区的数字键“2”，就可以输入“@”这个符号了；第三部分，是服务器名，也就是注册电子邮箱的网站的网站名。

1. 邮箱注册

在浏览器中输入 http://mail. 163. com，打开 163 邮箱的注册页面，如图 9.9 所示。

① 单击“立即注册”按钮，进入“注册新用户”页面。页面中，带“*”的项是必须填写的，没有“*”的项可以不填写。

② “邮箱地址”文本框中，输入电子邮箱的用户名。

③ 单击“确定”按钮，在弹出的列表中选择“用户名@163. com”。如果所输入的用户名已经被注册过，系统会出现“用户名@163. com 已经被注册”的提示。这时，需要修改输入的用户名，直到提示“可以注册”为止。

④ 在“密码”后的文本框中，输入密码。密码要便于记忆，最好使用字母、数字和符号的组合；然后，在“再次输入密码”后的文本框中，将之前输入的密码再输入一次。

⑤ “验证码”项，“请输入上边的字符”后的文本框中输入上方图片中的内容。

⑥ 同意“服务条款”和“用户须知”“隐私权相关政策”。

⑦ 单击“立即注册”，邮箱申请成功。

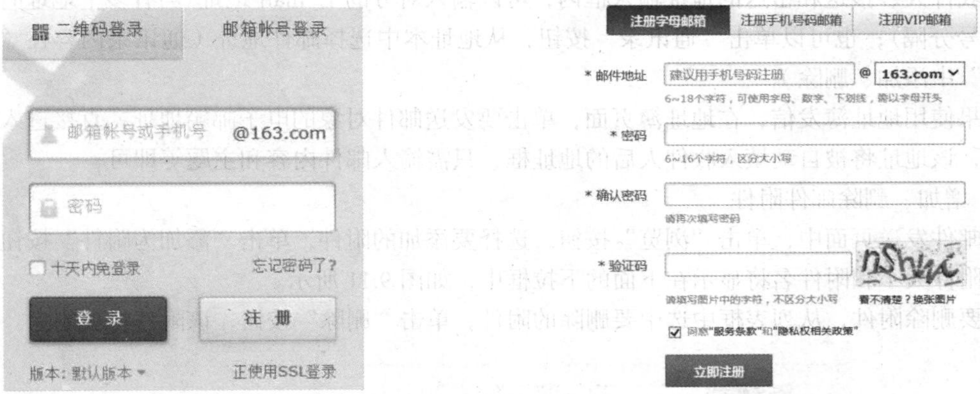

图 9.9 邮件注册

2. 阅读邮件

① 阅读与删除邮件

在电子邮箱左侧的菜单中单击“收件箱”打开收件箱页面，如图 9.10 所示，系统将显示收件箱中所有邮件的列表。在此页面下可以接收、查看邮件和对选中邮件做删除或移动操作。单击阅读的邮件的标题，该封邮件将被展开，如果邮件带有附件，单击附件名即可打开或下载。

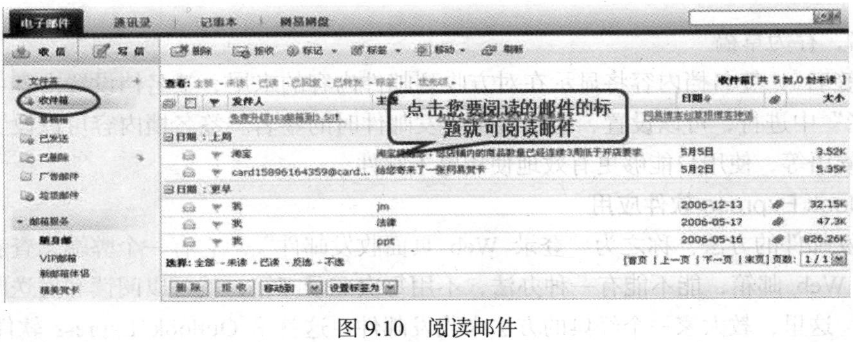

图 9.10 阅读邮件

选中选定邮件前的小空格，即表示选中此邮件，这时可以对此件进行“删除”“拒绝发件人”“彻底删除”“转移”等操作。如果点中最上面的空格，则此页面中所有的邮件都将被选中，适合于需要一次对多封邮件进行同一操作的情况。

② 回复和转发邮件

对于已阅读的邮件，可以进行回复和转发。在信头区单击相应链接即可。回复邮件和转发邮件都自动打开“写邮件”页面。回复邮件时，系统将自动填写邮件的发送地址和主题，其中主题为:回复+原邮件的主题。转发邮件时，系统将自动填写邮件主题：转发+原邮件的主题。如果原邮件发送多个用户，并且收到后希望给发件人和所有收件人回信，可以单击“全部回复”进行回复。

3. 发送邮件

① 写邮件

在电子邮箱左侧的菜单中单击“发邮件”，进入邮件编辑和待发送状态页面。

② 填写收件人地址，使用地址簿发信

在收件人、抄送和密送的地址输入框内，可以输入对方的 E-mail 地址(当有多个地址时用分号或逗号分隔)；也可以单击“通讯录”按钮，从地址本中选择邮件地址（通讯录内容在“通讯录管理”中添加、删除）。

如果使用地址簿发信，在地址簿页面，单击要发送邮件对象的电子邮箱地址，直接进入写邮件页面，该地址将被自动填入收件人后的地址框，只需输入邮件内容和主题等即可。

③ 增加、删除邮件附件

在邮件发送页面中，单击“浏览”按钮，选择要添加的附件，单击“添加为附件”按钮，被添加的附件大小和附件名将显示在下面的下拉框中，如图 9.11 所示。

若要删除附件，从列表框中选中要删除的附件，单击“删除”按钮，该附件将被删除。

图 9.11　添加附件

④ 签名，存为草稿

选中“签名”，签名档内容将显示在对方收到邮件内容的末尾，签名档设置内容可以在“邮箱管理/签名”中进行，可以设置、检查或修改发邮件时的签名。签名档内容可以设置姓名、发件日期、问候语等，使用户能够更有效地使用电子邮件。

4. Outlook Express 软件应用

前面收发邮件的方法，称之为“登录 Web 页面收发邮件”。它有一个弊端，查看邮件每次要重新登录 Web 邮箱，能不能有一种办法，不用每次登录邮箱，就可以阅读和发送邮件呢？答案是肯定的。这里，教大家一个经典的方法来收发邮件。这就是 Outlook Express 软件。Outlook 是邮件客户端软件中的一种，它可以一次性将邮箱中的所有邮件全部接收到当前电脑上。若以后要重复阅读这些邮件，无需登录网站邮箱了，方便再次阅读。

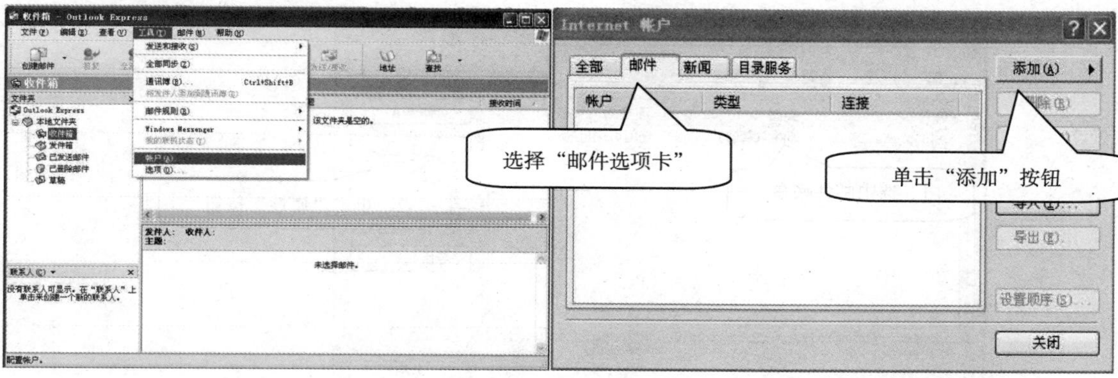

图 9.12 邮件选项卡

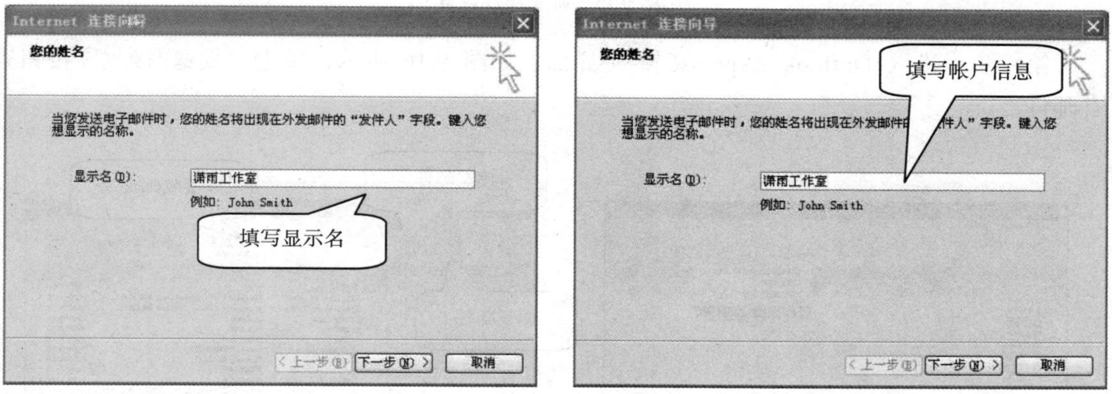

图 9.13 配置邮件帐号

第一步：在开始菜单，单击，启动 Outlook Express6. 0。

第二步：选择工具菜单中的“帐户”，打开 Internet 账户配置窗口。

第三步：选择邮件选项卡，如图 9.12 所示，单击添加“邮件”。

第四步：配置邮件帐户；如图 9.13、图 9.14 所示。

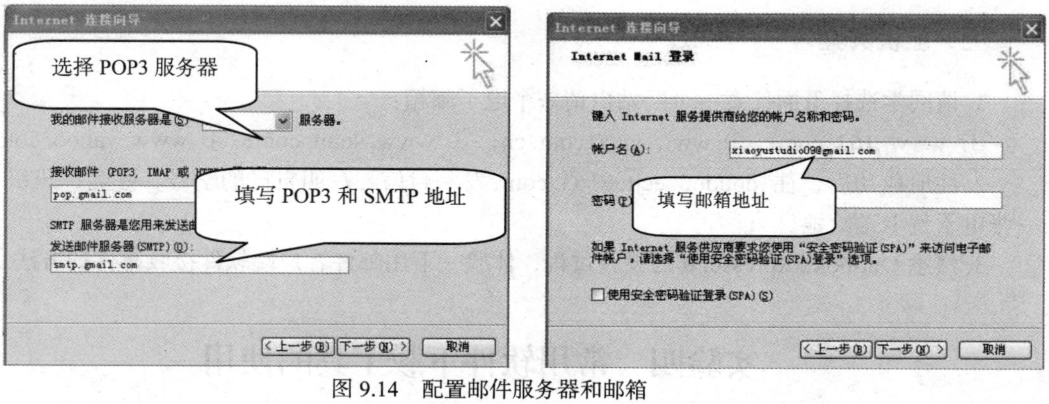

图 9.14 配置邮件服务器和邮箱

第五步：如果根据向导设置完成后不能收发邮件，还要进行一些基本设置，如图 9.15 所示。

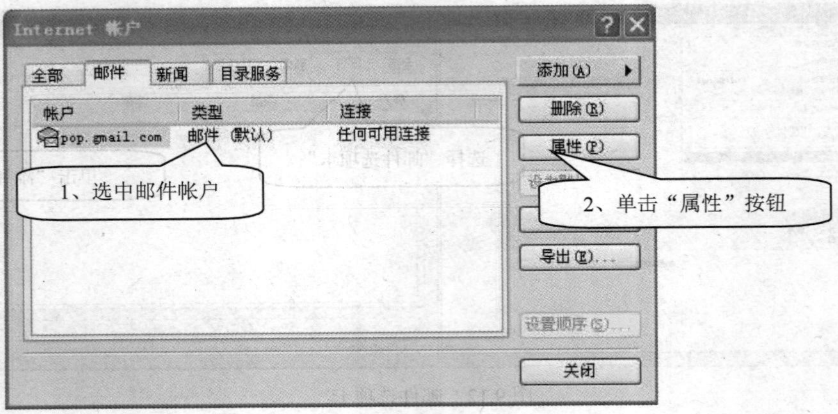

图 9.15　邮箱属性设置

第六步：进入 Outlook Express6. 0 主界面，如图 9.16 所示，单击“发送/接收”按钮查看邮件。

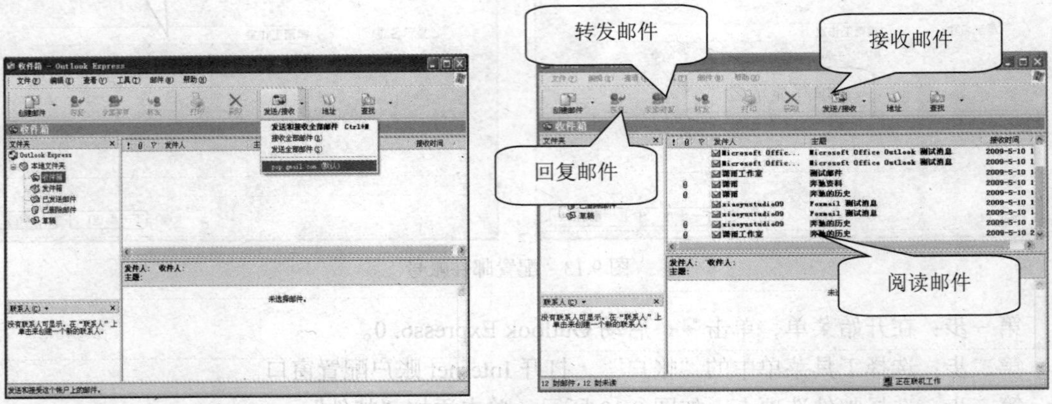

图 9.16　设置和接收发送邮件界面

三、上机实验

1. 请同学选择下面任意一个网站申请一个电子邮箱：

① www. 163. com；② www. sina. com. cn；③ www. sohu. com；④ www. yahoo. com。

2. 注册成功后，往 doudou_ecjtu@163. com 发一封信，写明自己的学号，姓名，班级，并把一张电子贺卡送给她。

3. 熟悉 Outlook Express6. 0 的设置过程，体验一下用邮件客户端软件接收邮件的方法。

实验四　常用软件下载工具的使用

一、实验目的

1. 了解文件下载的常用方法。
2. 了解常用软件下载的使用。

3. 利用软件下载工具下载一些文件。

二、实验示例

所谓下载，就是通过互联网把远程电脑的文件复制到本地计算机中。

1. 常见的下载方式

（1）HTTP 下载

HTTP 下载是指通过网站服务器进行资源下载。使用较为普遍的 HTTP 下载工具是网际快车(FlashGet)。

（2）FTP 下载

FTP 下载是最为古老的下载方式，在还没有出现 WWW 服务的时候，FTP 就已经被广泛的使用。目前，FTP 仍是 Internet 上最为常用的服务之一。

FTP（File Transfer Protocol）又称文件传输协议，采用客户机/服务器的工作模式。其中，把用户本地的计算机叫做 FTP 客户机，把提供 FTP 服务的计算机叫做 FTP 服务器。

FTP 服务器上存放着各样的资源，用户可以通过客户机访问 FTP 服务器下载想要的资源。用户在访问 FTP 服务器之前必须先登录，登录时要求用户输入 FTP 服务器提供的账号和口令。登录成功后，用户才可以从服务器下载文件。为了方便用户的下载，有些 FTP 服务器支持匿名登录，用户可以使用通用的用户名和密码登录。通常匿名登录的账号是 Anonymous，密码是 anonymous。使用 FTP 的下载过程和通过浏览器的下载过程类似。

访问 FTP 服务器可以通过浏览器，也可以通过专用的 FTP 工具，如 CuteFTP Pro 等。

当使用 FTP 下载资源时，需要先找到 FTP 服务器的地址，FTP 下载速度比较稳定，并支持断点续传的功能，即使在下载的过程中出现了中断，重新连接后仍可以接着原来的进度继续下载。

使用 FTP 下载主要有两大缺点。

一是资源少，因为需要有人架设 FTP 服务器并开放，而架设 FTP 服务器，很少能获得经济利益或其他利益，所以限制了资源的数量。

二是当下载的人数多时，下载速度就会变慢。

（3）P2P 传输工具下载

P2P（Peer to Peer）又称点对点技术，是一种新型网络技术。当用户用浏览器或者 FTP 下载时，若同时下载的人数过多时，由于服务器的带宽问题，下载速度会减慢许多。而使用 P2P 技术则正好相反，下载的人越多，下载的速度反而越快。

P2P 技术已经统治了当今的 Internet。据德国的研究机构调查显示，当今互联网的 50%到 90%的总流量都来自 P2P 程序。P2P 技术的飞速发展归功于一种工具——BT。BT（BitTorrent）中文全称“比特流”，又被人们戏称为“变态下载”。

（4）P2SP 下载方式

P2SP 下载方式实际上是对 P2P 技术的进一步延伸，它不但支持 P2P 技术，还把原本孤立的服务器资源和 P2P 资源整合到了一起，也就是说 2SP=P2P+HTTP 的技术，这样下载速度更快，同时下载资源更丰富，下载稳定性更强。最常使用的 P2SP 下载工具为迅雷。

（5）流媒体下载

大多数在线电影都只能看，不能下载(使用普通工具不能下载)。因为这些网站播放影片时使用的不是普通的 FTP 或 HTTP 协议，而是 RSTP、MMS 等这样的流媒体协议。当服务器以这种协议向计算机提供文件时，数据只能一段一段地传送过来，而且只放在内存中，不能写入磁盘。播放之后，就从内存中清除。因为这种媒体播放方式如同流水，因此称为“流媒体”。流媒体文件的下载必须使用专门的工具，如影音传送带。

2. FlashGet 的使用

（1）百度下搜索 FlashGet，单击超链接下载并安装。

（2）使用 FlashGet 下载。

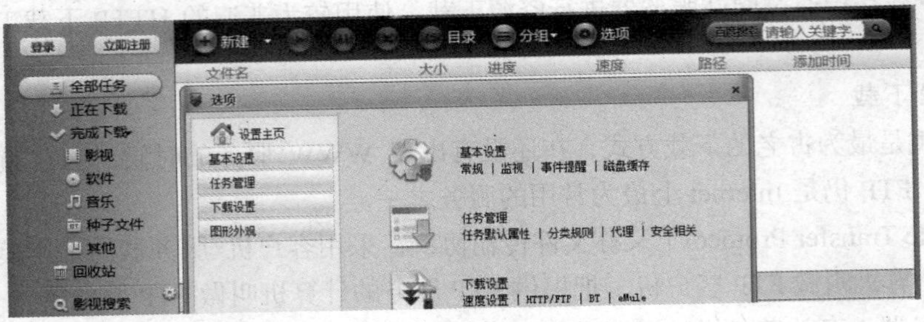

图 9.17　FlashGet 主页

启动程序，如图 9.17 所示，单击系统左边功能框，选择“选项”按钮，进行常规和监视的一些基本设置，如图 9.18 所示。

● 监视浏览器功能

平常我们从网络上下载文件，最常见的操作就是直接从浏览器中单击相应的链接进行下载。想下载 AdobeFlashPlayer，通过百度搜索到了相关下载信息，单击下载链接。FlashGet 最大的便利之处在于它可以监视浏览器中的每个点击动作，一旦它判断出点击的内容符合下载要求，它便会“自作主张”，自动将其添加至下载任务列表中，如图 9.19 所示。

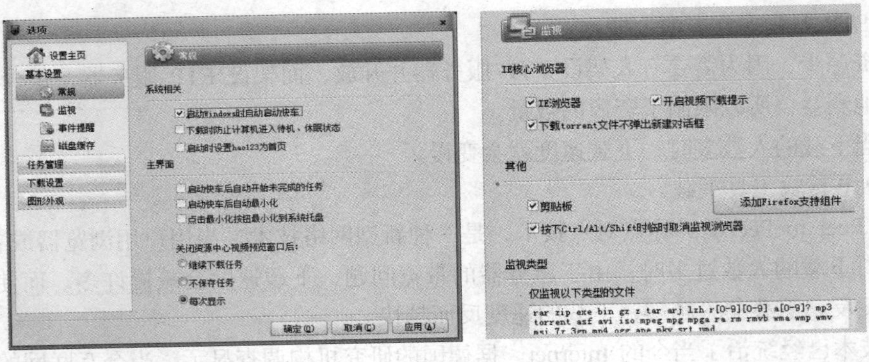

图 9.18　选项设置

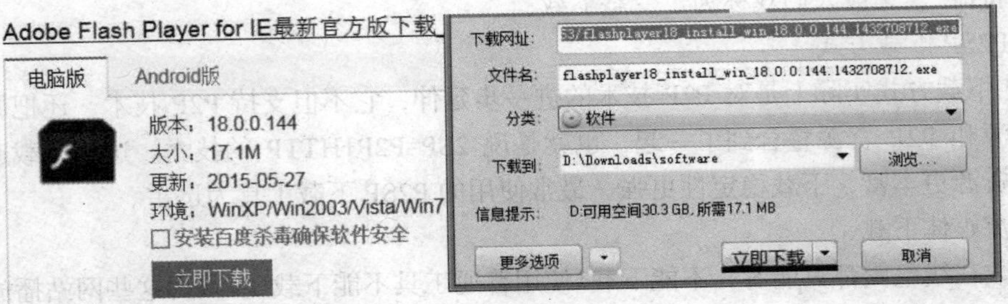

图 9.19　Adobe Flash Player 下载

也许读者会很感兴趣 FlashGet 是如何自动识别出下载链接的，道理很简单：它主要通过文件的扩展名进行识别，如单击了 http://www. xxxx. com. /flashget. exe 和 http://www.xxx.com/soft/flashget. htm 这两个链接，前者目标文件为可执行的文件，而后者指向的只是一般的 HTM 文件，很明显，前者属于下载范畴。

注意：FlashGet 同理也能监视剪贴板中的链接是否符合下载要求，即每当复制一个合法的链接 URL 地址到剪贴板中时，无论是从什么程序中拷贝，只要该链接确实符合下载要求，FlashGet 也会自行下载。所以，当从其他程序中查询到某下载链接时，不必粘贴到浏览器中再下载，只需执行拷贝动作即可。

● 手动下载

有时通过其他途径获取了某个下载链接，比如说某本杂志介绍了一款软件，同时附上了下载链接，当遇到这种情况时，必须手工输入以方便 FlashGet 识别并下载，这种方法称这手动下载。

从 FlashGet 的主菜单中选择“任务”→“新建下载任务”，大家看看出现的窗口，是不是很熟悉？对了，与前面 FlashGet 自动截获下载链接后弹出的窗口一样，稍有不同的是，必须在“URL”一栏中手动输入链接。

● 拖放窗口

使用拖放窗口添加下载任务。从浏览器中拖动 URL 到悬浮窗口或主程序窗口。如果没显示悬浮窗口可单击查看，选择“悬浮窗”再选择“始终显示”。

3. eMule 的使用

回顾上网伊始，网民寻找网站都是沿着各网站提供链接，自主权、选择权相对受到限制。但是当 Yahoo、Lycos、Google、百度等建立了搜索引擎后，网友上网冲浪的方式有所改变，可以利用搜索引擎去查找获取自己需要的所有信息。

类似于网站、网页的搜索引擎，电驴是文件的搜索引擎。可以说，电驴的推出开创了文件搜索新时代。

何为电驴？英文名称 edonkey。用户用电驴软件把各自的 PC 连接到电驴服务器上，而服务器的作用仅是收集链接到服务器的各电驴用户的共享文件信息（并不存放任何共享文件），并指导 P2P 下载方式。P2P 就是 Point To Point，也可以理解为 PC To PC 或 Peer To Peer，所以电驴用户既是客户端，同时也是服务器。可以说，电驴把控制权真正交到了用户手中，用户通过电驴可以共享硬盘上的文件、目录甚至整个硬盘。那些费心收集存储在自己硬盘上的文件肯定是被认为最有价值的。所有用户都共享了他们认为最有价值的文件，这将使互联网上信息的价值得到极大的提升。

电驴软件很多，本书以 VeryCD 版的 eMule 为例，简单介绍其用法。

（1）安装 eMule

VeryCD 版的 eMule 安装很简单，全中文的安装界面，我们就不再介绍了。

（2）再讲述电驴设置之前，先简要介绍一下 eMule 菜单（如图 9.20 所示，从左到右）

图 9.20 eMule 菜单

● 断开/连接：连上服务器就不要点击了。

● Kad：关于 Kad 连接的一些信息。

● 服务器：个人认为，原有的各项参数排列次序不合理。建议将前八项排列顺序变为服务器名、文件、Ping、静态、用户、最大用户数、描述、IP，这样在今后的使用中会比较方便。用鼠标点中想要移动的选项拖动到指定位置即可。从右边的“我的信息”窗口可以查看自己是高 ID 还是低 ID。下面的“服务器信息”和“日志”应该定期重置。如果总不清理，日志文件有时会非常大！对于在下载过程日志中出现的“文件段已损坏”信息，不用去理会，eMule 会自动查找修复。

● 传输：从这里可以查看各个文件的下载状态。鼠标点最上方的“全部”可以查看总体下载信息，比较重要的是下载文件的总量，查看后可以根据硬盘分区大小增减下载文件数目。有些文件名前面有红色或者绿色的“i”，表示有人评分或者注释，可单击右键查看。红色表示评分为“无效的/损坏的/假的”，如果相信该评论就可以不下载了。建议单击“速度”排序下载文件。

● “进程”中最上面的浅蓝色线条表示已下载的比例，进程条快到终点时可将文件的优先级设高。来源中的三个数字分别表示当前连接数、最大连接数、当前上载数。最下面的客户排队中的黑名单不用去理会，原因是由于你的某一连接下载速度过快，对方将你加入黑名单并切断了你对他的连接。但由于源比较多，少一两个无所谓。

● [*]共享文件：可以查看共享的文件，连正在下载的文件也计算在内。选中文件单击鼠标右键可以更改文件注释。

● [*]消息：和 QQ 类似。

● [*]统计信息：这个对于磨合电驴很有帮助。

（3）更改目录

eMule 功能强大，如何更改目录呢？单击菜单“选项”，再单击“目录”，把“下载的文件”和“临时文件”两个目录选择到不是系统盘（一般是 C：盘）的分区，如 D：emuleincoming 和 D：emuleemp。下面还有一个共享目录，可以选择想共享的分区、目录或者文件，在前面打上钩就可以共享给其他电驴用户了，如图 9.21 所示。

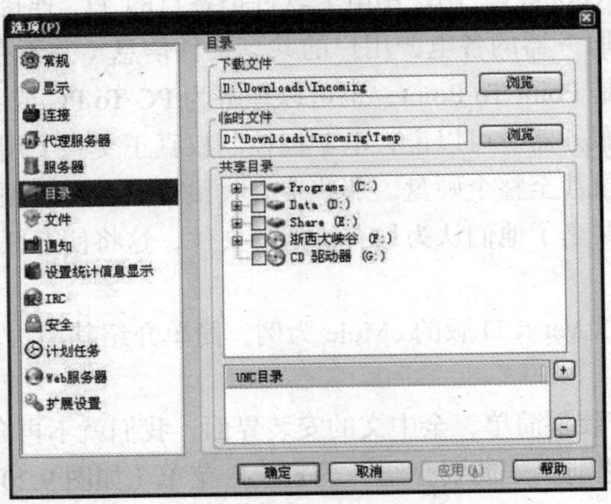

图 9.21　eMule 更改目录

（4）文件下载

运行 eMule 后，它会自动连接服务器（也可以自己双击连接）。连接成功之后，单击论坛上发布的资源连接，它就会自动添加到 eMule 的下载任务当中，如图 9.22 所示。

图 9.22　文件下载

下面以 EltonJohn-《PeachtreeRoad》[MP3!]为例解释一下电驴文件 ed2k 链接里面的相关信息：

ed2k://|file|Elton. john. -. [Peachtree. Road]%E4%B8%93%E8%BE%91. (mp3). [VeryCD. com]. rar|80342128|C3B1E5AB56ACB74DD926042763B407B2|h=MI7JGDWBYSWAH33U7GGMOU4TV7HSM4CO|/

以“|”划分可以分成三部分。

- 文件名　：虽然最直观醒目，但是最不关键，作用仅是便于搜索。
- 文件大小：也没有什么用，主要用来区分片子的清晰度，一般情况是越大越好。
- 文件 ID　：又叫做 hash，这才是 ed2k 链接里面的关键。很多文件即使它们的文件名不一样，但是只要文件 ID 一致，电驴服务器就视为同一个文件。如果想知道欲下载的文件是否以前已经下载过了，唯一的操作办法就是将每次下载文件的文件 ID 保存到 Word 文件里面（当然保存 ed2k 链接更简便），然后下载之前查找一下要下载文件的文件 ID（千万不可查找 ed2k 链接），是否在该文件中即可判定。

（5）上传文件

上传文件，分两种情况。

① 通过电驴下载的文件

首先，下载的同时也在提供上载，如果想公布此文件的 ed2k 链接，单击菜单“共享”，如果文件没有在列表中，可以刷新一下，然后找到要公布的文件。单击鼠标右键，选择“复制 ed2k 链接到剪贴板”，然后在论坛公布即可。

② 独有的文件

先把该文件拷贝到计算机里面电驴下载的 incoming 目录里（或指定的共享目录），然后单击“共享”菜单，单击“刷新”后，就可以看到要上载到电驴服务器的文件了（其实文件并没有上载到服务器，还是在自己的计算机里面）。然后按照布骤①中所说的方法公布。其实即使不公布文件的 ed2k 链接，大家如果可以搜索到，也都可以自行下载，公布了只是为了方便大家，提高大家的下载速度，如图 9.23 所示。

图 9.23　上传文件

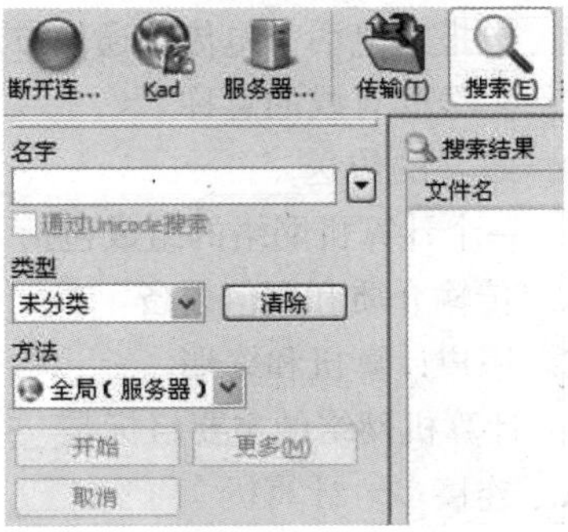

图 9.24　搜索文件

（6）搜索文件

搜索其实很简单，会用 Google 等搜索引擎，就应该会用电驴搜索，只不过一个是搜索网页，一个是搜索文件。

单击“搜索”菜单，如图 9.24 所示。在“名字”里面输入关键字，“类别”可以选择任意（推荐方式）或者视频（无法搜索 dat 文件），“方法”最好选择“全局（服务器）”，然后单击“开始”，就会发现列出了很多可下载的符合要求的视频文件。

最好选择“来源”多的片子，双击就可以下载了。

要保存搜索的文件信息，可以在搜索结果窗口里面，同时按 Ctrl+A 组合键全选，然后单击鼠标右键，选择“复制 ed2k 链接到剪贴板”，最后剪贴到一个文件中保存即可。

三、上机实验

1. 利用百度搜索迅雷，下载并安装其软件。

2. 利用迅雷下载压缩软件 WINRAR，并安装，搜索有关 WINRAR 的使用方法的文章，并下载到硬盘，利用 WINRAR 压缩后，把压缩文件邮寄寄给 doudou_ecjtu@163. com。

3. 利用电驴下载电影“虎口脱险”。

4. 登录学校的开放期刊数据库，搜索一篇 2015 年发表的以大数据为主题的文章，并下载到本地硬盘。

第二部分　习题

一、选择题

1. 当电子邮件在发送过程中有误时，则_________。

A. 自动把有误的邮件删除　　B. 原邮件退回，并给出不能寄达的原因

C. 邮件将丢失　　D. 原邮件退回，但不给出不能寄达的原因

2. 计算机通信协议的 TCP 称为_________。

A. 传输控制协议　　B. 网间互联协议

C. 邮件通信协议　　D. 网络操作系统协议

3. E-mail 是指_________。

A. 利用计算机网络及时地向特定对象传送文字、声音、图像或图形的一种通信方式

B. 电报、电话、电传等通信方式

C. 无线和有线的总称

D. 报文的传送

4. 一个计算机网络的组成包括_________。

A. 传输介质和通信设备　　B. 通信子网和资源子网

C. 用户计算机和终端　　D. 主机和通信处理机

5. 计算机网络的主要目标是_________。

A. 连接多台计算机　　B. 共享软、硬件和数据资源

C. 实现分布处理　　D. 提高计算机运行速度

6. 一座办公大楼内各个办公室中的微机进行联网，这个网络属于______。

A. WAN　B. MAN　C. LAN　D. Internet

7. 下列电子邮件地址中正确的是(其中□表示空格)______。

A. Malin&ns. cnc. ac. cn　B. malin@sohu. com

C. Lin□Ma&ns. cnc. ac. cn　D. Malin. 163. com

8. FTP 是________。

A. 安全超文本传输协议　B. 安全套接层协议

C. 文件传输协议　D. 安全电子交易协议

9. 用以太网形式构成的局域网，其拓扑结构为________。

A. 环形　B. 总线型　C. 星形　D. 树形

10. 在 IE 地址栏输入的“http://www. cqu. edu. cn/”中，http 代表的是________。

A. 协议　B. 主机　C. 地址　D. 资源

11. 在 Internet 上用于收发电子邮件的协议是________。

A. TCP/IP　B. IPX/SPX　C. POP3/SMTP　D. NetBEUI

12. 在 Internet 上广泛使用的 WWW 是一种________。

A. 浏览服务模式　B. 网络主机　C. 网络服务器　D. 网络模式

13. FTP 是 Internet 中_______。

A. 发送电子邮件的软件　B. 浏览网页的工具

C. 用来传送文件的一种服务　D. 一种聊天工具

14. 调制解调器的功能是实现_____。

A. 数字信号的编码　B. 数字信号的整形

B. 模拟信号的放大　D. 数字信号与模拟信号的转换

15. 下列关于局域网拓扑结构的叙述中，正确的是________。

A. 星形结构的中心站发生故障时，会导致整个网络停止工作

B. 环形结构网络信息单向流动，若某一工作站故障，不影响网络正常工作

C. 总线结构网络中，若某台工作站故障，影响整个网络的正常工作

D. 树形结构的数据采用单级传输，故系统响应速度较快

16. 在 InternetExplorer 浏览器中，“收藏夹”收藏的是________。

A. 网站的地址　B. 网站的内容

C. 网页的地址　D. 网页的内容

17. http://www. zjedu. org 是_____在 Internet 上某一地址的描述。

A. UPS　B. CRT　C. URL　D. ISP

18. 信道是传输信息的必经之路。根据信道中传输的信号类型来分，物理信道又可分模拟信道和______信道。

A. 调制　B. 解调　C. 数字　D. 传输

19. 网络中速率的单位是______。

A. 帧/秒　B. 文件/秒　C. 位/秒　D. 米/秒

20. 关于电子邮件，下列说法不正确的是______。

A. 发送电子邮件需要 E-mail 软件的支持

B. 发件人必须有自己的 E-mail 账号

C. 收件人必须有 QQ 号

D. 必须知道收件人的 E-mail 地址

21. 数据传输速率是 Modem 的重要技术指标，单位为______。

A. bit/s　　B. GB　　C. KB　　D. MB

22. 在 Internet 中的 IP 地址由______位二进制数组成。

A. 8　　B. 16　　C. 32　　D. 64

23. IP 共享也称为______。

A. 虚拟服务器　　B. 虚拟客户机　　C. 服务器　　D. 客户机

24. 标准通用标注语言是______。

A. HTML　　B. SGML　　C. HTTP　　D. XML

25. 下列一级域名中，表示教育组织的是______。

A. edu　　B. gov　　C. net　　D. com

26. 在 Internet 上，完成“名字-地址”“地址-名字”映射的系统叫做______。

A. 地址解析　　B. 正向解析　　C. 反向解析　　D. 域名系统

27. TCP/IP 是______。

A. 一个网络地址　　B. 一种网络操作系统

C. 一组通信协议　　D. 一个网络应用软件

28. 按通信距离划分，计算机网络可以分为局域网和广域网。下列网络中属于局域网的是______。

A. Internet　　B. CERNET　　C. Novell　　D. CHINANET

29. 各种网络传输介质______。

A. 具有相同的传输速率和相同的传输距离

B. 具有不同的传输速率和不同的传输距离

C. 具有相同的传输速率和不同的传输距离

D. 具有不同的传输速率和相同的传输距离

30. 下列不是计算机网络的拓朴结构的是______。

A. 网状结构　　B. 单线结构　　C. 总线结构　　D. 星形结构

二、填空题

1. 计算机网络按地理位置不同一般将网络分为______、______和广域网；按拓扑结构一般分为______、______、______和混合型等。

2. TCP/IP 包括了三个重要的服务软件：______（简单过程终端协议）、______（网际文件传送协议）、______（简单的邮件传送协议）。

3. IP 地址由 32 位二进制数组成，分成______组，每组 8 位，每位最大值 256 个，所以区间为______。

4. 计算机网络的目标是实现在 Interner 上的每一台计算机都有一个域名，用来区别网上的每一台计算机、在域名中最高域名为地区代码为：中国：______；日本：JP；台湾：TW；美国：US；香港：HK。

5. 网络传输介质包括________、________、________和无线通信。

6. 通过 Internet 发送或接收电子邮件（E-mail）的首要条件应该每一个电子邮件，（E-mail）地址，它的正确形式是____________。

7. 上网必需的设备是________（MODEM），即将计算机识别的数字信号和电话线传输识别的模拟信号进行转化。

8. 通常人们把计算机信息系统的非法入侵者称为________。

9. 计算机网络是指利用通信线路和通信设备将分布在不同的地理位置具有独立功能的计算机系统互相连接起来，在网络软件的支持下，实现彼此之间的______和______。

10. a@b. cn 是一个____________。

第10章 基础信息管理与数据库

第一部分 实验

实验一 创建 Access 数据库

一、实验目的

1. 了解 Access 数据库窗口的基本组成。
2. 学会如何创建数据库文件。

二、上机实验

1. 创建空数据库

要求：建立“学生信息.accdb”数据库，并将建好的数据库文件保存在“D:\access 实验一”文件夹中。

操作步骤如下。

（1）在 Access 2010 启动窗口中，在中间窗格的上方，单击“空数据库”，在右侧窗格的文件名文本框中，给出一个默认的文件名“Database1.accdb”，把它修改为“学生信息”，如图 10.1 所示。

图 10.1 创建学生信息数据库

（2）单击📂按钮，在打开的“新建数据库”对话框中，选择数据库的保存位置，在“D:\access 实验一”文件夹中，单击“确定”按钮，如图 10.2 所示。

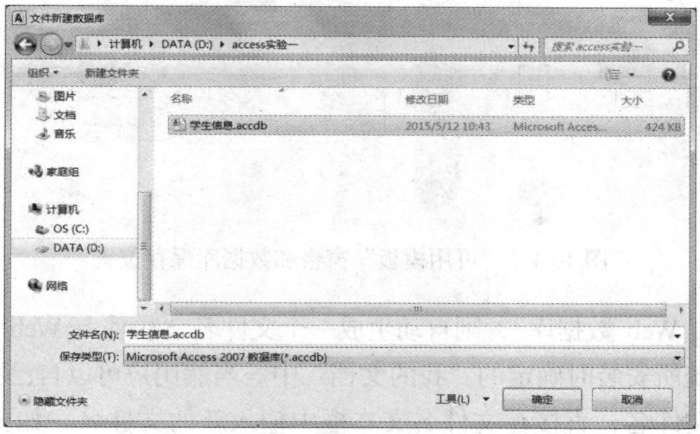

图 10.2　“文件新建数据库”对话框

（3）这时返回到 Access 启动界面，显示将要创建的数据库的名称和保存位置，如果用户未提供文件扩展名，Access 将自动添加上。

（4）在右侧窗格下面，单击“创建”命令按钮，如图 10.1 所示。

（5）这时开始创建空白数据库，自动创建了一个名称为表 1 的数据表，并以数据表视图方式打开这个表 1，如图 10.3 所示。

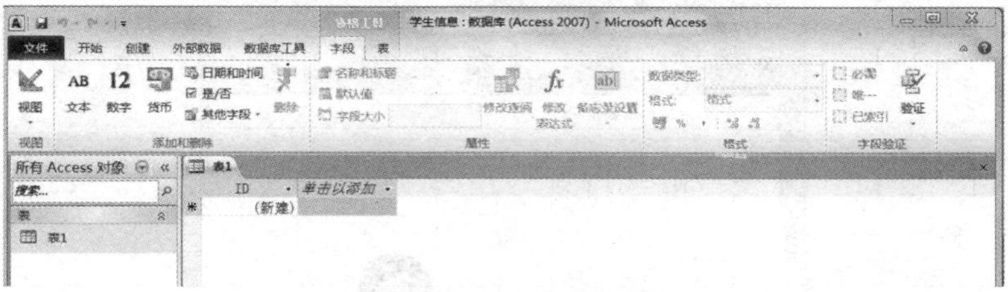

图 10.3　表 1 的数据表视图

（6）这时光标将位于“添加新字段”列中的第一个空单元格中，现在就可以输入添加数据，或者从另一数据源粘贴数据。

2. 使用模板创建 Web 数据库

要求：利用模板创建“联系人 Web 数据库.accdb”数据库，保存在“D:\access 实验一”文件夹中。

操作步骤如下。

（1）启动 Access 2010。

（2）在启动窗口中的模板类别窗格中，双击样本模板，打开“可用模板”窗格，可以看到 Access 提供的 12 个可用模板分成两组。一组是 Web 数据库模板，另一组是传统数据库模板——罗斯文数据库。Web 数据库是 Access 2010 新增的功能。这一组 Web 数据库模板可以让新用户比较快地掌握 Web 数据库的创建，如图 10.4 所示。

图 10.4 “可用模板”窗格和数据库保存位置

（3）选中“联系人 Web 数据库”，则自动生成一个文件名“联系人 Web 数据库.accdb”,保存位置在默认 Window 系统所安装时确定的“我的文档”中。当然用户可以自己指定文件名和文件保存的位置，如果要更改文件名，直接在文件名文本框中输入新的文件名，如要更改数据库的保存位置，单击“浏览”按钮，在打开的“文件新建数据库”对话框中，选择数据库的保存位置。

（4）单击“创建”按钮，开始创建数据库。

（5）数据库创建完成后，自动打开“联系人 Web 数据库”，并在标题栏中显示“联系人”，如图 10.5 所示。

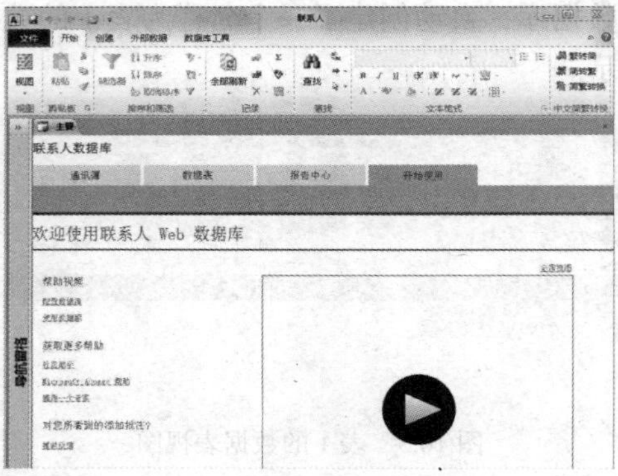

图 10.5 联系人数据库

实验二 创建 Access 使用表

一、实验目的

1. 了解 Access2010 数据库的组成。
2. 掌握在数据库中创建数据表并录入信息。
3. 掌握表属性的设置。
4. 掌握记录的编辑、排序和筛选。

二、实验示例

在本实验项目中的应创建如表 10.1 所示。

表 10.1　　student 表

学号	姓名	性别	出生年月	所在学院
20122110120206	袁丽丽	女	1994/2/16	软件学院
20120610040118	汪小琴	女	1995/3/8	信息学院
20120610040126	李凡	男	1993/11/17	信息学院
20122110120216	张立强	男	1994/4/14	软件学院
20122110060218	翁剑	男	1993/12/13	软件学院
20122110080121	庞倩	女	1994/12/16	软件学院

三、上机实验

本实验中，学生可从以下介绍的两种方法中选取一种方法来创建表。

1. 用“设计视图“创建表

要求：在“学生信息.accdb”数据库中利用设计视图创建“student”表各个字段，student 表结构如表 10.2 所示。

表 10.2　　student 表结构

字段名称	数据类型	字段大小	格式
学号	文本	14	
姓名	文本	6	
性别	文本	1	
出生年月	日期/时间		短日期
所在学院	文本	12	

操作步骤如下。

（1）打开“学生信息.accdb”数据库，在功能区上的“创建”选项卡的“表格”组中，单击“表设计”按钮，如图 10.6 所示。

（2）打开表的设计视图，按照表 10.2 表结构内容，在字段名称列输入字段名称，在数据类型列中选择相应的数据类型，在常规属性窗格中设置字段大小，如图 10.7 所示。

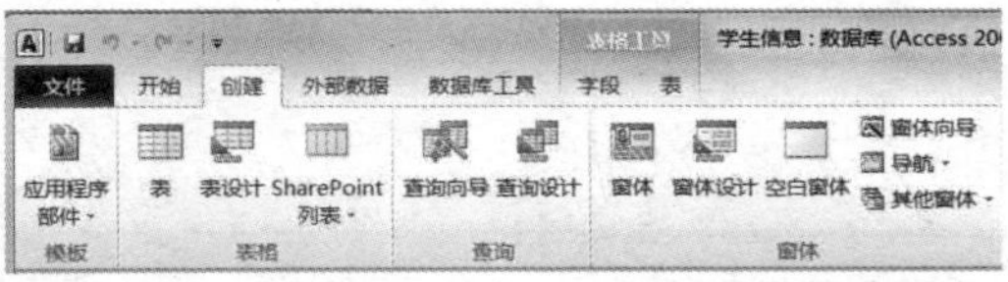

图 10.6　创建表

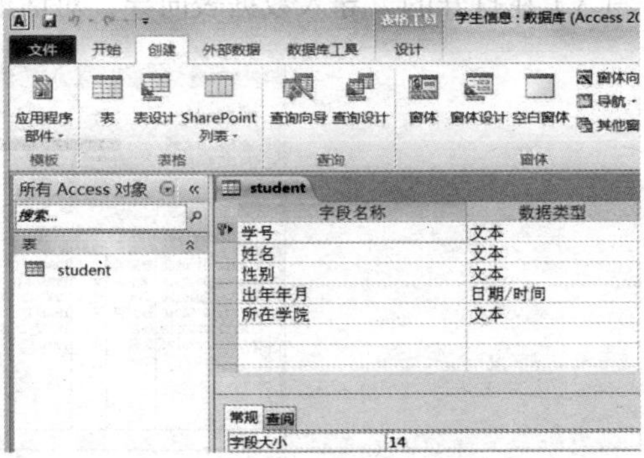

图 10.7　student 表结构

（3）单击“保存”按钮，以“student”为名保存表。

2. 通过导入来创建表

另外一种常用的创建表方式就是能过导入信息来创建表，在 Access 中，可以通过导入存储在其他位置的信息来创建表。例如，可以导入 Excel 工作表、ODBC 数据库、其他 Access 数据库、文本文件、XML 文件及其他类型文件。

要求：将“学生信息.xls”导入到“学生信息.accdb”数据库中。“student”表结构按表 10.2 所示修改。

操作步骤如下。

（1）打开“学生信息”数据库，在功能区，选中“外部数据”选项卡，在“导入并链接”组中，单击“Excel”，如图 10.8 所示。

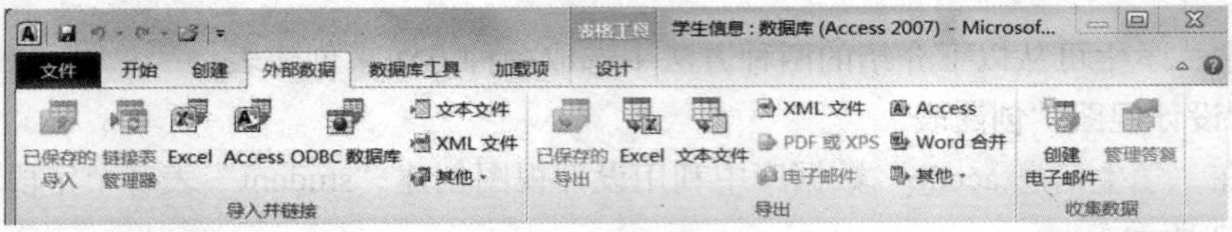

图 10.8　外部数据选项卡

（2）在打开的“获取外部数据库”对话框中，单击“浏览”按钮，在打开的“打开”对话框中，在“查找范围”定位外部文件所在文件夹，选中导入数据源文件“学生信息.xls”，单击打开按钮，返回到“获取外部数据”对话框中，单击“确定”按钮，如图 10.9 所示。

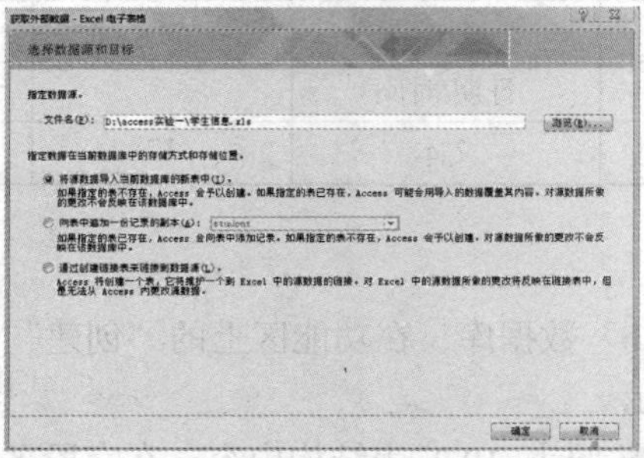

图 10.9　“获取外部数据”窗口-选择数据源和目标

（3）在打开的“导入数据表向导”对话框中，直接单击“下一步”按钮，如图 10.10 所示。

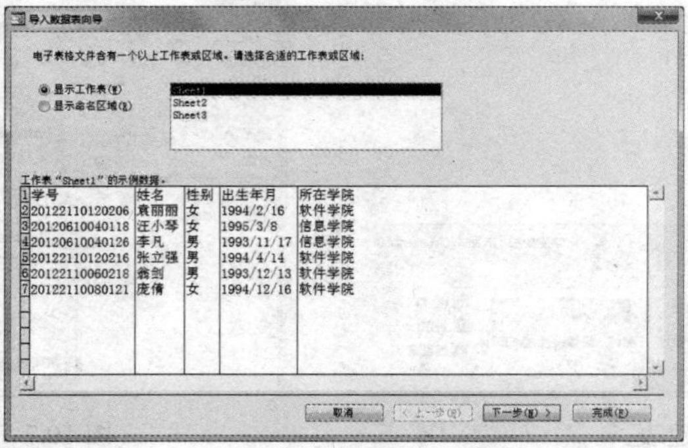

图 10.10　“导入数据表向导”对话框

（4）在打开的“请确定指定第一行是否包含列标题”对话框中，选中“第一行包含列标题”

复选框，然后单击“下一步”按钮，如图 10.11 所示。

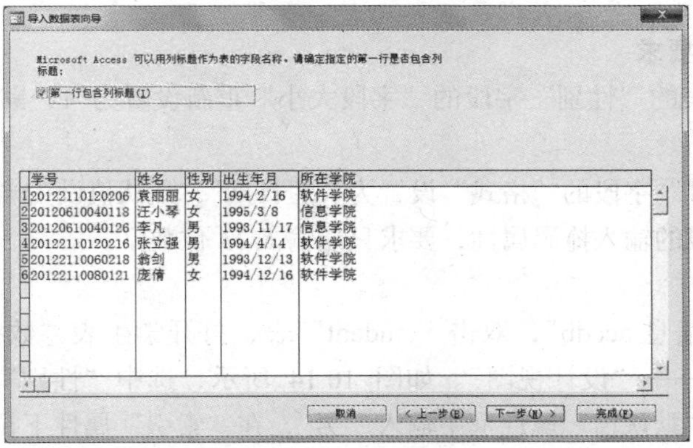

图 10.11　“请确定指定第一行是否包含列标题”对话框

（5）在打开的指定导入每一字段信息对话框中，指定“学号”的数据类型为“文本”，索引项为“有（无重复）”，然后依次选择其他字段，单击“下一步”按钮，如图 10.12 所示。

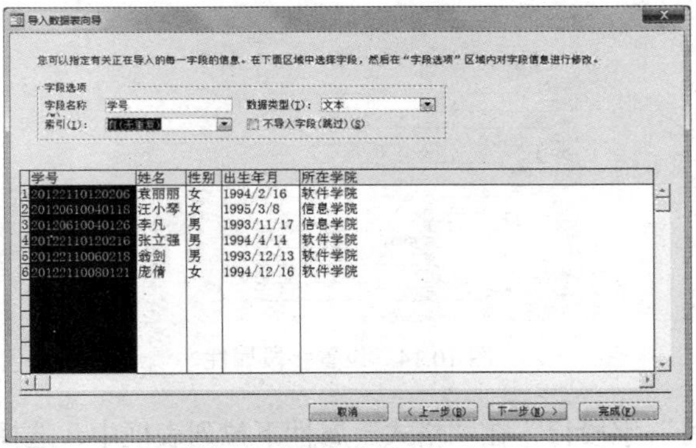

图 10.12　字段选项设置

（6）在打开的定义主键对话框中，选中“我自己选择主键”，Access 自动选定“学号”，然后单击“下一步”按钮，如图 10.13 所示。

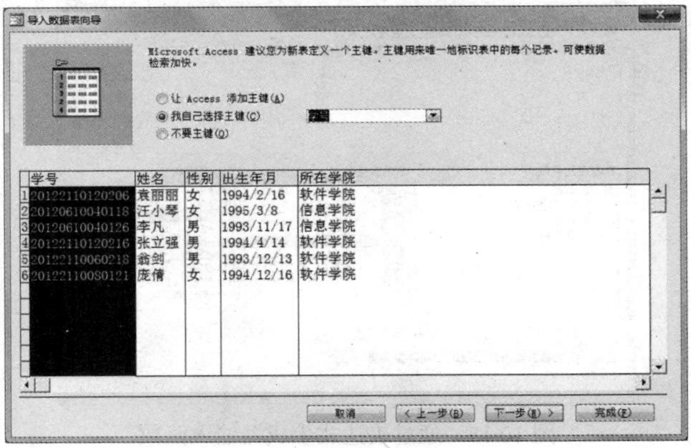

图 10.13　主键设置

（7）在打开的制定表的名称对话框中，在“导入到表”文本框中，输入“student”，单击“完成”按钮。

3. 设置字段属性要求

（1）将“学生”表的“性别”字段的“字段大小”重新设置为 1，默认值设为“男”，索引设置为“有(有重复)”。

（2）将“出生年月”字段的“格式”设置为“短日期”，默认值设为当前系统日期。

（3）定义学号字段的输入掩码属性，要求只能输入 14 位数字。

操作步骤如下。

（1）打开“学生信息.accdb”，双击“student”表，打开学生表“数据表视图”，选择“开始”选项卡”视图”——“设计视图”。如图 10.14 所示，选中“性别”字段行，在“字段大小”框中输入 1，在“默认值”属性框中输入“男”，在“索引”属性下拉列表框中选择“有(有重复)”。

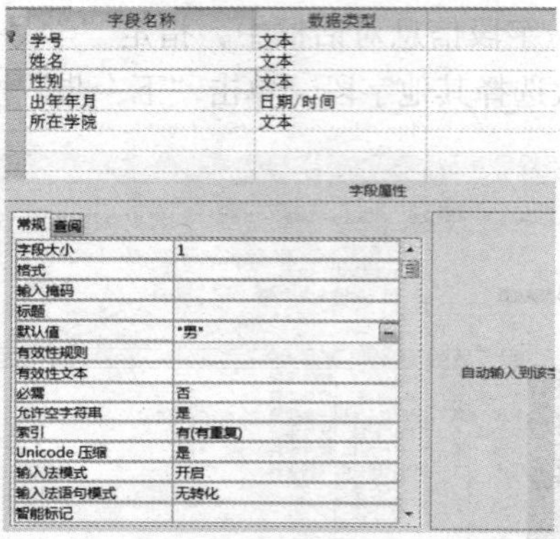

图 10.14　设置字段属性

（2）选中“出生年月”字段行，在“格式”属性下拉列表框中，选择“短日期”格式，单击“默认值”属性框，再单击⋯，弹出“表达式生成器”窗口，如图 10.15 所示。单击“函数”下的“内置函数”，按图 10.15 所示选择。单击“确定”，默认值框显示 Date()，默认值为当前系统日期。

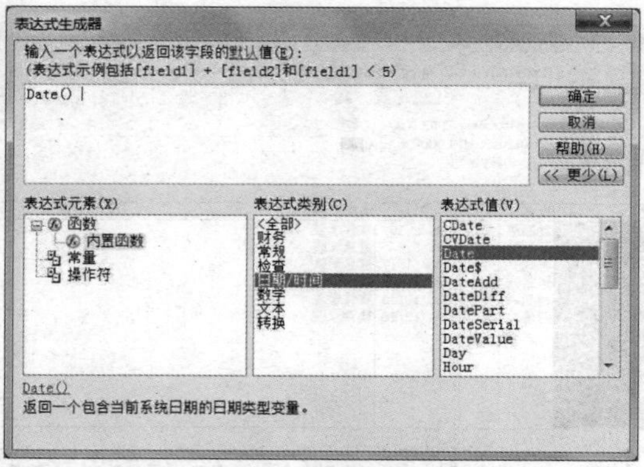

图 10.15　通过表达式生成器输入函数

（3）选中“学号”字段名称，在“输入掩码”属性框中输入 00000000000000。

4. 设置主键

（1）创建单字段主键

要求：将“tudent”表“学号”字段设置为主键。

操作步骤如下。

① 使用“设计视图”打开“student”表，选择“学号”字段名称。

② “表格工具/设计”——“工具”组，单击主键按钮。

（2）创建多字段主键

要求：将“student”表的“学号”“姓名”设置为主键。

操作步骤如下。

① 打开“student”表的“设计视图”，选中“学号”字段行，按住 Ctrl 键，再选中“姓名”字段行。

② 单击工具栏中的主键按钮。

5. 向表中输入数据

使用“数据表视图”。

要求：将表 10.1 的数据输入到“student”表中。

操作步骤如下。

（1）打开“学生信息.accdb”，在“导航窗格”中选中“student”表双击，打开“student”表“数据表视图”。

（2）从第 1 个空记录的第 1 个字段开始分别输入“学号”“姓名”和“性别”等字段的值，每输入完一个字段值，按 Enter 键或者按 Tab 键转至下一个字段。

（3）输入完一条记录后，按 Enter 键或者按 Tab 键转至下一条记录，继续输入下一条记录。

（4）输入完全部记录后，单击快速工具栏上的“保存”按钮，保存表中的数据。

6. 创建查阅列表字段（使用自行键入所需的值）

要求：为“student”表中“所在学院”字段创建查阅列表，列表中显示“信息学院”“软件学院”“电气学院”“机电学院”“外语学院”和“经管学院”6 个值。

操作步骤如下。

（1）打开“student”表“设计视图”，选择“所在学院”字段。

（2）在“数据类型”列中选择“查阅向导”，打开“查阅向导”第 1 个对话框，如图 10.16 所示。

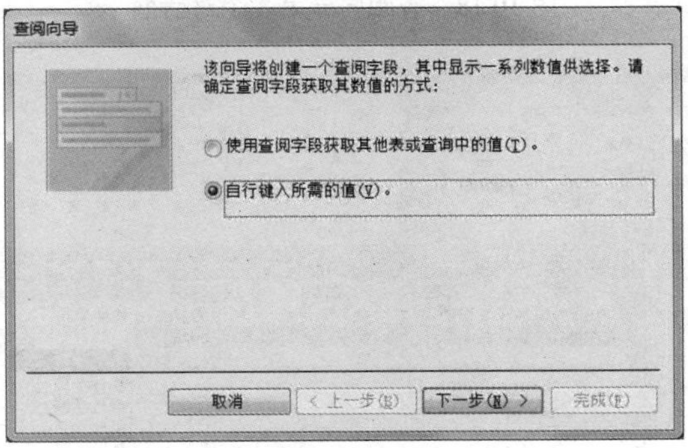

图 10.16　查阅向导第 1 个对话框

（3）在该对话框中，选中“自行键入所需的值”选项，然后单击“下一步”按钮，打开“查阅向导”第 2 个对话框。

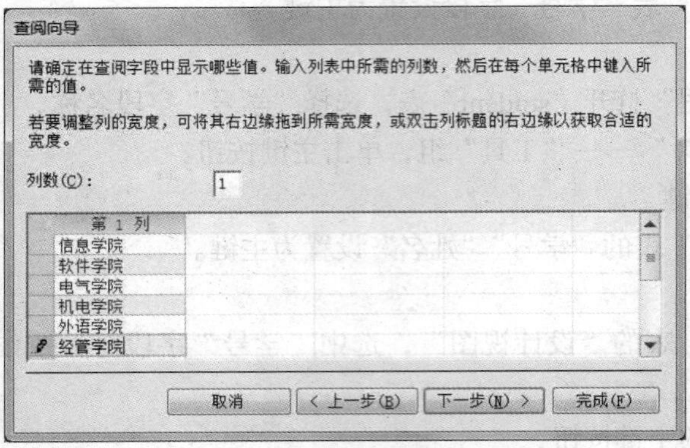

图 10.17　查阅向导第 2 个对话框

（4）在“第 1 列”的每行中依次输入“信息学院”“软件学院”“电气学院”“机电学院”“外语学院”和“经管学院”6 个值，列表设置结果如图 10.17 所示。

（5）单击“下一步”按钮，弹出“查阅向导”最后一个对话框。在该对话框的“请为查阅列表指定标签”文本框中输入名称，本例使用默认值。单击“完成”按钮，如图 10.18 所示。

查阅列表字段创建完成后，可以回到输入数据信息窗口，可以看到再次输入数据时，“所在学院”字段显示六个选项的下拉框，如图 10.19 所示。

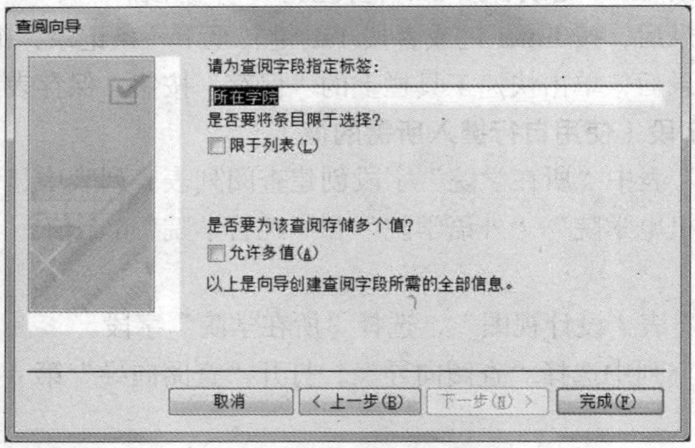

图 10.18　查阅向导第 3 个对话框

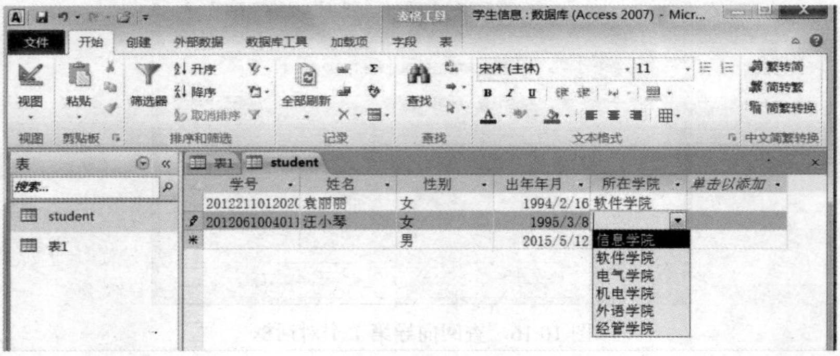

图 10.19　查阅列表字段输入

实验三　建立表之间的关联

一、实验目的

1. 掌握关系模型数据库中三个联系：一对一、一对多和多对多。
2. 掌握如何在 Acess 数据库中创建表之间的关联。

二、上机实验

要求：在“学生信息.accdb”数据库中创建课程信息表（courses）和成绩表（score）,建立表之间的关联，并实施参照完整性。

操作步骤如下。

（1）按照实验二所介绍的方法创建课程信息表（courses）和成绩表（score），课程信息表（courses）表结构如图 10.20 所示，成绩表（score）如图 10.21 所示。

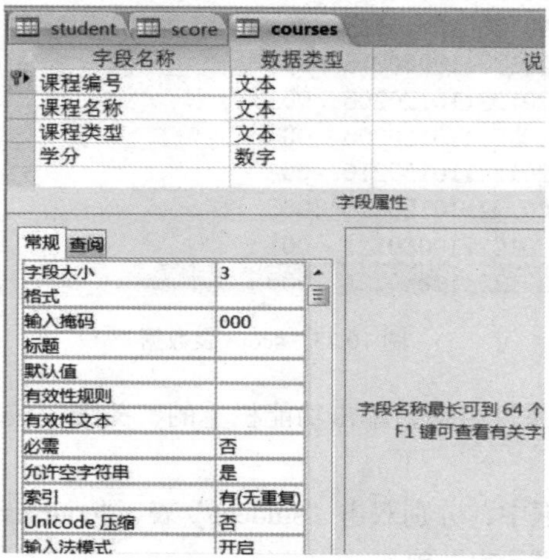

图 10.20　courses 表结构

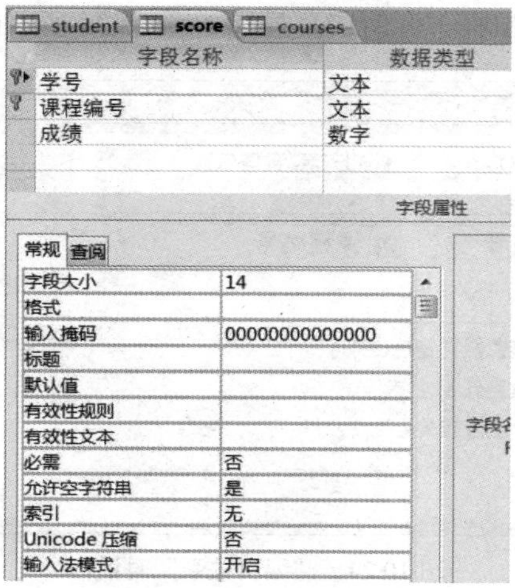

图 10.21　score 表结构

（2）创建完成课程信息表（courses）和成绩表（score）后，在两张表中分别录入图 10.22 和图 10.23 中的数据。

课程编号	课程名称	课程类型	学分
001	高等数学	必修	6
002	大学英语	必修	6
003	程序设计	必修	4
004	嵌入式系统	选修	3.5
005	数据库原理	必修	3.5

图 10.22　courses 表数据

学号	课程编号	成绩
2012061004118	001	67
2012061004118	002	90
2012061004118	004	84
2012211006218	001	69
2012211012020	003	87
2012211012020	005	95
2012211012021	002	82
2012211012021	003	78
2012211008012	001	93
2012211008012	005	63

图 10.23　score 表数据

（3）在“数据库工具/关系”组中，单击功能栏上的“关系”按钮，打开“关系”窗口，同时打开“显示表”对话框。

（4）在“显示表”对话框中，分别双击“student”表、“courses”表、“score”表，将其添加到“关系”窗口中，关闭“显示表”窗口。

（5）选定“courses”表中的“课程编号”字段，然后按下鼠标左键并拖动到“score”表中的“课程编号”字段上，松开鼠标。此时屏幕显示如图 10.24 所示的“编辑关系”对话框。

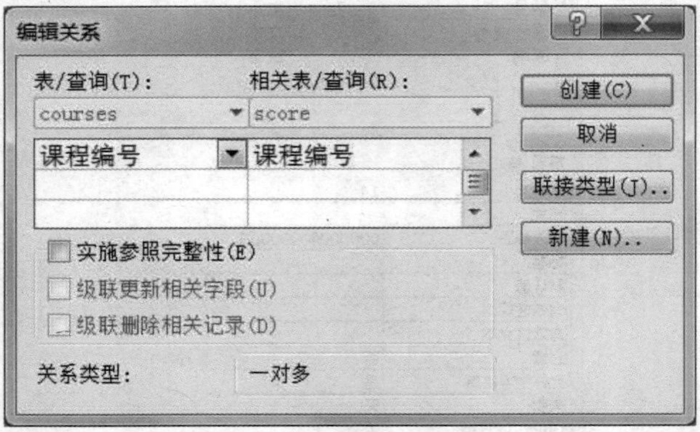

图 10.24　“编辑关系”对话框

（6）选中“实施参照完整性”复选框，单击“创建”按钮。

（7）用同样的方法将“student”表中的“学号”字段拖到“score”表中的“学生编号”字段上，并选中“实施参照完整性”，结果如图 10.25 所示。

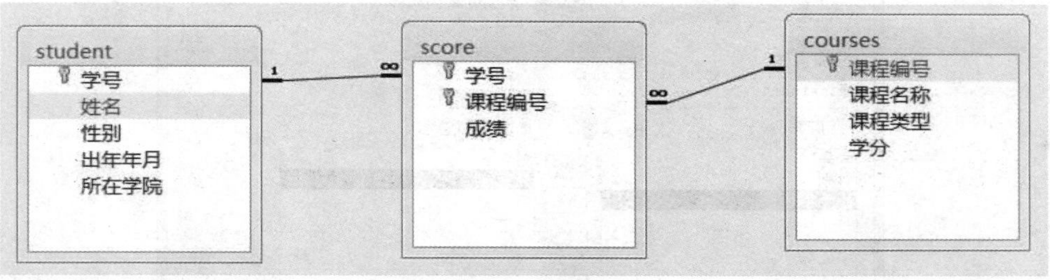

图 10.25　表间关系

student 表的主键是“学号”，score 表的主键是“学号”+“课程编号”，courses 表的主键是“课程编号”。

实验四　建立简单的查询

一、实验目的

1. 掌握简单查询的创建方法。
2. 掌握查询条件的表示方法。

二、上机实验

1. 单表选择查询

要求：以“student”表为数据源，查询学生的姓名和学院，所建查询命名为“学生情况”。

操作步骤如下。

（1）打开“学生信息.accdb”数据库，单击“创建”选项卡下的“查询”组，单击“查询向导”弹出“新建查询”对话框，如图 10.26 所示。

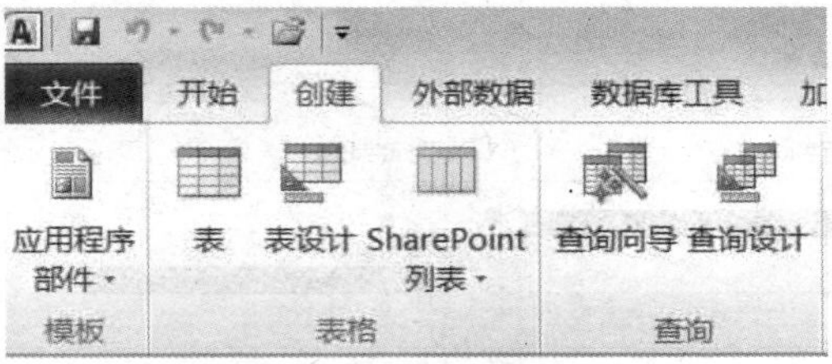

图 10.26　创建查询

（2）在“新建查询”对话框中选择“简单查询向导”，单击“确定”按钮，在弹出的对话框的“表与查询”下拉列表框中选择数据源为“表:student”，再分别双击“可用字段”列表中的“姓名”和“所在学院”字段，将它们添加到“选定的字段”列表框中，如图 10.27 所示。然后单击“下一步”按钮，为查询指定标题为“学生情况”，最后单击“完成”按钮。

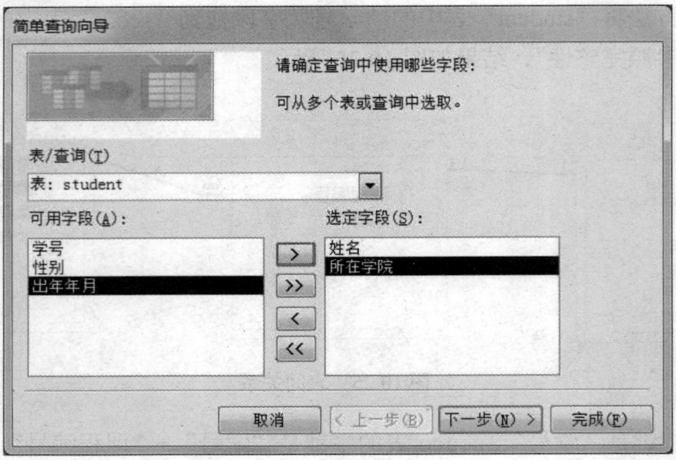

图 10.27　简单查询向导

2. 多表选择查询

要求：查询学生所选课程的成绩，并显示“学号”“姓名”“课程名称”和“成绩”字段。

操作步骤如下。

（1）打开“学生信息.accdb”数据库，在导航窗格中，单击“查询”对象，单击“创建”选项卡，“查询”组——单击“查询向导”弹出“新建查询”对话框。

（2）在“新建查询”对话框中选择“简单查询向导”，单击“确定”按钮，在弹出的对话框的“表与查询”中，先选择查询的数据源为“student”表，并将“学号”“姓名”字段添加到“选定的字段”列表框中，再分别选择数据源为“courses”表和“score”表，并将“courses”表中的“课程名称”字段和“score”表中的“成绩”字段添加到“选定的字段”列表框中。选择结果如图 10.28 所示。

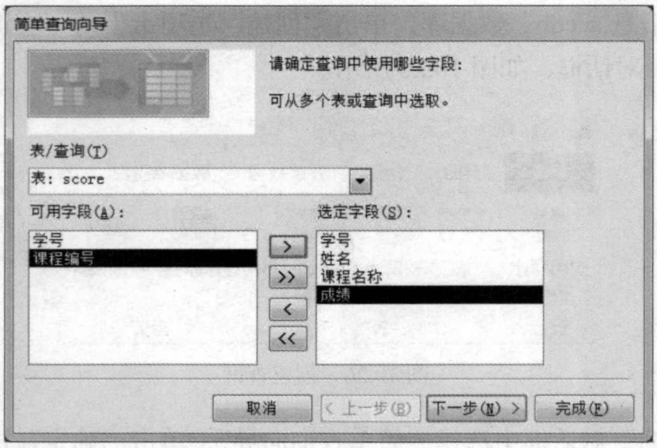

图 10.28　多表查询

（3）单击“下一步”按钮，选择“明细”选项。

（4）单击“下一步”按钮，为查询指定标题“student 查询”，选择“打开查询查看信息”选项。

（5）单击“完成”按钮，弹出如图 10.29 所示查询结果。

学号	姓名	课程名称	成绩
20120610040118	汪小琴	高等数学	67
20120610040118	汪小琴	大学英语	90
20120610040118	汪小琴	嵌入式系统	84
20122110060218	翁剑	高等数学	69
20122110120206	袁丽丽	程序设计	87
20122110120206	袁丽丽	数据库原理	95
20122110120216	张立强	大学英语	82
20122110120216	张立强	程序设计	78
20122110080121	宠倩	高等数学	93
20122110080121	宠倩	数据库原理	63

图 10.29　查询结果

注：查询涉及“学生”“课程”和“选课成绩”3 个表，在建查询前要先建立好三个表之间的关系。

3. 在设计视图中创建不带条件的选择查询

要求：查询学生所选课程的成绩，并显示“学号”“姓名”“课程名称”和“成绩”字段。

操作步骤如下。

（1）打开“学生信息.accdb”数据库，在导航窗格中，单击“查询”对象，然后单击“创建”选项卡下的“查询”组，之后单击“查询设计”，出现“查询工具/设计”选项卡，同时打开查询设计视图，如图 10.30 所示。

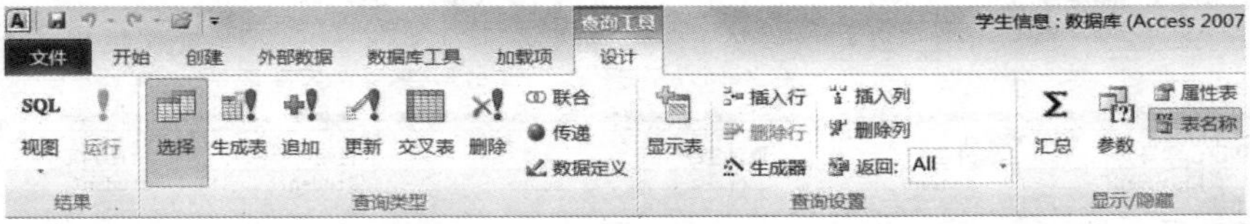

图 10.30　查询工具

（2）在“显示表”对话框中选择“student”表，单击“添加”按钮，添加 student 表，用同样方法，再依次添加“score”和“courses”表。

（3）双击学生表中“学号”“姓名”、courses 表中“课程名称”和 score 表中“成绩”字段，将它们依次添加到“字段”行的第 1～4 列上，如图 10.31 所示。

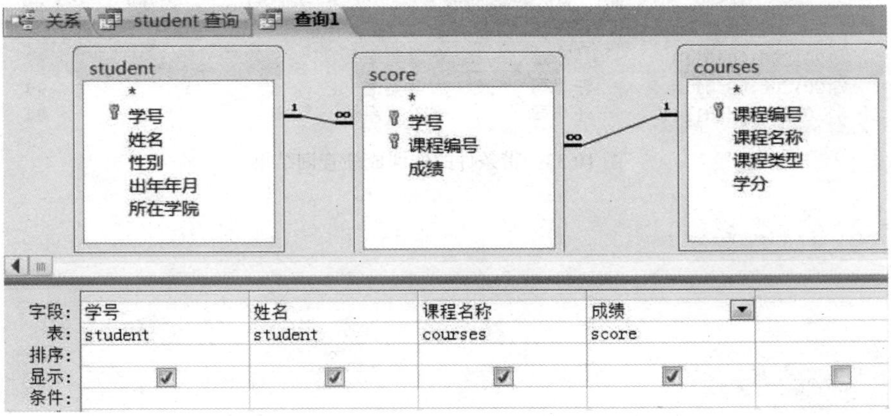

图 10.31　查询设计器

（4）单击快速工具栏上的“保存”按钮，在“查询名称”文本框中输入名称，单击“确定”按钮。

（5）选择“开始/视图”→“数据表视图”菜单命令，或单击“查询工具/设计”→“结果”上的“运行”按钮，查看查询结果，如图 10.29 所示。

4．创建带条件的选择查询

要求：查找信息学院女生的全部成绩，要求显示“学号”“姓名”“课程名称”“成绩”字段内容。

操作步骤如下。

（1）在设计视图中创建查询，添加“student”表到查询设计视图中。

（2）依次双击“学号”“姓名”“课程名称”“成绩”“性别”和“所在学院”字段，将它们添加到“字段”行的第 1～6 列中。

（3）单击“性别”和“所在学院”字段“显示”行上的复选框，使其空白，查询结果中不显示性别和所在学院。

（4）在“性别”字段列的“条件”行中输入条件“女”，在“所在学院”字段列的“条件”行中输入条件“信息学院”，设置结果如图 10.32 所示。

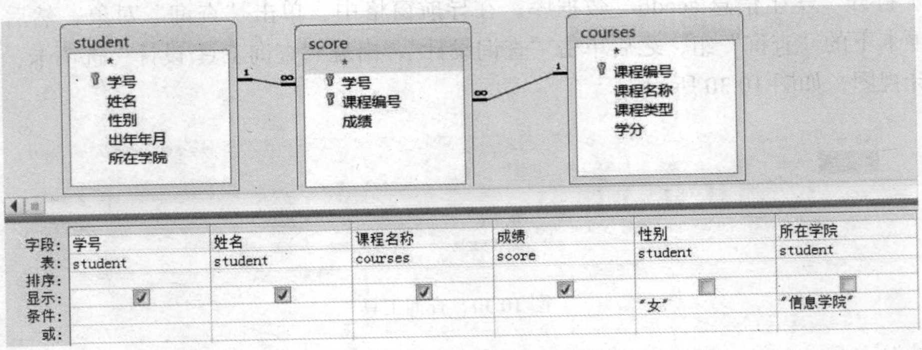

图 10.32　带条件的查询设计器

（5）单击“保存”按钮，在“查询名称”文本框中输入名称，单击“确定”按钮。

（6）单击“查询工具/设计”→“结果”上的“运行”按钮，查看如图 10.33 所示结果。

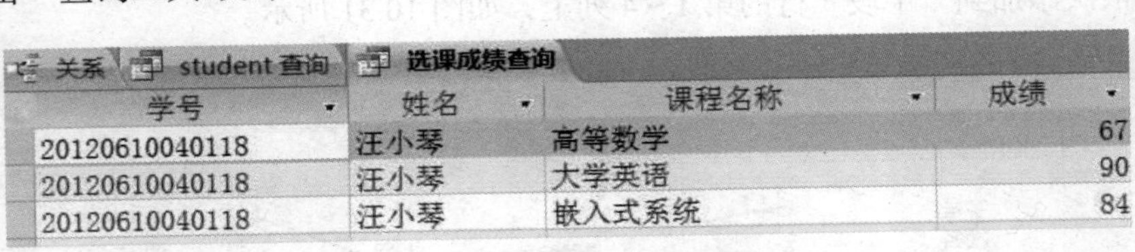

学号	姓名	课程名称	成绩
20120610040118	汪小琴	高等数学	67
20120610040118	汪小琴	大学英语	90
20120610040118	汪小琴	嵌入式系统	84

图 10.33　带条件的选课成绩查询结果

第二部分 习题

一、选择题

1. 数据库技术处于数据库系统阶段的时间段是 20 世纪_____。

A. 60 年代后期到现在　　B. 60 年代到 80 年代中期

C. 80 年代以前　　D. 70 年代以前

2. 实际的数据库管理系统产品在体系结构上通常具有的相同特征是_____。

A. 树形结构和网状结构的并用

B. 有多种接口，提供树形结构到网状结构的映射功能

C. 采用三级模式结构并提供两级印象功能

D. 采用关系模型

3. 数据库应用系统中的核心问题是_____。

A. 数据库设计　　B. 数据库系统设计

C. 数据库维护　　D. 数据库管理员培训

4. Access 数据库最基础的对象是_____。

A. 表　　B. 宏　　C. 报表　　D. 查询

5. 在学生表中要查找所有年龄大于 30 岁姓王的男同学，应该采用的关系运算是_____。

A. 选择　　B. 投影　　C. 联接　　D. 自然联接

二、填空题

1. 从数据库管理系统角度看，其内部采用三级模式结构，即：外模式、____________和____________。

2. 数据管理技术的发展经历了以下四个阶段：人工管理阶段、____________、数据库阶段和____________。

3. 数据库是以____________的形式按照某种特定结构存储在数字存储设备上的相关数据的集合。

4. 现实世界事物内部及事物之间的联系在信息世界中反映为实体内部的联系和________的联系。

5. Access 2010 是美国微软公司开发的一个基于________操作系统的关系数据库管理系统。

6. 以 Access 2010 格式创建的数据库文件扩展名为____________。

7. 现实世界中实体间的联系为一对一联系，____________、多对多联系。

三、简答题

1. 关系模型的主要特点是什么？

2. 数据管理技术的发展经历了四个阶段，其中数据库阶段的优点是什么？

3. 有如下的关系 Student，执行以下运算后的结果是什么？

① $\sigma_{Sdept='软件学院'}(Student)$

② $\sigma_{Sage<19 \wedge Ssex='男'}(Student)$

③ $\pi_{Sname,Sdept}(Student)$

Student

Sno	Sname	Sex	Sage	Sdept
20122110120206	袁丽丽	女	20	软件学院
20120610040118	汪小琴	女	19	信息学院
20120610040126	李凡	男	18	信息学院
20122110120216	张立强	男	19	软件学院
20122110060218	翁剑	男	20	软件学院

4. 有如下两个关系 R 和 S，执行 $R \underset{C<E}{\bowtie} S$ 运算后的结果是什么？

R

A	B	C
a1	b1	5
a1	b2	6
a2	b2	9

S

B	E	F
b1	3	f2
b1	7	f2
b2	10	f1

第 11 章 多媒体技术

第一部分 实验

实验一 图像合成

一、实验目的

1. 了解常用的多媒体工具软件。
2. 了解 Photoshop 基本操作。
3. 掌握 Photoshop 图像处理的基本技巧。

二、实验示例

掌握对 Photoshop 的工具箱中常用工具的使用，如选择工具。处理图像很多情况下是对图像的局部进行处理，所以在处理之前首要的工具就是对要处理的局部进行区域的选择。如图 11.1 所示，是利用魔术棒工具的实例。（a）为原始图，用户选择了该工具在图层上的某个位置单击鼠标左键；（b）根据颜色的相似选择工作区域。

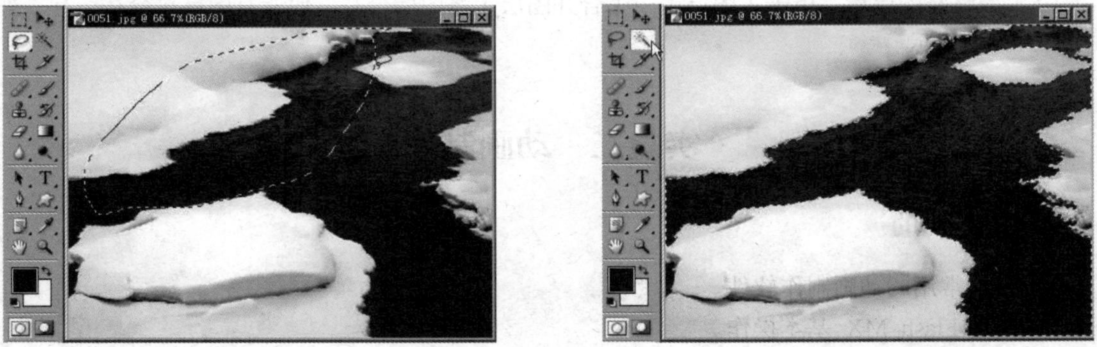

（a）　　（b）

图 11.1　魔术棒工具的使用实例

三、上机实验

1. 实验要求

（a）　　（b）　　（c）

图 11.2　图的合成实例

选择两个图片，并对两张图按如图 11.2 所示的方法进行合并。在图 11.2 中，图（a）和（b）为两个样图，图（c）为合成后的图像。

2. 实验步骤

学生在实验过程中，自己选择两张样图，运行 Photoshop 应用程序，参考以下步骤进行合成。

（1）选择【文件】→【打开】调入图 11.2（b），若图层加锁，则先将图层解锁。

（2）选择工具箱中区域选择工具选取画面背景，清除背景颜色。选取时，反复使用套索、魔术棒工具对图层背景选取图层区域，按【Del】键清除区域内填充的颜色，也可使用橡皮擦工具擦除图层颜色。操作中需反复使用上述工具细心地剔除画面背景，尤其是与背景的边界部分需使用魔术棒工具依次选择并清除，直至完全清除背景颜色。

（3）打开图 11.2（a），选中处理好的图 11.2（b），单击【图层】→【复制图层】打开"复制图层"对话框。也可直接拖动图层到图 11.2（a）图像窗口。

（4）调整复制图层的位置与顺序，使其插入到图的适当位置。同时还可使用【编辑】菜单中的【变换】命令进行"缩放""旋转""变形"等进一步的处理。

（5）调整好图层后，单击【图层】→【合并图层】将图层合并，使所有图层拼合在一起，如图 11.2（c）所示。

实验二　动画制作

一、实验目的

1. 了解常用的动画制作软件。
2. 了解 Flash MX 基本操作。
3. 掌握 Flash MX 分离图形功能。

二、上机实验

1. 实验要求

制作如图 11.3 所示的"福"字书写动画。

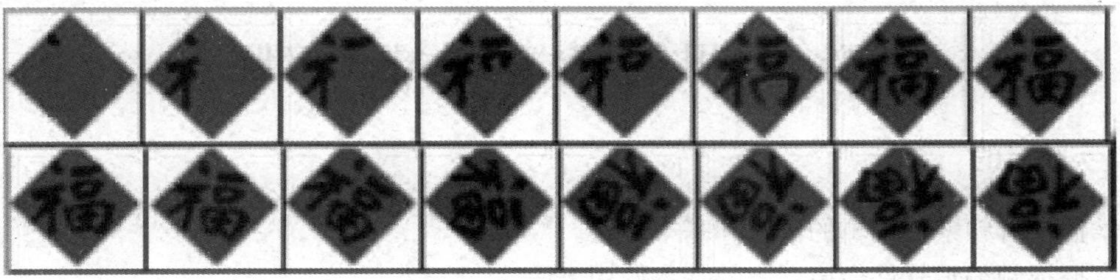

图 11.3 动画制作效果图

2. 实验步骤

学生在实验的过程可以选择其他的字来制作如图 11.3 所示动画效果。制作该动画的参考步骤如下。

（1）新建一个影片文件，插入一个图层，在"图层 2"中选择文本工具，在第一帧上输入一个"福"字，设置字体为"魏碑"，字号为 200，颜色为黑色。

（2）选中"福"字，单击【修改】→【分离】命令将文字打散。

（3）按【F6】键，依次插入关键帧，并按书写顺序在各帧依次删除多余的笔画，如图 11.4 所示。

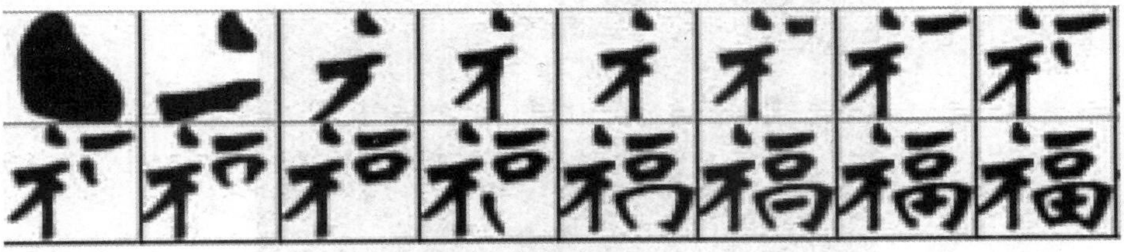

图 11.4 按笔顺在各帧中删除多余的笔画

（4）选到最后一帧，选中"福"字，单击【修改】→【变形】→【旋转与倾斜】命令，将"福"字旋转 180°，为了旋转的平滑，同样插入关键帧，并调整各帧旋转的角度，如图 11.5 所示。

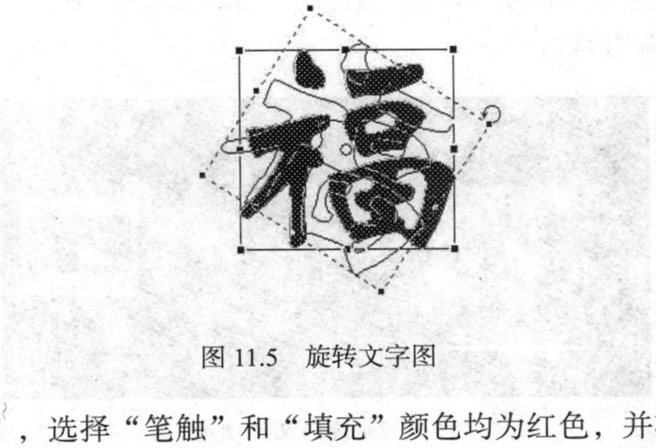

图 11.5 旋转文字图

（5）选择"图层 1"，选择"笔触"和"填充"颜色均为红色，并在工具栏中选择矩形工具，绘制一个红色的正方形，并将其旋转 90°。

（6）单击【控制】→【播放】命令，播放影片查看效果。达到满意效果后，单击【文件】→【保存】命令，保存为 .fla 文件，或单击【文件】→【导出】→【导出影片】命令，导出.swf 文件。

实验三　用会声会影制作电子相册

一、实验目的

1. 掌握视音频素材编辑的流程和基本方法。
2. 掌握视频编辑软件会声会影的基本使用方法。

二、上机实验

会声会影中文版是一个功能强大的视频编辑软件，具有图像抓取和编修功能，可以抓取，转换 MV、DV、V8、TV 和实时记录抓取画面文件，并提供超过 100 种的编制功能与效果，可制作 DVD，VCD，VCD 光盘，支持各类编码。本实验通过使用会声会影 X7 制作一个简单的电子相册，来学习视频编辑的基本方法。实验过程可参考如下步骤。

（1）导入素材。打开会声会影，选择编辑模式，将视频素材、照片素材、音频素材导入到素材库中。如图 11.6 所示，单击导入媒体文件按钮，选择媒体类型（视频、图片、音乐）。单击按钮可显示或隐藏某一类型的媒体文件。

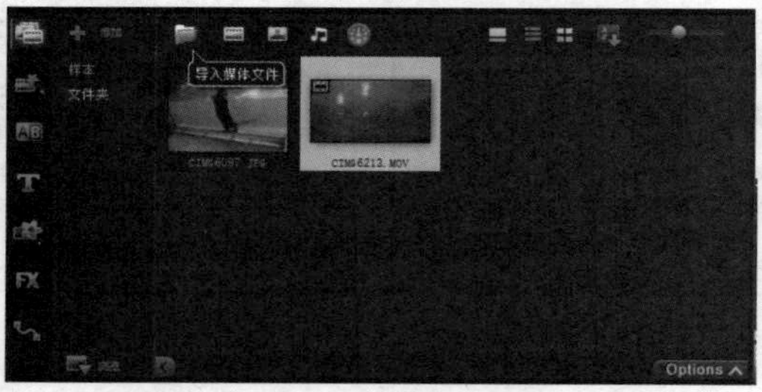

图 11.6　导入媒体文件

（2）切割媒体素材。单击选择某一素材，在左方预览框中可以看到素材文件（如图 11.7 所示）。移动修整标记，选取需要的素材片段，选择剪刀按钮，分割素材（如图 11.8 所示）。分割好的素材出现在右边资源管理区中。

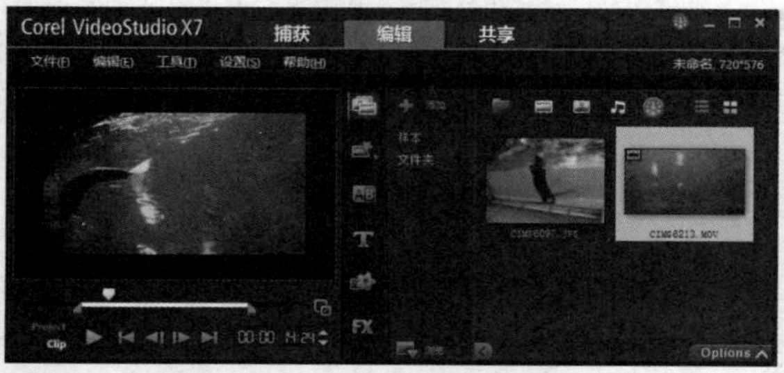

图 11.7　媒体文件预览

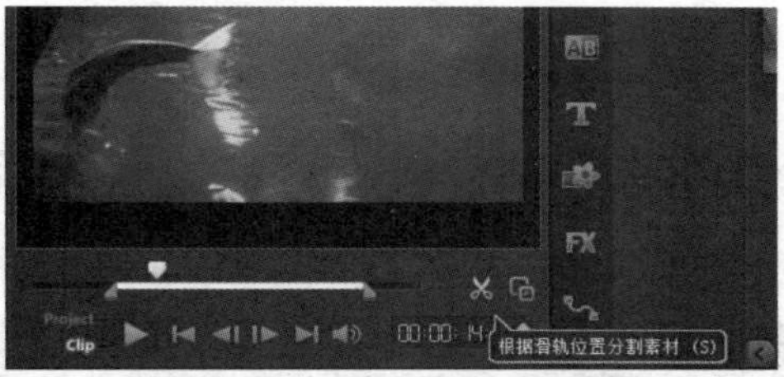

图 11.8　根据滑轨位置分割素材

（3）制作视频文件。

① 将素材文件放到时间线上，将素材文件按设计好的先后顺序，拖拽到时间轴上。时间轴上包括几方面的内容，视频轨、覆叠轨、文字轨、声音轨、音乐轨。

视频轨（见图 11.9）用于放置一般视频，一个项目可以有多个视频轨，视频轨的上下顺序可以根据需要设定，视频轨道上的视频也可以剪成一段一段，随机调整顺序。

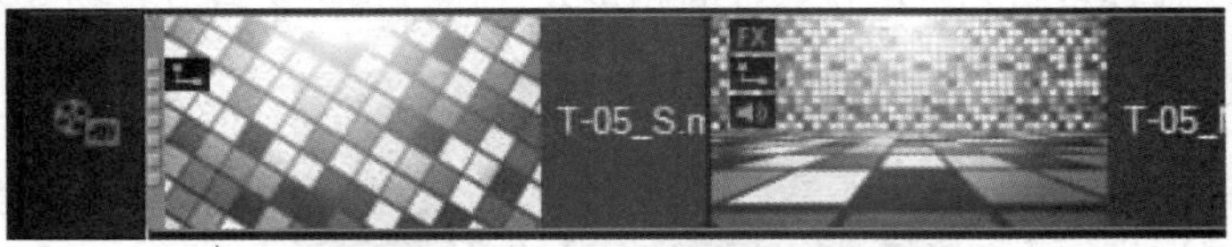

图 11.9　视频轨

覆叠轨（如图 11.10 所示）主要是加在视频轨上的视频或图片，达到画中画的效果。

图 11.10　覆叠轨

有些视频需要添加标题或者字幕，而这些文字就放在文字轨（如图 11.11 所示）上。

图 11.11　文字轨

一般视频都有声音，声音素材一般拖放到声音轨（如图 11.12 所示）上，同一声音轨上的音频要注意先后顺序。

图 11.12　声音轨

音乐轨（如图 11.13 所示）一般用于放置背景音乐，其作用与声音轨大致相同。

图 11.13　音乐轨

② 处理视频素材声音。

如果视频素材有声音，素材上会显示▣，不需要声音，右键单击视频素材，可选择静音或分割视音频，如图 11.14 所示。

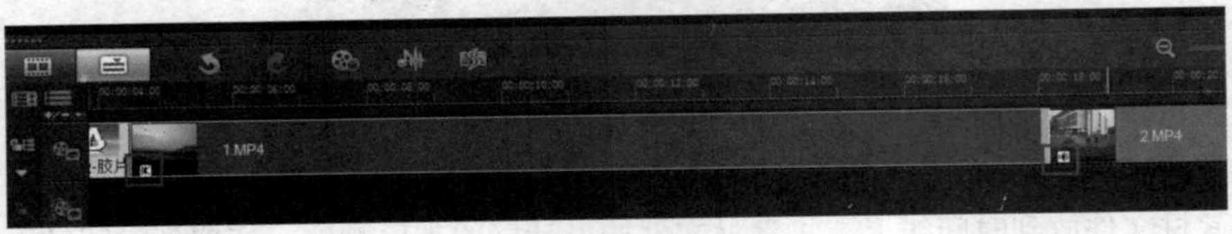

图 11.14　视频声音设置

③ 增加视频转场特效。

单击"转场"按钮，素材框中出现各种转场效果素材（如图 11.15 所示）。单击选择框，可选择全部转场素材。拖拽素材到两段视频片断相接处，通过预览窗口看转场效果。

图 11.15　转场效果

④ 添加音频文件。

分割音频，右键单击声音轨上的声音素材，选择分割音频，声音文件分割在声音轨上，然后拖动音频文件到相应的位置与视频匹配。

如果视频有背景音乐，则将背景音乐经过适当编辑，拖拽到音乐轨上。右键单击音乐轨上的音乐素材，可选择淡入淡出效果。

⑤ 添加字幕。

在需要添加字幕的位置，单击▣按钮，预览窗口出现"双击这里可以添加标题"，双击，输入标题。单击文字编辑框，选择字体、字号、颜色、阴影效果等设置文字格式效果（如图 11.16 所示），通过预览窗口预览。

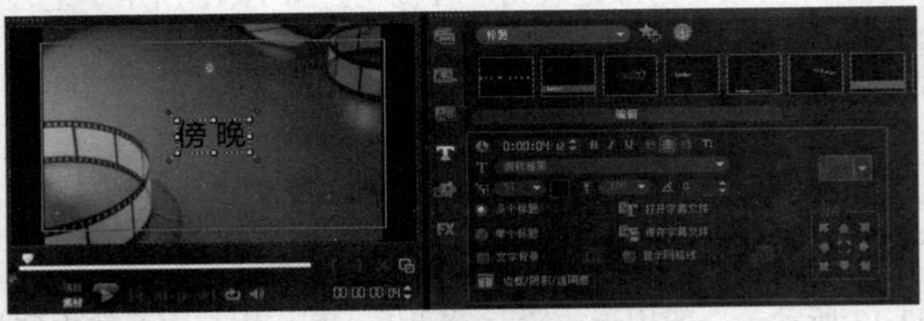

图 11.16　编辑字体内容

文字添加还可以选择动画效果，将动画素材拖至标题轨道，双击动画素材即可编辑文字。

（4）生成视频文件。

单击菜单栏中的“分享”，单击分享选项：创建视频文件，选择视频文件格式。保存文件，进入渲染过程，最终生成文件。

第二部分　习题

一、选择题

1. 以下不属于多媒体静态图像文件格式的是_____。

A. GIF　B. MPG　C. BMP　D. PCX

2. 下列配置中哪些是 MPC 必不可少的_____。

（1）CD-ROM 驱动器（2）高质量的音频卡（3）高分辨率的图形、图像显示（4）视频采集卡

A. （1）　B. （1）、（2）

C. （1）、（2）和（3）　D. 全部

3. 请判断以下哪些属于多媒体的范畴_____。

（1）彩色电视（2）交互式视频游戏（3）彩色画报（4）立体声音乐

A. （2）　B. （1）、（2）

C. （1）、（2）和（3）　D. 全部

4. 多媒体技术的主要特性有_____。

（1）多样性（2）集成性（3）交互性（4）可扩充性

A. （1）　B. （1）、（2）

C. （1）、（2）和（3）　D. 全部

5. 图像序列中的两幅相邻图像，后一幅图像与前一幅图像之间有较大的相关，这是_____。

A. 空间冗余　B. 时间冗余　C. 信息冗余　D. 视觉冗余

二、填空题

1. 多媒体的关键特性在于主要包含信息载体的多样性、__________和集成性这 3 个方面。

2. 要使计算机能够处理这些多媒体数据，必须先将它们转换成__________信息。

3. MP3 即__________的缩写，是人们比较熟知的一种数字音频格式。

4. 多媒体数据压缩方法根据不同的依据可产生不同的分类，最常用的是根据质量有无损失分为__________和__________。

5. 表现媒体：指感觉媒体和用于通信的电信号之间转换用的一类媒体，可分为__________媒体和__________媒体两种。

三、简答题

1. 简述扫描仪的工作原理。

2. 简述你所熟悉的数据压缩方法，谈谈它的优势。

3. 简述教材中未介绍的一种动画制作软件。

第 12 章 网页制作技术

第一部分 实验

实验一 站点的建立

一、实验目的

1. 了解 Dreamweaver CS6 工具栏。
2. 掌握怎么建一个网站。

二、上机实验

Dreamweaver CS6 环境下的站点的建立可参考如下步骤。

（1）打开 Dreamweaver CS6，在菜单栏中选择“站点|新建站点”命令，弹出“站点设置对象”对话框，在对话框中输入站点的名称。单击对话框中的“浏览文件夹”按钮，选择需要设为站点的目录，如图 12.1 所示。

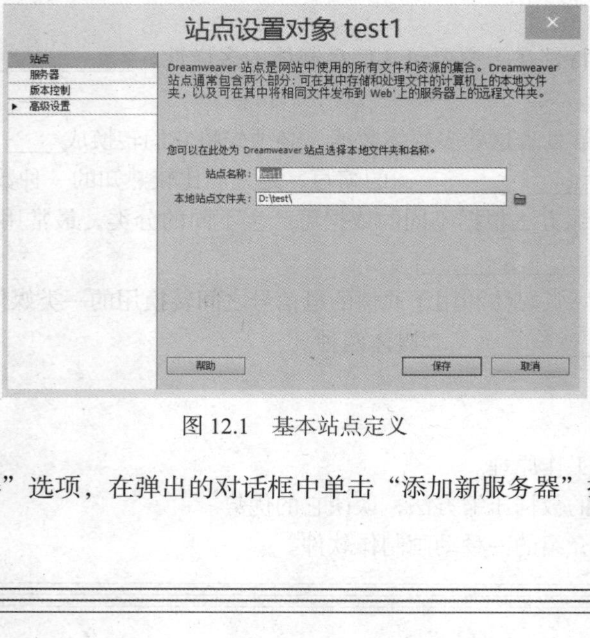

图 12.1 基本站点定义

（2）单击“服务器”选项，在弹出的对话框中单击“添加新服务器”按钮，即可弹出配置服务器的对话框。

（3）在对话框中可以设置服务器的名称、连接方式等，设置完成后单击“保存”即可。

（4）本地站点创建完成，在“文件”面板中的“本地文件”窗口中会显示该站点的根目录。

实验二　项目列表格式的使用

一、实验目的

1. 了解 Dreamweaver CS6 文本插入和编辑的方式。
2. 掌握项目列表格式的设置。

二、上机实验

项目列表格式主要是在项目的属性对话框中进行设置。使用“列表属性”对话框可以设置整个列表或个别列表项的外观。可以设置编号样式、重置计数或设置个别列表项或整个列表的项目符号样式选项。本实验可参考如下步骤。

（1）新建一个网页文件，然后执行“格式｜列表｜项目列表”命令，然后在文件中输入几段文字，如图 12.2 所示。

图 12.2　插入项目列表

（2）将插入点放置在列表项的文本中，然后在菜单栏中执行“格式｜列表｜属性”命令，打开“列表属性”对话框。

（3）在弹出的对话框中单击“列表类型”右侧的下三角按钮，在弹出的下拉列表中选择“编号列表”选项，单击“样式”右侧的下三角按钮，选择“大写罗马字母”选项，然后单击“确定”按钮。在设置项目属性的时候，如果在“列表属性”对话框中的“开始计数”文本框中输入有序编号的起始数值，那么在光标所处的位置上整个项目列表会重新编号。如果在“重设计数”文本框中输入新的编号起始数字，那么在光标所在的项目列表处以输入的数值为起点，重新开始编号，如图 12.3 所示。

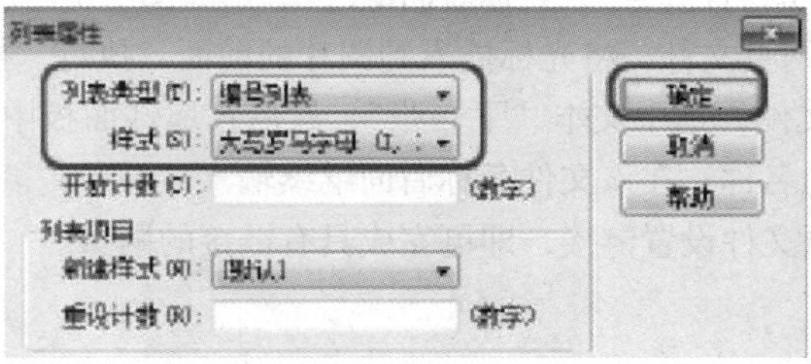

图 12.3　设置“列表属性”框

这一功能与 Microsoft Word 中常用的“项目符号和编号”功能极为相似，对网页的外观改变效果很好。

实验三　文本、图像和超链接的综合运用

一、实验目的

1. 了解 Dreamweaver CS6 工具栏的常用功能。
2. 掌握文本、图像和超链接的应用

二、上机实验

为网页的制作准备五张图片，实验效果为：通过单击“上一张”“下一张”按钮可四个不同的网页间切换，可参考如下步骤完成该网页的制作。

（1）新建网页文件，执行“修改｜页面属性”命令，弹出“页面属性”对话框，在“外观（CSS）”选项组中单击“文本颜色”右侧的下三角按钮，选择一种颜色，在“背景图像”右侧单击“浏览”按钮，在弹出的“选择图像源文件”对话框中选择“背景.jpg”素材图片，然后单击“确定”按钮。

（2）返回到“页面属性”对话框，将“左边距”“右边距”“上边距”“下边距”均设置为0px，然后单击“确定”按钮。

（3）执行“插入｜表格”命令，在弹出的“表格”对话框中设置表格的“行”和“列”，将“表格宽度”设置为“100%”，然后单击“确定”按钮。

（4）插入表格后，在“属性”面板中单击“对齐”右侧的下三角按钮，在弹出的下拉列表中选择“居中对齐”命令。

（5）然后将表格的高度调整到合适的高度，并选择要插入图像的表格，在“属性”面板中将“水平”设置为“居中对齐”，将“垂直”设置为“居中”。

（6）执行“插入｜图像”命令，在弹出的“选择图像源文件”对话框中选择一幅素材，然后单击“确定”按钮，在弹出的对话框中的“替换文本”右侧的文本框中输入名称为“图 1”，然后单击“确定 ”按钮。

（7）在插入图片的两侧输入文本“上一张”和“下一张”。使用同样的方法制作出三个网页文件，将新建网页文件中插入的图片分别命名为“图 2”“图 3”“图 4”，切换到第二个网页文件，将光标插入到已插入图片的前面。

（8）执行“插入｜命名锚记”命令，即可在图片前面出现“命名锚记”图标。

（9）切换到第一个网页文件，选中文本“下一张”，在“属性”面板中“链接”右侧的文本框中输入第二个网页文件的名称，在该名称后面继续输入“#图 2”。

（10）切换到第三个网页文件，将光标插入到图片的前面，执行“插入｜命名锚记”命令，然后切换到第二个网页文件，选中文本“下一张”，然后在属性面板中的“链接”右侧的文本框中输入第三个网页文件的名称，在该文件名称后面继续输入“#图 3”。然后以同样的方法为第三个网页文件和第四个网页文件设置链接，即可完成具有链接的网页。

实验四　网站的测试与发布

一、实验目的

1. 了解网站发布和维护的常用技术。
2. 掌握 Dreamweaver 制作的网站的测试与发布方法。

二、上机实验

对本章前三个实验中所建的网站进行测试并在本机上发布，参考步骤如下。

（1）安装 Microsoft IIS，安装步骤在教材第 12 章已详细介绍，按步骤安装后，测试是否安装成功。测试方法为，在浏览器中输入 http://localhost/或 http://127. 0. 0. 1，出现 IIS 测试页面，则表示测试成功，否则还需重新安装，如 Windows 8 中出现如图 12.4 所示的页面。

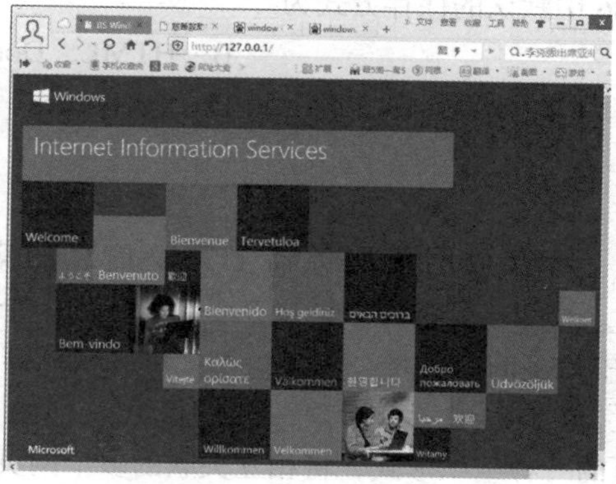

图 12.4　Windows 8 的 IIS 测试页面

（2）对已建立的站点服务器按如图 12.5 所示的方法进行设置。测试服务器和远程服务器都使用这个对话框，要设置本地测试服务器，从“连接方式”选项中选择“本地/网络”。“服务器名称”自行设定，Dreamweaver CS6 允许为一个站点定义多个服务器，因此，服务器名称标识了定义属于哪个服务器。单击“服务器文件夹”文本字段右侧的文件夹图标，导航到测试服务器根内部的文件夹，IIS 使用 wwwroot。最后键入测试服务器的 Web URL，这是访问测试服务器时需要输入的 URL。如果选择测试服务器根作为“服务器文件夹”的值，“Web URL”的值通常为 http://localhost/或 http://127. 0. 0. 1。

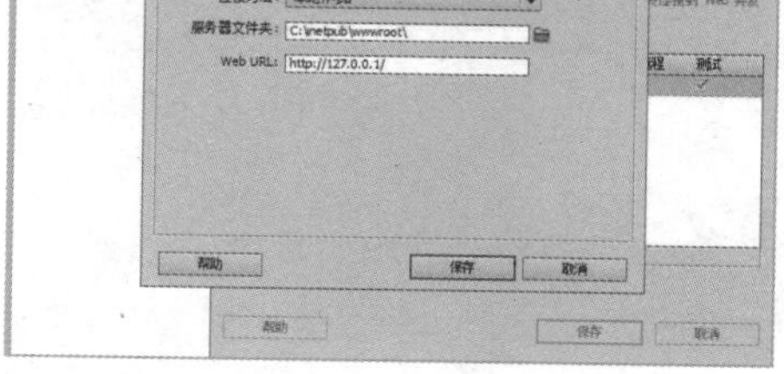

图 12.5　为测试服务器选择服务器技术

（3）在“文件”面板组中对前面已经建好的站点进行测试发布，单击发布按钮，如有错误会提示相关信息，测试成功后，打开 IE 浏览器，输入 http://localhost/或 http://127. 0. 0. 1，将会运行该站点中已制作好的“index. html”，表示发布成功。

第二部分　习题

一、选择题

1. 文本信息是最基本的信息载体，不管网页内容如何丰富，文本自始至终都是网页中最基本的______。

A. 元素　　B. 像素　　C. 单元格　　D. 载体

2. 在 Dreamweaver CS6 中默认的保存方式为______。

A. All Documents　　B. HTML. Documents

C. XML. Files　　D. Text Files

二、填空题

1. 网站（WebSite）是一个存放网络服务器上完整信息的集合体。它包含一个或多个__________，这些__________以一定的方式链接在一起，成为一个整体。

2. 一般情况下，网页中最多的内容是__________，可以根据需要对其字体、大小、颜色、底纹、边框等属性进行设置。

3. __________是网页的一种组织形式，将相互关联的多个网页的内容组织在一个浏览器窗口中显示。

4. HTML 标签可以分为两类：__________和__________。

5. ____________________是制作网页中最基本的内容，也是网页中的重要元素。

三、简答题

1. 在 Dreamweaver CS6 中，如何只对部分文本进行单独设置？

2. HTML 与 CSS 的区别是什么？

3. 你还熟悉其他网页制作软件吗？谈谈它的优缺点。